教育部高等学校电子信息类专业教学指导委员会规划教材

高等学校电子信息类专业系列教材

Fundamentals of Computer Software

计算机软件基础

（第2版）

| 汪友生 | 张新峰 | 张小玲 | 郭民 | 刘芳 | 王众 | 编著 |
| Wang Yousheng | Zhang Xinfeng | Zhang Xiaoling | Guo Min | Liu Fang | Wang Zhong | |

清华大学出版社
北京

内容简介

本书是根据高等学校电子信息类专业对计算机软件技术课程的基本要求,结合作者多年来的教学改革和教学实践,组织编写的高等学校计算机软件技术基础教材。

本书内容主要包括计算机软件技术绪论、线性数据结构、非线性数据结构、排序和查找、资源管理、软件开发和数据库设计。每章都配有习题,书后附有部分习题答案。

本书内容丰富、语言简明扼要、实用性强,可作为高等院校本科、专科计算机软件技术基础课程教材,也可作为从事计算机应用工作的广大技术人员的参考书。

本书封面贴有清华大学出版社防伪标签,无标签者不得销售。
版权所有,侵权必究。举报:010-62782989,beiqinquan@tup.tsinghua.edu.cn。

图书在版编目(CIP)数据

计算机软件基础/汪友生等编著. —2版. —北京:清华大学出版社,2020.12(2024.8重印)
高等学校电子信息类专业系列教材
ISBN 978-7-302-56860-5

Ⅰ. ①计… Ⅱ. ①汪… Ⅲ. ①软件-高等学校-教材 Ⅳ. ①TP31

中国版本图书馆 CIP 数据核字(2020)第 226098 号

责任编辑:赵 凯
封面设计:李召霞
责任校对:焦丽丽
责任印制:杨 艳

出版发行:清华大学出版社
网　址:https://www.tup.com.cn,https://www.wqxuetang.com
地　址:北京清华大学学研大厦 A 座
邮　编:100084
社 总 机:010-83470000
邮　购:010-62786544
投稿与读者服务:010-62776969,c-service@tup.tsinghua.edu.cn
质量反馈:010-62772015,zhiliang@tup.tsinghua.edu.cn
课件下载:https://www.tup.com.cn,010-83470236

印 装 者:大厂回族自治县彩虹印刷有限公司
经　销:全国新华书店
开　本:185mm×260mm
印　张:19.75
字　数:478 千字
版　次:2016 年 12 月第 1 版　2020 年 12 月第 2 版
印　次:2024 年 8 月第 4 次印刷
印　数:3601~4100
定　价:59.80 元

产品编号:087628-01

高等学校电子信息类专业系列教材

顾问委员会

谈振辉	北京交通大学（教指委高级顾问）		郁道银	天津大学（教指委高级顾问）
廖延彪	清华大学（特约高级顾问）		胡广书	清华大学（特约高级顾问）
华成英	清华大学（国家级教学名师）		于洪珍	中国矿业大学（国家级教学名师）
彭启琮	电子科技大学（国家级教学名师）		孙肖子	西安电子科技大学（国家级教学名师）
邹逢兴	国防科技大学（国家级教学名师）		严国萍	华中科技大学（国家级教学名师）

编审委员会

主　任	吕志伟	哈尔滨工业大学			
副主任	刘　旭	浙江大学		王志军	北京大学
	隆克平	北京科技大学		葛宝臻	天津大学
	秦石乔	国防科技大学		何伟明	哈尔滨工业大学
	刘向东	浙江大学			
委　员	王志华	清华大学		宋　梅	北京邮电大学
	韩　焱	中北大学		张雪英	太原理工大学
	殷福亮	大连理工大学		赵晓晖	吉林大学
	张朝柱	哈尔滨工程大学		刘兴钊	上海交通大学
	洪　伟	东南大学		陈鹤鸣	南京邮电大学
	杨明武	合肥工业大学		袁东风	山东大学
	王忠勇	郑州大学		程文青	华中科技大学
	曾　云	湖南大学		李思敏	桂林电子科技大学
	陈前斌	重庆邮电大学		张怀武	电子科技大学
	谢　泉	贵州大学		卞树檀	火箭军工程大学
	吴　瑛	战略支援部队信息工程大学		刘纯亮	西安交通大学
	金伟其	北京理工大学		毕卫红	燕山大学
	胡秀珍	内蒙古工业大学		付跃刚	长春理工大学
	贾宏志	上海理工大学		顾济华	苏州大学
	李振华	南京理工大学		韩正甫	中国科学技术大学
	李　晖	福建师范大学		何兴道	南昌航空大学
	何平安	武汉大学		张新亮	华中科技大学
	郭永彩	重庆大学		曹益平	四川大学
	刘缠牢	西安工业大学		李儒新	中国科学院上海光学精密机械研究所
	赵尚弘	空军工程大学		董友梅	京东方科技集团股份有限公司
	蒋晓瑜	陆军装甲兵学院		蔡　毅	中国兵器科学研究院
	仲顺安	北京理工大学		冯其波	北京交通大学
	黄翊东	清华大学		张有光	北京航空航天大学
	李勇朝	西安电子科技大学		江　毅	北京理工大学
	章毓晋	清华大学		张伟刚	南开大学
	刘铁根	天津大学		宋　峰	南开大学
	王艳芬	中国矿业大学		靳　伟	香港理工大学
	苑立波	哈尔滨工程大学			
丛书责任编辑	盛东亮	清华大学出版社			

前言
PREFACE

随着计算机应用领域的扩大和深入,非计算机专业的工程技术人员掌握必要的计算机软件技术基础知识是提高计算机应用水平、利用计算机技术解决本专业中具体问题的重要途径。非计算机类专业本科生既熟悉自己所从事的专业,又掌握计算机的应用知识是一个优势。事实上,许多应用软件都是由非计算机专业出身的计算机应用人员研发的。

计算机软件基础是高等学校电子信息类专业的一门学科基础必修课,被一些高校列为电子类各专业的重点课程或核心课程。通过多年来对本课程的教学研究和教学改革,我们在教学内容、教学方法和考核方式上已基本形成一套比较完整的体系,可切实提高学生的程序设计能力。好的教材源于教学改革和教学实践,能体现出良好的成果。在多年教学经验的基础上,通过对已有教材的分析研究,结合自己的教研工作,编写此教材。本书的特点是强调实用性,以应用为目的,含有丰富的实例;可读性强,深入浅出,通俗易懂,概念准确,表述清楚,简明扼要;所有算法采用 C 语言描述;适合非计算机专业的学生阅读。

全书内容以数据结构为主,同时包含操作系统、软件工程和数据库三部分内容。教学时可根据具体情况对讲授内容进行适当取舍。

本书由汪友生编写线性表、栈和队列、串和数组、树等部分;张新峰编写绪论、排序和软件开发等部分;王众编写查找部分;张小玲编写资源管理部分;刘芳编写数据库设计部分;郭民编写图部分。全书由汪友生统稿。

本书在编写时参考了大量文献资料,对相关作者表示真诚的感谢!由于编者水平有限,书中难免存在疏漏和不妥之处,恳请各位读者批评指正。

编 者
2020 年 11 月

目录
CONTENTS

第1章 绪论 ………………………………………………………………………… 1
  1.1 计算机软件 …………………………………………………………………… 2
    1.1.1 计算机软件的概念 ……………………………………………………… 2
    1.1.2 计算机语言 ……………………………………………………………… 3
    1.1.3 计算机软件的分类 ……………………………………………………… 4
    1.1.4 计算机软件的发展 ……………………………………………………… 4
  1.2 数据结构概述 ………………………………………………………………… 5
    1.2.1 数据基本概念 …………………………………………………………… 5
    1.2.2 数据结构 ………………………………………………………………… 6
    1.2.3 数据类型 ………………………………………………………………… 7
  1.3 算法及算法分析 ……………………………………………………………… 8
    1.3.1 算法 ……………………………………………………………………… 8
    1.3.2 算法的性能分析 ………………………………………………………… 9
  1.4 小结 …………………………………………………………………………… 11
  1.5 习题 …………………………………………………………………………… 11

第2章 线性数据结构 …………………………………………………………… 14
  2.1 线性表的定义 ………………………………………………………………… 14
  2.2 线性表的顺序存储及其运算 ………………………………………………… 16
    2.2.1 顺序表 …………………………………………………………………… 16
    2.2.2 顺序表的基本运算 ……………………………………………………… 17
    2.2.3 插入和删除的时间复杂度 ……………………………………………… 20
    2.2.4 线性表顺序存储结构的优缺点 ………………………………………… 20
  2.3 线性表的链式存储及其运算 ………………………………………………… 20
    2.3.1 单链表 …………………………………………………………………… 21
    2.3.2 单循环链表 ……………………………………………………………… 26
    2.3.3 双向链表 ………………………………………………………………… 30
  2.4 线性表的应用 ………………………………………………………………… 34
    2.4.1 有序表 …………………………………………………………………… 34
    2.4.2 多项式的表示与运算 …………………………………………………… 36
  2.5 栈 ……………………………………………………………………………… 39
    2.5.1 栈的基本概念 …………………………………………………………… 39
    2.5.2 栈的运算 ………………………………………………………………… 40
    2.5.3 栈的应用 ………………………………………………………………… 45

- 2.6 队列 47
  - 2.6.1 队列的基本概念 47
  - 2.6.2 顺序(循环)队列及其运算 48
  - 2.6.3 链式队列及其运算 51
  - 2.6.4 队列的应用 54
- 2.7 串 58
  - 2.7.1 串的定义 58
  - 2.7.2 串的运算 59
  - 2.7.3 串的存储方式 60
  - 2.7.4 串的模式匹配 66
- 2.8 数组 69
  - 2.8.1 数组的定义 69
  - 2.8.2 数组的顺序存储 70
  - 2.8.3 矩阵的压缩存储 73
- 2.9 小结 80
- 2.10 习题 81

第3章 非线性数据结构 89
- 3.1 树的概念 89
- 3.2 二叉树 91
  - 3.2.1 二叉树的定义 92
  - 3.2.2 二叉树的主要性质 92
  - 3.2.3 二叉树的存储结构 94
- 3.3 二叉树的遍历 99
  - 3.3.1 遍历的概念 99
  - 3.3.2 二叉树遍历算法 99
  - 3.3.3 二叉树遍历算法的应用 104
- 3.4 树和森林 106
  - 3.4.1 树和森林的存储结构 106
  - 3.4.2 树和森林与二叉树之间的转换 110
  - 3.4.3 树和森林的遍历 112
- 3.5 二叉树的应用 113
  - 3.5.1 哈夫曼树及其应用 113
  - 3.5.2 二叉排序树 117
- 3.6 图 119
  - 3.6.1 图的基本概念 119
  - 3.6.2 图的存储方法 121
  - 3.6.3 图的遍历 125
  - 3.6.4 图的应用 131
- 3.7 小结 147
- 3.8 习题 147

第4章 排序和查找 155
- 4.1 排序的基本概念 155
- 4.2 插入排序 157

4.2.1　直接插入排序	157
4.2.2　折半插入排序	158
4.2.3　希尔排序	159
4.3　交换排序	160
4.3.1　冒泡排序	160
4.3.2　快速排序	162
4.4　选择排序	164
4.4.1　简单选择排序	165
4.4.2　堆排序	166
4.5　其他排序	171
4.5.1　归并排序	171
4.5.2　基数排序	173
4.6　各种排序方法的比较和选择	175
4.7　查找的基本概念	176
4.8　静态查找表与算法	177
4.8.1　顺序查找	177
4.8.2　折半查找	178
4.8.3　分块查找	180
4.9　动态查找表	181
4.9.1　二叉搜索树	181
4.9.2　平衡二叉搜索树	183
4.10　哈希表及其查找	186
4.10.1　哈希表的概念	186
4.10.2　几种哈希函数	186
4.10.3　处理冲突的方法	188
4.10.4　哈希表的算法	189
4.10.5　哈希表的应用	192
4.11　小结	192
4.12　习题	193
第 5 章　资源管理	198
5.1　操作系统的概念	198
5.1.1　操作系统的定义	198
5.1.2　操作系统的分类	200
5.1.3　操作系统的特征	202
5.1.4　操作系统的功能	202
5.2　多道程序设计	203
5.2.1　并发程序设计	203
5.2.2　进程	205
5.2.3　进程之间的通信	206
5.2.4　多道程序的组织	208
5.3　存储空间的管理	210
5.3.1　内存储器的管理	210

5.3.2　外存储器中文件的组织结构 ……………………………… 218
　5.4　小结 ……………………………………………………………………… 221
　5.5　习题 ……………………………………………………………………… 221
第6章　软件开发 …………………………………………………………………… 224
　6.1　软件工程概述 …………………………………………………………… 224
　　　6.1.1　软件工程的概念 ………………………………………………… 225
　　　6.1.2　软件生命周期 …………………………………………………… 225
　6.2　软件的需求分析 ………………………………………………………… 226
　　　6.2.1　需求分析概述 …………………………………………………… 226
　　　6.2.2　结构化分析方法 ………………………………………………… 227
　　　6.2.3　数据流图 ………………………………………………………… 227
　　　6.2.4　数据字典 ………………………………………………………… 230
　6.3　软件的设计 ……………………………………………………………… 232
　　　6.3.1　软件设计概述 …………………………………………………… 232
　　　6.3.2　结构化设计方法 ………………………………………………… 235
　　　6.3.3　详细设计的描述方法 …………………………………………… 238
　　　6.3.4　面向对象的程序设计方法 ……………………………………… 240
　6.4　软件的编程 ……………………………………………………………… 242
　6.5　软件的测试 ……………………………………………………………… 245
　　　6.5.1　软件测试概述 …………………………………………………… 245
　　　6.5.2　软件测试的过程 ………………………………………………… 246
　　　6.5.3　测试用例的设计 ………………………………………………… 246
　6.6　软件的调试 ……………………………………………………………… 249
　　　6.6.1　软件调试的方法 ………………………………………………… 250
　　　6.6.2　常用的调试策略 ………………………………………………… 250
　6.7　软件维护 ………………………………………………………………… 251
　6.8　小结 ……………………………………………………………………… 252
　6.9　习题 ……………………………………………………………………… 253
第7章　数据库设计 ………………………………………………………………… 256
　7.1　数据库基本概念 ………………………………………………………… 256
　　　7.1.1　数据库技术与数据库系统 ……………………………………… 256
　　　7.1.2　数据模型 ………………………………………………………… 260
　　　7.1.3　数据库系统的结构 ……………………………………………… 263
　7.2　关系数据库语言SQL …………………………………………………… 265
　　　7.2.1　SQL概述 ………………………………………………………… 265
　　　7.2.2　数据定义功能 …………………………………………………… 267
　　　7.2.3　数据查询功能 …………………………………………………… 269
　　　7.2.4　数据更新功能 …………………………………………………… 273
　7.3　数据库设计 ……………………………………………………………… 275
　　　7.3.1　数据库设计概述 ………………………………………………… 275
　　　7.3.2　需求分析 ………………………………………………………… 279
　　　7.3.3　概念设计 ………………………………………………………… 281
　　　7.3.4　逻辑设计 ………………………………………………………… 289

    7.3.5 物理设计 ………………………………………………………… 291
    7.3.6 数据库的实施 …………………………………………………… 294
    7.3.7 数据库的运行和维护 …………………………………………… 295
  7.4 小结 ……………………………………………………………………… 296
  7.5 习题 ……………………………………………………………………… 296
附录 部分习题参考答案 ………………………………………………………… 298
参考文献 ……………………………………………………………………………… 303

第 1 章 绪　　论

CHAPTER 1

计算机的出现在人类历史上具有划时代的意义。当前社会已经进入信息时代，这个时代的显著特征是计算机已应用到了各行各业，已进入千家万户。目前，没有计算机的生活是难以想象的，运用计算机成为人们的一项基本技能。计算机的出现为信息处理技术开辟了新纪元，因此电子信息类专业更离不开计算机，"计算机软件基础"的内容是电子信息类及其相关专业学生所必备的基本知识。这门课程主要包括数据结构、操作系统、软件工程和数据库 4 部分。学好这门课程，将为电子类本科生相关专业课程的学习和实践奠定良好的基础。

完整的计算机系统包括硬件系统和软件系统两部分，简称硬件和软件。其中，硬件是指组成计算机的各种物理设备的总称，包括各种电子元件和电子线路。所谓软件是指计算机上运行的各种程序、维护这些程序所需的文档及运行这些程序所需的数据的总称。可以简单地说，软件＝程序＋文档＋数据。

迄今为止，各种计算机的硬件结构基本相同，都是冯·诺依曼(John von Neumann)体系结构。20 世纪 40 年代中期，美国科学家冯·诺依曼提出了计算机组成结构、程序存储和程序控制等思想。所谓"程序存储"是指人们将解题步骤编写成程序，然后将程序存放在计算机的存储器中。所谓"程序控制"是指计算机的控制器根据程序控制整机执行，从而完成相应的任务。存储程序和程序控制是冯·诺依曼体系结构计算机设计的主要思想。根据这一设计思想，计算机的硬件系统由运算器、控制器、存储器、输入设备和输出设备 5 大功能部件组成。图 1-1 显示了计算机硬件系统的基本组成及各功能部件关系，其中粗实线表示数据传输线路，细实线表示控制信号传输线路。

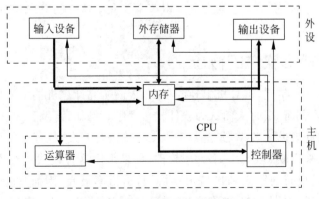

图 1-1　计算机硬件系统的基本组成

1. 控制器

顾名思义,控制器是计算机的控制部件,主要包括程序计数器、指令存储器、指令译码器、时序电路及操作控制器等。控制器从存储器读取指令,经过分析译码,产生操作命令发向各个部件,控制这些部件完成指令所需要的操作,从而保证计算机能够连续、自动、有序地工作。

2. 运算器

运算器是对数据进行运算的部件,可以对数据进行算术运算和逻辑运算。当需要进行某种运算时,通过控制器发出指令,将存放在存储器中的数据送到运算器,然后由控制器发出运算的指令,运算结果送回存储器保存,以便下一次使用或输出。运算器与控制器合称为中央处理器(Central Processing Unit,CPU)。

3. 存储器

存储器用来存放程序和数据,程序是计算机操作的依据,数据是其操作对象。存储器又可分为内存储器和外存储器。内存储器直接与中央处理器相连,可由 CPU 直接读写信息,是 CPU 根据地址直接寻址的存储空间。一般用来存放正在执行的程序或者正在处理的数据。内存的大小直接影响到计算机的性能。外存储器不能与 CPU 直接交换信息,存放在外存的程序必须调入内存后才能运行,一般用来存放暂时不用,但又需要长期保存的数据或程序。CPU 和内存储器通常称为主机。

4. 输入输出设备

输入输出设备简称为 I/O 设备,是用来输入、输出程序和数据的部件。例如,键盘、鼠标、扫描仪等是常用的输入设备;打印机、显示器、绘图仪是常用的输出设备。输入、输出设备和外存储器统称为外设,外设通过接口电路与主机相连。

1.1 计算机软件

习惯上,人们往往认为软件就是程序。其实,软件是一个随时代而发展的概念。时代不同,软件的内涵也不相同。在计算机出现的早期,可以说软件即是程序。随着时代的发展,计算机处理的问题多样化,程序的规模越来越大,这样在程序的设计、维护、升级等方面产生了一系列新的问题,针对这些问题对软件的概念进行了更新。目前看来,程序只是软件的一个重要组成部分,但不是软件概念的全部。本节主要介绍软件的概念,软件的分类及其发展历程。

1.1.1 计算机软件的概念

在 20 世纪 50—60 年代,计算机出现的早期,人们研究计算机把主要精力放在提高硬件的可靠性、稳定性等方面,当时人们认为软件就是程序。例如,汇编程序、解释程序及各种管理程序等。那时软件规模比较小,完全基于手工方式进行开发,从程序的设计、编程到调试,一般都是由一个人来完成。开发一个大型软件,如果采用这种模式进行设计,不但效率低,开发周期长,同时模块间的联系和接口很难协调,出错率极高,因而软件维护的成本很高。20 世纪 60 年代出现了软件危机,人们认识到要有一定的规范文档来保证软件设计、调试、运行的成功。从20世纪70年代开始，人们认为计算机软件不仅仅是程序，还应该包括开发、使用、维护这些程序的一切文档，和运行该程序所需要的数据。这一观点强调了文档在软件中的重要性。1983年，IEEE组织明确定义了软件：软件是计算机程序、方法和规则相关的文档，以及在计算机上运行它所必需的数据。

1.1.2　计算机语言

人们要畅通无阻地与计算机打交道，必须解决"语言"沟通的问题。根据计算机语言的发展阶段，可以将其分为4代，分别为机器语言、汇编语言、高级语言和非过程化语言。

1. 机器语言

计算机并不能理解人们的自然语言，只能接受二进制指令。计算机能够识别和执行的这种指令，称为机器指令。不同类型的计算机规定了不同的若干指令，这些指令的集合就是机器语言。机器语言是由一系列的0和1组成的指令，这些指令难学、难懂、难记、难以修改，使用起来很不方便。此外，这种语言和机器类型相关，在一种类型的机器上能够运行的程序，在另一类型的机器上一般不能运行，这给使用计算机带来很大障碍。

2. 汇编语言

由于机器语言具有难学、难懂、难记忆等特点，人们自然会想到用一些助记符来代替二进制指令。根据这一想法，人们通常用具有指令功能的英文单词缩写来代替二进制指令，例如加法指令用助记符ADD表示，这就是汇编语言。显然，同机器语言相比，汇编语言易于理解和记忆。计算机并不能识别和直接运行汇编语言程序，必须经过一种翻译程序将汇编语言翻译为机器语言，之后计算机才能识别和运行，这种翻译程序称为汇编程序。由此可知，汇编语言就是在机器语言的基础上采用了助记符。由于机器语言和机器类型有关，因此，汇编语言也与机器类型有关。因此，机器语言和汇编语言统称为面向机器的语言，也称为低级语言。

3. 高级语言

低级语言和计算机的类型有关，仅适合熟悉计算机硬件的人员使用，对计算机的普及使用是一大障碍。为了克服这一缺点，出现了高级语言。高级语言是一种人工设计的语言，它接近于数学语言或者人类的自然语言，具有易于理解和掌握的特点，同时它与具体的机器类型无关。用高级语言编写的程序在任一种计算机上都可以运行，这为非计算机专业人员使用计算机编程提供了很大的方便。这种语言又称为面向过程的语言，只要根据求解问题的算法，写出处理的过程即可。高级语言的通用性和可移植性好。运用高级语言编写的程序显然不能直接在计算机上运行，必须翻译为目标程序（机器语言程序）才能运行。将完成翻译功能的程序称为编译程序。

4. 非过程化语言

采用过程化语言编写程序时，人们须知算法的具体执行步骤，即必须写出算法执行的每一步，才能解决问题。人们希望只要指出做什么，而不必知道如何做，由计算机自己去解决如何做的问题，这就是非过程化语言。非过程化语言广泛应用于关系型数据库中。

1.1.3 计算机软件的分类

计算机软件种类繁多，作用各异，从不同的角度可以有多种分类方法。本节介绍两种较为常用的分类方法。

（1）按软件与计算机硬件、用户的关系划分，软件一般可以分为系统软件、支撑软件和应用软件。

① 系统软件。是指为整个计算机系统配置的、不依赖具体应用的软件。它与计算机硬件紧密结合，以便计算机的各个部分协调、高效地工作。例如，操作系统、与计算机相连接的各种设备驱动程序、语言处理程序、数据库管理系统等都属于系统软件。

② 支撑软件。用于协助用户开发与维护软件系统的一些工具性软件。例如，C语言程序编译器、错误检测程序等。

③ 应用软件。为解决各种应用领域中的问题而开发的软件。例如，教学管理软件、工程制图软件、图像处理软件等。按照主要用途可以分为科学计算类、数据处理类、过程控制类、辅助设计类、人工智能软件类等。

（2）按软件规模划分，可以分为微型软件、小型软件、中型软件和大型软件。

① 微型软件。一般认为源程序在500行语句以内的软件系统。
② 小型软件。一般认为源程序在2000行语句以内的软件系统。
③ 中型软件。一般认为源程序在5万行语句以内的软件系统。
④ 大型软件。一般认为源程序在5万行语句以上的软件系统。

1.1.4 计算机软件的发展

计算机软件的发展和其他事物一样，也具有一定的发展历史。计算机软件的发展也经历了一个从小到大、从简单到复杂的历程。总的来说，计算机软件的发展大致可以分为以下三个阶段。

1. 第一阶段程序设计时代（20世纪40—50年代）

电子计算机出现的早期，计算机中不安装任何软件。当时电子管是计算机的主要元器件，其价格昂贵，稳定性、可靠性比较差，人们研究计算机把精力主要放在硬件性能的改进和技术指标的提高上，软件处于次要地位。计算机应用主要针对科学计算，例如求解复杂的方程、大型的矩阵求逆计算，等等。这一阶段程序设计者的编程语言，主要采用机器语言和汇编语言，程序规模小，编程方式主要是封闭式个体手工开发。

此时，计算机内存容量小、运行速度慢、运行可靠性差。尽管程序要完成的任务在现在看来可能非常简单，由于受硬件条件的限制，程序设计者需要通过一些编程技巧来提高程序运行效率。在这一阶段，程序设计者往往也是程序使用者，程序还未形成为产品，程序大多是为某个具体应用而编写的，功能单一，仅限在专门的计算机上执行，可移植性较差。

2. 第二阶段软件时代（20世纪60—70年代）

这一阶段，计算机硬件技术获得了很大的发展，计算机的主要元器件是晶体管和集成电路，其体积缩小、稳定性提高、价格降低。软件的应用领域不再局限于科学计算，而是拓宽至商业、办公等多个领域。社会对软件的需求迅速增长，软件的地位和作用不断提升。这一阶段的主要特点是：开发工具为高级程序设计语言，产生了结构化编程的思想和方法。随着软件规模的增大,软件开发中遇到了一系列的问题,例如软件开发进度难以预测、成本难以控制等,这就产生了"软件危机"。人们认识到正像不能用盖小茅屋的方法盖高楼大厦一样,不能用作坊式的生产方式来生产软件产品。应借助现代工程的概念和原理,沿用工业化较成熟的管理经验和工程的技术与方法进行计算机程序的开发及文档资料的编写。其目的是要提高软件开发的生产率和软件产品的质量,这就是软件工程的思想。这一时期,人们提出用软件工程的方法来解决软件危机的问题。

3. 第三阶段软件工程时代(20世纪70年代至今)

这一阶段,硬件方面出现了大规模集成电路和超大规模集成电路,计算机的运算速度、数据处理能力进一步提高。尤其是微处理器的诞生,开创了大众化使用计算机的新时代。软件开发方面,结构化程序设计方法日益成熟,并得到了广泛应用。自20世纪90年代起,面向对象程序设计方法为人们提供了新的软件设计思路,很快应用至软件开发中。目前,以软件为主要特征的智能产品不断涌现,尤其是网络通信技术、数据库技术与多媒体技术的结合,彻底改变了软件系统的体系结构,使得计算机的潜能得到了更大程度的发挥。

软件工程自产生以来,人们就寄希望于通过它去解决软件危机。但至今为止,软件危机还没有得到彻底解决。在软件工程实践中,一些老问题解决了,但可能又产生许多新问题,于是人们不得不去研究新的解决方法。然而,正是由于这些问题的不断出现,才推动着软件工程学科的发展。

1.2 数据结构概述

早期的计算机主要用于解决大型的科学计算问题,涉及的数据类型比较简单,例如整型、浮点型数据等。随着计算机的发展,人们发现计算机不仅能够解决数值计算问题,而且能够解决大量的非数值计算问题。例如,利用计算机进行学籍管理、城市交通调度管理、图书馆书目的管理等。像这样的问题,数据类型不再是数值型。此外,在其他一些问题,例如智能交通中,将涉及地图、图像、文本数据等,那么如何用计算机来解决有关非数值类型的问题呢?这里首先涉及数据结构。在介绍数据结构之前,先介绍3个基本概念:数据、数据结构和数据类型。

1.2.1 数据基本概念

数据是对客观事物的符号表示,计算机科学中指所有能输入到计算机并能够被计算机程序处理的所有符号的总称。数据是计算机加工的"原材料"。数据的概念随着计算机的发展而不断扩展。早期计算机主要解决数值计算问题,当时的数据指的就是数值。随着计算机应用范围的扩大,文字、表格、声音、图像都可以作为计算机处理的数据。例如,对表1-1的学生学籍管理表进行学生信息的插入或删除操作时,可以将每一个学生的个人信息作为一个基本的数据单位,类似这样的基本单位就称为一个数据元素。同时可以看出,每个数据元素的内容都包括学号、姓名、性别、籍贯、民族、年龄共6项,其中每一项都称为一个数据项。数据元素是数据的基本单位。数据对象是指性质相同的数据元素的集合,是数据的一个子集。表1-1可以看作一个数据对象。

表 1-1 学生学籍管理表

学号	姓名	性别	籍贯	民族	年龄
14024101	张三	男	河北	回	18
14024102	李四	男	上海	汉	18
14024103	王五	女	新疆	维吾尔	19
14024104	马六	女	北京	汉	17
…	…	…	…	…	…

1.2.2 数据结构

实际问题中,数据元素和数据元素之间不是完全孤立的,而是彼此之间存在一定的关系。如表 1-1 所示,学生学籍表中,数据元素之间依次相邻(从位置上看,数据元素之间是一对一的关系),数据元素之间这种关系就是线性关系。因此,表 1-1 就属于一种线性数据结构。所谓数据结构,指的是数据元素之间的相互关系,即数据的组织形式。一般认为,数据结构包括以下 3 个方面的内容。

(1) 数据的逻辑结构。指的是数据元素之间的逻辑关系。它与数据的存储方式没有关系,是独立于计算机的。根据数据元素之间的不同特性,通常有以下 4 种基本的逻辑结构(参见图 1-2)。

① 集合。数据结构中的数据元素具有同一属性,无其他关系。这种结构较少应用。

② 线性结构。数据元素之间是一对一的关系。

③ 树形结构。数据元素之间存在一对多的关系。

④ 图状结构或网状结构。数据元素之间存在多对多的关系。

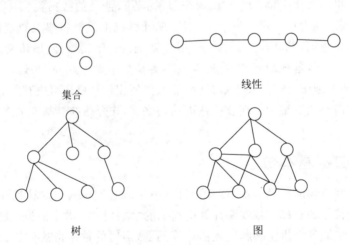

图 1-2 4 种基本的结构关系

(2) 数据的存储结构。讨论数据结构的目的是在计算机上实现对数据的操作,如何通过计算机表示出数据之间的逻辑关系是一个非常重要的问题。数据之间的逻辑关系通过在计算机中存储方式体现出来。数据在计算机中存储的方式就是数据的存储结构。计算机的内存储器是由许多存储单元组成,每个存储单元都有一个唯一的地址。数据的存储结构就是讨论数据在计算机中的存储映像方法。数据在内存中通常有以下 4 种存储结构。

① 顺序存储结构。主要用于存储线性结构。即把数据元素按照某种顺序存放在一块地址连续的内存单元中。其特点是逻辑上相邻的数据元素在物理存储位置上也相邻,数据元素之间的关系可以通过存储单元的地址来体现。通常借助程序设计语言中的数组来实现。

② 链式存储结构。借助指向数据元素存储地址的指针来表示数据元素之间的逻辑关系,一般将逻辑上相邻的数据元素存放在物理位置上不相邻的存储单元中,即可以用任意的一组存储单元来存放数据元素。这些存储单元的地址可以连续,也可以不连续。通常借助程序设计语言中的指针类型来描述这种存储方式。

③ 索引存储结构。在存储数据元素的同时,建立一个索引表。索引表中的每一项称为索引项,索引项一般包括关键字和地址两部分。关键字指能够唯一标识一个数据元素的数据项,地址表示数据元素的存储地址。

④ 散列存储结构。指在数据元素的关键字与其存储地址之间建立一个映射关系 F。根据关系 F,已知某数据元素的关键字 K 就可以得到它的存储地址。令 D 表示数据元素 E 的存储地址,则 D=F(K),即数据元素的存储地址是其关键字的函数,所以这种存储结构中函数 F 的设计非常关键。

在实现线性表的存储中,以顺序存储结构和链式存储结构最为常用。

(3) 数据的运算。定义在数据逻辑结构上的操作。每一种结构都有其运算的集合。例如,线性表常用的运算有添加、修改、删除等。数据运算的具体实现依赖于其存储结构。

数据结构的形式化定义为数据结构是一个二元组 $D\_S = (D,S)$。其中,D 指数据元素的有限集,S 是 D 上关系的有限集。

例如,"复数"这种数据结构可以用如下形式化定义表示。

$$Complex=(C,R)$$

其中,C 包括两个实数的集合 $\{C_1,C_2\}$,R 是定义在集合 C 上的一种关系 $\{<C_1,C_2>\}$,序偶 $<C_1,C_2>$ 表示 C_1 是复数的实部,C_2 是复数的虚部。

1.2.3 数据类型

高级程序设计语言中,经常遇到数据类型的概念。数据类型指一个值的集合和定义在这个值集合上的一组操作的总称。实际上,数据类型可以看作数据结构的一个特例。例如,C 语言中的整型变量,其值集为某个有限长区间上的整数,定义在其上的操作有加、减、乘、除等算术运算。

按"值"的不同特性,可以将高级程序设计语言中的数据类型分为两大类。一类是非结构的原子类型,这种类型的数据不可分解。例如,C 语言中的基本类型(如整型、实型、字符型等)。另一类是结构类型,其值由若干成分按照某种结构组成,因此可以分解。它的成分可以是结构的,也可以是非结构的。C 语言中的结构体就是其中一个典型实例。

实际上,计算机中数据类型的概念并非仅限于高级语言。计算机硬件系统、操作系统、高级语言、数据库中都有相应的数据类型。例如,计算机硬件系统通常含有"位""字节""字"等原子类型数据,它们的操作通过计算机设计的一套指令系统直接由电路系统完成。而高级语言提供的数据类型,其操作通过编译器或解释器转化为汇编语言或机器语言的数据类型来实现。引入数据类型的目的,从硬件的角度看,是作为解释计算机内存中信息含义的一种手段。对用户而言,实现了信息的隐藏。即用户不必了解机器内部的运算细节,就可以运用高级语言进行程序设计。

1.3 算法及算法分析

数据运算通过设计具体的算法来实现。对于一个具体的数据结构,设计一种好的算法是关键。算法与数据结构相互依赖、相互联系。性能良好的算法离不开设计良好的数据结构。

1.3.1 算法

算法是对特定问题求解步骤的描述,是指令的有限序列,其中每一条指令表示一个或多个操作。一个算法还需要满足下列 5 个重要特性。

1) 有穷性

对于任意合法的输入,一个算法必须在执行有限步之后结束,并且每一步都可在有限时间内完成。

2) 确定性

算法的每一条指令必须有确切的含义,读者理解时不会产生二义性,计算机在执行时更不能有二义性。并且在任何条件下,算法只有唯一的一条执行路径,即对于相同的输入只能得出相同的输出。

3) 可行性

算法中的每一个操作都可以通过执行有限次已经实现的基本运算来实现。即使操作描述很准确,如果其中的一个运算无法实现也不能称为算法。

4) 输入

一个算法有零个或多个输入。这些输入取自特定的数据对象集合。

5) 输出

一个算法至少有一个输出。

通常,一个好的算法应注意以下方面。

1) 正确性

首先,没有语法错误,这是最基本的。其次,没有逻辑错误,即对一切合法的输入数据都能产生满足要求的输出结果。显然,验证一个程序完全正确是件极为困难的事,目前也只处于理论研究阶段。普通意义上,算法的正确性指算法的执行能达到预期目的,并且对精心选择的典型、苛刻甚至带有刁难性的输入数据也能够得出符合要求的结果。

2) 可读性

随着软件规模的增大,人们认识到写算法很重要的一部分是为了阅读与交流,其次才是机器执行。可读性好有助于人们对算法的理解,能方便人们的交流与对算法的改进。一个好的算法应该易读易懂。必要的注释是增强算法可读性的手段之一。

3) 健壮性

当输入非法数据或改变运行环境时,算法也能作出快速、恰当的反应,不会产生莫名其妙的输出结果,同时给出一定的错误提示,终止程序的执行。

4) 效率与存储量要求

一般地,效率指的是算法的执行时间。存储量指算法在执行过程中所占用的最大存储空间。一个性能良好的算法,希望其执行时间尽可能地短,占用的存储空间尽可能地少。但这两方面往往相互矛盾,不可兼得。

算法和数据结构相辅相成。对于一个具体的问题,可以选择不同的数据结构,选择的是否恰当直接影响到算法的执行效率;反之,数据结构的优劣可以通过执行算法来体现。

1.3.2 算法的性能分析

性能是影响算法执行效率的关键。它包括两个方面,算法的时间特性和空间特性。显然,人们希望算法既占据较小的存储空间,又具有较快的运行速度。对于一个具体的问题,尽可能设计性能好的算法是我们追求的目标。另外,对于同一个问题,可能存在多种求解算法,不同算法之间效率不同,那么如何衡量算法的性能就是一个很实际的问题。

1. 算法的时间特性

算法执行所需的时间,指根据具体的算法用某种程序设计语言编写的程序,在计算机上运行所需要的时间。它主要受以下 4 个因素的影响。

1) 硬件速度

不同硬件配置的机器速度不同,一般 64 位机比 32 位机快,频率为 2GHz 的机器比 1GHz 的机器快。

2) 编程语言

编程语言的级别越低,其效率越高。例如,汇编语言的效率要高于一般的高级语言。一般地,C 语言的效率高于 Java 语言。

3) 代码质量

优化较好的编译程序所生成的目标代码质量较高。

4) 问题规模

一般来说,由于问题规模不同,所需时间也不同。例如,将 1000 个随机正数从小到大排序,与将 10 个随机正数从小到大排序的所需时间不一样。

由此可看出,算法执行的时间受以上多种因素影响,用它来衡量算法的效率不太方便。为了更好地衡量算法本身的效率,突出算法的特点,应该屏蔽硬件、编译器等因素的差异,使得算法的时间性能仅依赖于问题的规模(一般用 n 表示)。或者说,算法的执行时间是问题规模 n 的函数。所谓问题的规模 n,对不同的问题其含义不同。例如,求解矩阵运算时,往往指的是矩阵的阶数;一般对图模型运算指的是图中顶点的个数;对集合运算是集合中元素的个数等。对于问题规模的选择,应根据具体问题具体分析。

语句重复执行的次数称为语句的频度。一个算法执行所需要的时间 T(n),是算法中所有语句执行时间之和。在这里称 T(n) 为增长函数。

$$T(n) = \sum_{\text{语句}i}(t_i \times c_i)$$

其中,t_i 表示语句 i 执行一次的时间,c_i 表示语句 i 的频度。

一般情况,假设每条语句执行一次的时间均为一个时间单位,则算法执行的时间可以简

化为
$$T(n) = \sum_{\text{语句}i} c_i$$

【例 1-1】 计算下列程序段的时间复杂度。

```
int sum = 1;
    for( i = 1; i <= n; i++)                //n+1
{
sum = sum * i;                              //n
}
```

根据各语句的频度,该程序段的时间复杂度为
$$T(n) = n+1+n+1 = 2n+2$$

【例 1-2】 计算下列程序段的时间复杂度。

```
int sum = 0;
    for( i = 0; i < n; i++)                 //n+1
        for(j = 0; j < n; j++){             //n(n+1)
            sum = sum + C[i][j] ;           //n*n
        }
```

根据各语句的频度,该程序段的时间复杂度为
$$T(n) = (n+1) + n(n+1) + n^2 + 1 = 2n^2 + 2n + 3$$

【例 1-3】 计算下列程序段的时间复杂度。

```
for( i = 0; i < n; i++)                             //n+1
    for(j = 0; j < n; j++){                         //n(n+1)
        C[i][j] = 0;                                //n*n
        for( k = 0; k < n; k++)                     //n*n*(n+1)
            C[i][j] = C[i][j] + A[i][k]*B[k][j];    //n*n*n
    }
```

根据各语句的频度,该程序段的时间复杂度为
$$T(n) = (n+1) + n(n+1) + n^2 + n^2(n+1) + n^3 = 2n^3 + 3n^2 + 2n + 1$$

通过以上 3 个例题可以看出,3 个程序段的增长函数不同。一个为 n 的线性函数,一个为 n 的二次函数,一个为 n 的三次函数。当 n 值很小时,它们的差别不是很大。当 n 增大时,它们的差别越来越大,变化最大的项为 T(n)中次数最高的项,类似这样的项称为主项。例如,例 1-2 的增长函数 T(n),当 n 值非常大时,n^2 项比 n 项增长快得多,常数项同变化值相比,几乎可以忽略不计。此外,主项的系数对变化趋势没有影响,$2n^2$ 和 n^2 的变化趋势是相同的。一般情况,精确计算 T(n)是比较困难的,尤其是算法很复杂时更是如此。因此,为描述简单起见,抓住所分析问题的主要矛盾,通过增长函数的主项来描述算法的时间复杂度。

定义:如果存在常数 c>0 与 n_0,当 n> n_0 时,有 T(n)≤cf(n),即 $\lim_{n\to\infty}\frac{T(n)}{f(n)} = c$,则称时间复杂度 T(n)是 O(f(n)),可写作 T(n) = O(f(n))。表示随问题规模 n 的增大,算法执行时间的增长率和 f(n)的增长率相同,这种采用符号 O 表示的算法复杂度,称作算法的渐近时间复杂度(Asymptotic Time Complexity),简称时间复杂度。例如,例 1-1 的时间复杂

度为 O(n)，例 1-2 的时间复杂度为 $O(n^2)$，例 1-3 的时间复杂度为 $O(n^3)$。

按照数量级递增排列，常见的时间复杂度有常数阶 $O(1)$、对数阶 $\log_2 n$、线性阶 $O(n)$、线性对数阶 $O(n\log_2 n)$、平方阶 $O(n^2)$、立方阶 $O(n^3)$…k 次方阶 $O(n^k)$，指数阶 $O(2^n)$。随着问题规模 n 的增大，上述复杂度不断增大，算法执行效率不断下降。

有些算法的时间复杂度不仅和问题规模有关，还和输入集的状态有关。对于这类问题，可以从概率的角度去考虑，计算时间复杂度的期望值；也可以分析输入集可能的最好状态和最差状态，分别估算最好的时间复杂度和最坏的时间复杂度，一般用最坏情况下的复杂度作为算法复杂度的衡量指标。冒泡排序算法的时间复杂度分析就是一个典型实例，详细内容见第 7 章。

2. 算法的空间特性

依据算法编制成程序后，在计算机执行过程中所需要的最大存储空间。一个算法执行期间所占用的存储空间主要包括 3 部分。

(1) 算法程序所占空间，是指令、常数、变量所占用的存储空间。

(2) 输入数据所占用的存储空间。

(3) 算法执行时，必需的辅助空间。

前两种空间是计算机运行时所必需的。因此，把算法在执行时所需的辅助空间大小作为分析算法空间复杂度的依据。如果算法所需要的辅助空间相对于输入数据量而言是常量，则称该算法为原地工作。

一个算法的时间复杂度和空间复杂度往往相互矛盾，二者难以兼顾。算法执行时间上的节省往往需要增加空间存储为代价，反之亦然。一般情况，常常以算法的时间复杂度作为算法优劣的衡量指标。

1.4 小结

本章介绍了有关计算机的一些基本内容。计算机系统包括软件系统和硬件系统两部分。硬件系统由控制器、运算器、存储器、输入输出设备组成；计算机软件是计算机程序、方法和规则相关的文档及在计算机上运行它所必需的数据。我们所说的计算机语言包括机器语言、汇编语言、高级语言、非过程化语言，并略微介绍了计算机软件的发展。数据是对客观事物的符号表示，计算机科学中指所有能输入到计算机并能够被计算机程序处理的所有符号的总称。数据对象指性质相同的数据元素的集合，是数据的一个子集。数据是本书的一个重点也是难点。数据运算是通过设计具体的算法来实现的。对于一个具体的数据结构，设计一种好的算法是其关键。算法与数据结构相互依赖、相互联系，一个性能良好的算法离不开一种设计良好的数据结构。算法的特性包括有穷性、可行性、确定性、输入、输出 5 个方面。

1.5 习题

1. 单项选择题

(1) 遵循冯·诺依曼体系结构的计算机，主要包括 5 大功能部件，它们是(　　)、控制器、存储器、输入设备和输出设备。
  A. 运算器   B. 硬盘   C. 内存   D. CPU
（2）冯·诺依曼体系结构具有如下特点：（ ）。
  A. 采用二进制形式表示数据和指令
  B. 采用存储程序方式
  C. A 和 B
（3）遵循冯·诺依曼体系结构的计算机，主要包括 5 大功能部件，它们是运算器、控制器、存储器、输入设备和输出设备。通常把控制器和运算器合起来称为（ ）。
  A. CPU   B. 硬件系统   C. 裸机   D. 计算器
（4）操作系统属于（ ）类型。
  A. 系统软件 B. 应用软件 C. 服务类软件 D. 测试软件
（5）算法具有"确定性"等 5 个特性，下面对另外 4 个特性的描述错误的是（ ）。
  A. 可行性   B. 有零个或多个输入
  C. 有穷性   D. 有零个或多个输出
（6）计算机软件是计算机程序、程序所使用的数据及有关文档资料的集合，即软件=（ ）。
  A. 程序+注释   B. 程序+数据+文档
  C. 程序+说明书   D. 软件工程
（7）算法设计中，将一个难以直接解决的问题，分割成一些规模较小的相同问题，以便各个击破，分而治之的设计思想，称为（ ）。
  A. 递推法   B. 分治法   C. 递归法   D. 穷举法
（8）（ ）是数据的基本单位。
  A. 数字   B. 字符   C. 数据元素   D. 文字
（9）（ ）的数据元素（结点）之间存在层次关系，又称一对多关系。
  A. 集合   B. 线性结构   C. 树形结构   D. 图形结构
（10）（ ）的数据元素之间仅存在前后关系，又称一对一关系。
  A. 集合   B. 线性结构   C. 树形结构   D. 图形结构
（11）（ ）的数据元素（顶点）之间存在邻接关系，又称多对多关系。
  A. 集合   B. 线性结构   C. 树形结构   D. 图形结构
（12）随着问题规模 n 的增加，以下时间复杂度最低的是（ ）。
  A. $O(1)$ B. $O(n)$ C. $O(\log_2 n)$ D. $O(n^2)$

2. 填空题

（1）在算法"正确"的前提下，评价算法主要的两个指标是时间复杂度和_____。
（2）在算法"正确"的前提下，衡量算法效率的主要指标是_____和空间复杂度。
（3）数据结构在计算机中的表示（映像）称为_____结构。
（4）数据存储结构的 4 种基本形式是_____存储结构、_____存储结构、索引存储结构及散列存储结构。
（5）数据的存储结构具有 4 种基本形式。其中，把数据元素按某种顺序放在一块连续的存储单元中，称为_____存储结构，其特点是逻辑上相邻的数据元素存储在物理上相邻的存储单元中,元素之间的关系由存储单元的邻接关系来体现;_____存储结构可以把逻辑上相邻的两个元素存放在物理上不相邻的存储单元中。

(6) 数据结构主要包括3方面内容:数据的_____结构、数据的_____结构、数据的_____结构。

(7) 算法通常具有5个特性,分别是有穷性、_____、可行性、零个或多个输入、至少一个输出。

3. 判断题

(1) (   ) 没有软件的计算机系统通常称为裸机。

(2) (   ) 没有软件的计算机系统通常称为虚拟计算机。

(3) (   ) 算法一定要有输入和输出。

(4) (   ) 一个算法必须在执行有穷步后结束,且每一步都能在有限的时间内完成。

(5) (   ) 运算是定义在逻辑结构上的操作,独立于计算机,而运算的具体实现则是在计算机上进行,因此算法要依赖于数据的存储结构。

(6) (   ) 对一个算法,相同的输入不一定能得到相同的输出。

(7) (   ) 一个算法应该有一个或多个输入、一个或多个输出。

(8) (   ) 就输入输出两方面而言,一个算法应该有零个或多个输入,一个或多个输出。

(9) (   ) 数据的存储结构是数据的逻辑结构在存储单元中的表示形式。

(10) (   ) 数据元素在逻辑结构上如果相邻,相应的数据元素在存储结构中也必须保持物理上的相邻。

4. 问答题

(1) 计算机系统包括哪两大部分?各部分包括哪些内容?

(2) 简述数据的逻辑结构和存储结构之间的关系。

(3) 软件的发展经历了哪几个阶段?

(4) 简述算法的5要素。

第 2 章 线性数据结构

CHAPTER 2

线性数据结构中第一个元素没有直接前驱,最后一个元素没有直接后继,其他元素都有唯一的直接前驱和唯一的直接后继元素。线性数据结构包括线性表、栈和队列、串和数组。其中,线性表是一种最简单的线性结构,而栈是一种特殊的线性表,在操作上与线性表不同。队列和栈一样,也是一种特殊的线性表,是操作受限制的线性表。串也是一种重要的线性结构,计算机上的非数值处理对象基本上是字符串数据,多维数组是一种扩展的线性数据结构,线性表、栈、队列、串的数据元素都不可再分,而多维数组中的数据元素可以再分。

2.1 线性表的定义

线性表是最简单、最常见的一种线性数据结构。例如,英文字母表(A,B,C,…,X,Y,Z)是一个线性表;一副扑克牌的点数(1,2,3,…,10,J,Q,K)是一个线性表;学生的学籍档案信息如表 1-1 所示,也是一个线性表。在表 1-1 中,数据元素的类型为学生,与前两个表不同的是,表 1-1 中的数据元素包含了学号、姓名、性别、籍贯等若干个数据项。

由此可见,线性表是一个含有 n(n≥0)个相同性质元素的有限序列。在这个序列中,除第一个元素没有前驱元素和最后一个元素没有后继元素外,其余每个元素有且仅有一个直接前驱和一个直接后继元素。一般地,一个线性表可以表示成一个线性序列($a_1, a_2, \cdots, a_{i-1}, a_i, a_{i+1}, \cdots, a_n$),其中 a_1 是第 1 个元素,a_n 是最后一个元素;元素的个数 n 称为线性表的长度,当 n=0 时,线性表为空表。

线性表中的数据元素可以是各种各样的,但在同一个线性表中的元素必定具有相同特性,即属于同一数据对象,相邻数据元素之间存在着序偶关系,a_{i-1} 是 a_i 的直接前驱,a_i 是 a_{i-1} 直接后继,称 i 为数据元素 a_i 在线性表中的位序。

对于非空的线性表,存在唯一的一个"第一元素",称为表头,没有前驱,有且仅有一个直接后继;存在唯一的一个"最后元素",称为表尾,没有后继,有且仅有一个前驱;除表头外,其他元素均有唯一的直接前驱;除表尾外,其他元素均有唯一的直接后继。

线性表的抽象数据类型包括数据对象、数据关系和基本操作。数据对象为线性表中的数据元素,数据关系即为数据元素之间的前驱后继关系,线性表的操作定义在逻辑结构层次上,而操作的具体实现建立在存储结构上。因此,下面定义的线性表的基本操作作为逻辑结构的一部分,每一个操作的具体实现只有在确定线性表的存储结构之后才能完成,线性表的基本操作如表 2-1 所示。

表 2-1 线性表的基本操作

操作名称	函数名称	初始条件	操作结果
初始化表	InitList(&L)	表 L 不存在	构造一个空的线性表 L
销毁表	DestroyList(&L)	表 L 存在	销毁线性表 L
表判空	ListEmpty(L)	表 L 存在	若 L 为空表,则返回 TRUE;否则返回 FALSE
求表长	ListLength(L)	表 L 存在	返回 L 中元素个数
取元素	GetElem(L, i, &e)	表 L 存在,且 $1 \leqslant i \leqslant$ LengthList(L)	用 e 返回 L 中第 i 个元素的值
查找	LocateElem(L, e)	表 L 已存在,e 为给定值	返回 L 中第 1 个值与 e 相等的元素的位序。若这样的元素不存在,则返回值为 0
表置空	ClearList(&L)	表 L 存在	将 L 重置为空表
插入	ListInsert(&L, i, e)	表 L 已存在,且 $1 \leqslant i \leqslant$ LengthList(L)+1	在 L 的第 i 个元素之前插入新的元素 e,L 的长度增 1
删除	ListDelete(&L, i, &e)	表 L 已存在及非空,且 $1 \leqslant i \leqslant$ LengthList(L)	删除 L 的第 i 个元素,并用 e 返回其值,L 的长度减 1
遍历	ListTraverse(L)	表 L 已存在	依次输出 L 中的每个元素

表 2-1 是线性表的一些基本操作,其他比较复杂的操作,可以通过基本操作的组合来实现。例如,线性表 La 和 Lb 中的元素非递减有序,要把它们归并到一个新的线性表 Lc 中,且里面的元素也是非递减有序,完成此操作的算法如下:

```
#define MAXSIZE 100
typedef struct{
int data[MAXSIZE];
int length;
}List;
void MergeList(List La,List Lb,List &Lc)
{    //有序表归并
    InitList (Lc);
    int i = j = 1,k = 0;
    while(i <= ListLength(La)&&j <= ListLength (Lb))
    {
        GetElem (La,i,a_i);
        GetElem (Lb,j,b_j);
        if(a_i <= b_j)
        {
            ListInsert (Lc,++k,a_i);
            i++;
```

```
        }else
        {
            ListInsert (Lc,++k,b_j);
            j++;
        }
    }
    while(i <= ListLength (La))
    {
        GetElem (La,i++,a_i);
        ListInsert (Lc,++k,a_i);
    }
    while(j <= ListLength (Lb))
    {
        GetElem (Lb,j++,b_j);
        ListInsert (Lc,++k,b_j);
    }
}
```

这里的 MergeList 操作用到了表 2-1 中 InitList、ListLength、GetElem、ListInsert 等基本操作。可见，对于复杂的个性化操作，完全可以利用基本操作的组合来实现。

2.2 线性表的顺序存储及其运算

线性表的顺序存储是指用一段连续的地址空间依次存储线性表中的每个元素，用元素存储地址的相邻表示元素逻辑关系的相邻。

2.2.1 顺序表

采用顺序结构存储的线性表称为顺序表，线性表的存储示意如图 2-1 所示。

存储地址	内存空间	逻辑地址
$Loc(a_1)$	a_1	0
$Loc(a_1)+d$	a_2	1
...	...	...
$Loc(a_1)+(i-2)d$	a_{i-1}	$i-2$
$Loc(a_1)+(i-1)d$	a_i	$i-1$
$Loc(a_1)+id$	a_{i+1}	i
...	...	...
$Loc(a_1)+(n-1)d$	a_n	$n-1$
...	...	...
$Loc(a_1)+(max-1)d$		$max-1$

图 2-1 线性表顺序存储示意图

用存储空间的起始位置、顺序表的容量、长度等属性来描述 n 个数据元素组成的顺序表存储情况。存储空间的起始位置指顺序表中第一个元素所在内存的存储地址，在图 2-1 中，

起始位置就是元素 a_1 的地址 $LOC(a_1)$；顺序表的容量为 max，即顺序表的最大空间；顺序表的长度表示当前顺序表实际使用的存储空间大小，图 2-1 中顺序表长度为 n。假设线性表中每个数据元素占用的内存空间大小为 d，则第 i+1 个元素的存储位置 $Loc(a_{i+1})$ 和第 i 个元素的存储位置 $Loc(a_i)$ 之间满足如下关系：

$$Loc(a_{i+1}) = Loc(a_i) + d \tag{2-1}$$

第 i 个元素存储位置 $Loc(a_i)$ 的计算公式为

$$Loc(a_i) = Loc(a_1) + (i-1)d \quad 1 \leqslant i \leqslant n \tag{2-2}$$

由于线性表每个数据元素的类型都相同，因此在 C 语言中用一维数组来实现顺序存储结构，用整型变量来存储线性表的长度，即把第一个数据元素存到数组下标为 0 的位置，接着把线性表相邻的元素存储在数组中相邻的位置。注意：由于 C 语言中的数组下标从 0 开始，因此线性表的第 i 个元素存储在数组下标为 i-1 的位置。

定义线性表的顺序结构存储类型时，需要预分配一段内存空间用于存储数据元素，标记空间长度及任一时刻表中的实际数据元素个数。顺序表数据类型定义如下：

```
#define MaxSize 100          //线性表最大元素个数，根据需要而定
typedef int ElemType;        //自定义数据类型，增强程序的扩展性
typedef struct{
    ElemType *list;          //存储空间基址指针
    int size;                //当前元素个数
    int maxsize;             //存储空间长度
}SqList;
```

这种方式存储元素的内存空间使用 malloc 动态分配，当存储空间不够时，可以使用 realloc 再分配。

也可以用数组和存储线性表长度的变量来描述顺序存储结构。

```
#define MaxSize 100          //线性表最大元素个数，根据需要而定
typedef int ElemType;        //自定义数据类型，增强程序的扩展性
typedef struct{
    ElemType elem[MaxSize];  //存储线性表元素的数组空间
    int size;                //当前元素个数
}SqList;
```

用数组存储顺序表意味着要分配固定长度的数组空间，因此空间大小 MaxSize 选值要合适，由于线性表中可能有插入操作使得表中的数据元素数目动态增加，所以分配的数组大小要大于线性表的当前长度。但选值太大，又会浪费存储空间。

2.2.2 顺序表的基本运算

顺序表的基本运算包括表 2-1 中的所有操作。

1. 顺序表初始化

算法基本思想：设置顺序表 L 的初值，即动态分配一段用于存储数据元素的内存空间并用指针 list 指向，设置当前元素个数为 0，设置存储空间长度为 MS。

```
void init_sq(SqList &L)
{
```

```
    L.list = (ElemType * )malloc(MaxSize * sizeof(ElemType));
    L.size = 0;
    L.maxsize = MaxSize;
}
```

2. 顺序表存储空间再分配

算法基本思想：再分配顺序表的存储空间，若分配失败则返回出错标志。

```
int againMalloc(SqList &L)
{
    ElemType * newbase = (ElemType * )realloc(L.list,
                (L.maxsize * 2) * sizeof (ElemType));
    if (!newbase)
    {
        printf("存储空间分配失败!");
        return 0;
    }
    L.list = newbase;
    L.maxsize = 2 * L.maxsize;
    return 1;
}
```

3. 顺序表判空算法

算法基本思想：如果顺序表当前元素个数 size 为 0，则函数返回值 1；否则函数返回值 0。

```
int empty_sq(SqList L)
{
    if(L.size == 0)
        return 1;
    else
        return 0;
}
```

4. 顺序表求表长算法

算法基本思想：返回顺序表当前数据元素个数，即 size 值。

```
int length_sq(SqList L)
{
    return L.size;
}
```

5. 顺序表插入

算法基本思想：在顺序表中的第 i 个位置插入一个新元素。

(1) 检查 i 值是否超出允许的范围（$1 \leqslant i \leqslant n+1$），若超出，则返回"超出范围"错误标志 0。

(2) 如果分配的存储空间已满，则调用顺序为表空间再分配算法扩充空间。如果再分配失配，则返回出错标志 -1。

(3) 从最后一个元素开始向前遍历到第 i 个位置，分别将它们都向后移动一个位置。

(4) 将新元素 e 写入第 i 个位置。
(5) 使线性表的长度增 1。

```
int insert_sq(SqList &L, int i, ElemType e)
{
    //在顺序线性表 L 的第 i 个元素之前插入新元素 e
    ElemType *p;
    int f;
    if (i < 1 || i > L.size + 1) return 0;
    if (L.size >= L.maxsize)
        {
            f = againMalloc(L);         //顺序表空间再分配算法
            if(!f) return -1;
        }
    for(int j = L.size; j >= i; j--)
        {
        L.list[j] = L.list[j-1];
        }
    L.list[i-1] = e;
    ++L.size;
    return 1;
}
```

6. 顺序表删除

算法基本思想：删除顺序表中第 i 个位置的元素。
(1) 检查 i 值是否超出允许的范围（1≤i≤n），若超出，则进行"超出范围"错误标志 0。
(2) 取出下标为 i-1 的元素值给 e。
(3) 从第 i 个位置开始遍历到最后一个元素位置，分别将它们向前移动一个位置。
(4) 使线性表的长度减 1。

```
int delete_sq(SqList &L, int i, int &e)
{//删除线性表第 i 个位置上的元素并将值赋给 e
    if (i < 1 || i > L.size) return 0;
    e = L.list[i-1];
    for(int j = i; j <= L.size; j++)
    {
        L.list[j-1] = L.list[j];
    }
    --L.size;
    return 1;
}
```

7. 顺序表遍历

算法基本思想：依次访问顺序表中的每个数据元素，下列程序完成的是输出数据元素功能。

```
void traverse(SqList L)
{
    for(int i = 0; i < L.size; i++)
```

```
        {
            printf("%d",L.list[i]);
        }
}
```

8. 取得顺序表第 i 个位置元素

算法基本思想：判断 i 值合法性，如果 i 值不合法，则函数打印错误信息并返回函数值 0；否则，取得第 i 个位置的元素值赋给 e 并返回函数值 1。

```
int get(SqList L,int i,ElemType &e)
{
    if(i<=0||i>L.size)
    {
        printf("位置不合法!");
        return 0;
    }
    e=L.list[i-1];
    return 1;
}
```

2.2.3 插入和删除的时间复杂度

插入和删除是线性表的两个最常用、最重要的操作。对于顺序表，如果要将元素插入到最后一个位置或者删除最后一个元素，此时不需要移动元素，因此时间复杂度为 $O(1)$，这是最好的情况；如果要将元素插入到第一个位置或者删除第一个元素，此时意味着要将所有元素向后或向前移动一个位置，因此时间复杂度为 $O(n)$；一般情况下，如果要将元素插入到第 i 个位置上，需要移动 $n-i+1$ 个元素；而要删除第 i 个元素，需要移动 $n-i$ 个元素。也就是说，对于一个包含 n 个元素的顺序表，要在第 $1,2,3,\cdots,n,n+1$ 个位置上插入一个元素，分别需要移动 $n,n-1,n-2,\cdots,1,0$ 个元素，平均移动次数为 $n/2$；而要删除第 $1,2,3,\cdots,n$ 个位置中的一个元素，分别需要移动 $n-1,n-2,\cdots,1,0$ 个元素，平均移动次数为 $(n-1)/2$；因此，顺序表的插入和删除操作，其平均时间复杂度均为 $O(n)$。

2.2.4 线性表顺序存储结构的优缺点

顺序存储结构利用元素的存储位置表示元素之间的逻辑关系，支持元素的随机访问，具有简单、运算方便等优点，特别是对于长度较小或长度固定的线性表，采用顺序存储结构的优越性更为突出。

另一方面，顺序存储结构在插入与删除一个元素时需要移动大量数据元素。因此，对于含有大量数据元素的线性表，特别是在元素的插入和删除频繁的情况下，采取顺序存储结构的运算效率较低；同时，顺序存储结构的存储空间不方便扩充，容易出现空间不足或浪费的现象。

2.3 线性表的链式存储及其运算

线性表的链式存储指用一组任意的存储单元存储线性表的数据元素，这组存储单元可以连续，也可以不连续。链式存储结构为了表示每个数据元素 a_i 与其直接后继数据元素

a_{i+1} 之间的逻辑关系,除了存储其本身的信息之外,还需存储一个指示其直接后继的地址(即直接后继的存储位置)。把存储数据元素信息的域称为数据域,把存储直接后继地址的域称为指针域,数据域和指针域组成的数据元素 a_i 的存储映像称为结点。

常见的链式存储结构有单链表、循环链表和双向链表。

2.3.1 单链表

n 个结点链接成一个链表,即为线性表的链式存储结构。由于链表的每个结点中只包含一个指针域,因此称为单链表。单链表通过每个结点的指针域将线性表的数据元素按其逻辑次序链接在一起,如图 2-2 所示。

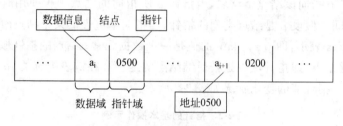

图 2-2 链表映像示意图

链表中第一个数据元素的存储位置称为头指针,整个链表的存取只能从头指针开始。由于线性表最后一个数据元素没有后继,因此规定线性链表的最后一个结点的指针域指向为空,通常用^符号或 NULL 表示。

有时为了方便对链表进行操作,例如为了使插入和删除第一结点的操作与其他结点相同,常常在单链表的第一个结点之前增加一个结点,链表的头指针指向头结点,头结点的数据域可以不存储任何信息,也可以存储如线性表的长度等附加信息。头结点的指针域指向第一个数据元素结点,如图 2-3 所示。加上头结点之后的单链表无论是否为空,头指针始终指向头结点,因此空表和非空表的处理也统一了。单链表实际上由一个个的结点组成,但不能直接访问这些结点,所看到的只有头指针 L,对单链表进行的所有操作只能直接或间接通过头指针 L 来完成。

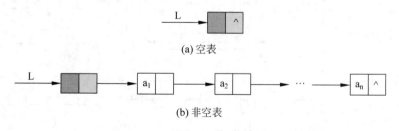

图 2-3 带头结点的单链表

由于链表不必按顺序存储数据元素,因此插入操作的时间复杂度为 O(1);但链表失去了顺序存储随机读取的优点,查找某个结点的时间复杂度为 O(n)。顺序表的插入和查找的时间复杂度分别是 O(n)和 O(1)。

单链表的基本操作包括创建一个单链表,单链表的插入、删除、取元素、遍历等。以整型元素为例说明单链表结点数据类型定义如下：

```
typedef int ElemType;
typedef struct LNode{
    ElemType data;           //数据域
    struct LNode * next;     //指针域
}LinkedList,LNode;
```

在链表的基本操作中要大量用到指针型变量的赋值和比较操作，在 C 语言中，指针型变量的值除了由同类型的指针变量赋值得到外，都必须用动态内存分配函数得到。例如，p=(LinkList *)malloc(sizeof(LNode));表示在运行时系统动态生成了一个 LNode 类型的结点，并令指针 p 指向该结点。反之，当指针 p 所指向的结点不再使用时，可用 free(p)；释放该结点的空间。假设 p 是结点类型的指针，当指向单链表的某个结点时，则该结点的数据域可用 p—>data 表示，即 p—>data 的值是一个数据元素；结点的指针域可用 p—>next 表示，指向其后继结点，即指针域中是其后继结点的地址。在链表中有关指针赋值语句以及这些语句执行前后指针值的变化状况如表 2-2 所示。

表 2-2 指针的基本操作示例

操作内容	执行操作的语句	执行之前	执行之后
指针指向结点	p=q		
指针指向后继	p=q—>next		
指针移动	p=p—>next		
链指针改接	p—>next=q		
链指针改接后继	p—>next=q—>next		

1. 单链表初始化

算法功能：将单链表 L 初始化为一个如图 2-3(a)所示的空表。

算法基本思想：新开辟一个结点空间并用 L 指向，设置 L 所指结点空间的指针域为

NULL,返回函数值1。

```
int init_L (LinkedList * &L)
{
    L = (LNode * )malloc(sizeof(LNode));
    L->next = NULL;
    return 1;
}
```

2. 头插法创建单链表

算法功能：创建一个包含 n(n>0)个数据元素的单链表 L。

算法基本思想：

(1) 初始化单链表 L。

(2) 初始化变量 i=0,当 i<n 时,循环执行：

① 生成新结点并用指针 p 指向；

② 生成随机数并赋值给数据域；

③ 令指针域等于头结点的指针域；

④ 令头结点的指针域指向 p；

⑤ i++。

头插法创建单链表过程如图 2-4 所示。

```
void create_L(LinkedList * L, int n)
{
    LinkedList * p;
    init_L(L);
    for ( int i = 0;i < n;i++)
    {
        p = (LinkedList * )malloc(sizeof(LNode));
        p->data = rand()%100+1;         //生成100以内的随机数
        p->next = L->next;
        L->next = p;
    }
}
```

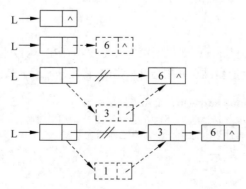

图 2-4 头插法创建单链表 L=(1,3,6)的过程

3. 尾插法创建单链表

算法功能：创建一个包含 n 个数据元素的单链表 L。

算法基本思想：

(1) 初始化单链表 L。

(2) 定义链表指针 p 和 s，令 s 指向单链表 L。

(3) 初始化变量 i=0，当 i<n 时，循环执行：

① 生成新结点并用指针 p 指向；

② 生成随机数并赋值给结点数据域；

③ 令结点指针域指向 NULL；

④ 令 s 所指结点的指针域指向 p；

⑤ 令 s 指向新插入的结点；

⑥ i++。

```
void create_L_tail(LinkedList *&L, int n)
{
    LinkedList * p, * s;
    init_L(L);
    s = L;
    for (int i = 0;i < n;i++)
    {
        p = (LinkedList * )malloc(sizeof(LNode));
        p->data = rand()%100+1;        //生成100以内的随机数
        p->next = NULL;
        s->next = p;
        s = s->next;
    }
}
```

4. 单链表插入算法

算法功能：在单链表 L 的第 i 个结点之前插入一个元素值为 e 的结点。

算法基本思想：

(1) 定义一个指针 p 指向链表第一个结点。

(2) 初始化 j=0，当 j<i 且 p 不为空时，循环执行

p = p->next;j++;

(3) 如果 p 为空或者 j<i-1，则说明第 i 个元素不存在，函数返回 0。

(4) 否则查找成功，生成新结点并用指针 s 指向，将数据元素 e 赋值给 s->data。然后执行

s->next = p->next; p->next = s;改变结点链接关系

```
int insert_L(LinkedList * L, int i, ElemType e)
{ //在带头结点的单链线性表 L 的第 i 个元素之前插入元素 e
    LinkedList * p, * s;
    p = L;
    int j = 0;
    while (p && j < i-1) {           //寻找第 i-1 个结点
        p = p->next;
        ++j;
```

```
    }
    if (!p || j > i-1) return 0;              //i 小于 1 或者大于表长
    s = (LinkedList * )malloc(sizeof(LNode));  //生成新结点
    s->data = e; s->next = p->next;            //插入 L 中
    p->next = s;
    return 1;
}
```

5. 单链表删除算法

算法功能：删除单链表 L 的第 i 个结点，将结点元素值赋给 e。

算法基本思想：利用循环操作将 p 指针定位到第 i−1 个元素位置，用 q 指针指向第 i 个结点位置并将元素值赋给 e，让第 i−1 个元素的指针域指向第 i+1 个元素，然后释放 q 结点；单链表的删除标准语句序列为：

```
q = p->next; p->next = q->next; e = q->data;
int delete_L(LinkedList * L, int i, ElemType &e)
{
    if(L->next == NULL) return 0;
    if(i < 1) return 0;
    LinkedList * p, * q;
    p = L;
    for(int j = 1;j < i;j++)
    {
        p = p->next;
        if(p->next == NULL)
        {
            printf("删除位置不合法!");
            return 0;
        }
    }
    q = p->next;
    p->next = q->next;
    e = q->data;
    free(q);
    return 1;
}
```

6. 取得单链表第 i 个位置元素

算法功能：取得单链表 L 第 i 个结点的元素值赋给 e。

算法基本思想：

(1) 定义指针 p 指向 L 的第 1 个结点。

(2) 定义变量 j=1，当 j<i 时，循环执行 p=p->next；如果 p 为空，则表示位置 i 有误，函数返回值 0；否则 j++。

(3) 查找成功，e=p->data，函数返回值 1。

```
int get_L(LinkedList * L, int i, ElemType &e)
{
    if(L->next == NULL) return 0;
    LinkedList * p = L->next;       //p 指向第一个结点
    int j = 1;                       //j 为计数器
```

```
        while(j < i)
        {
            p = p -> next;
            if(p == NULL)
            {
                printf("查找位置有误!");
                return 0;
            }
            ++j;
        }
        e = p -> data;                    //取得第 i 个元素
        return 1;
}
```

7. 单链表遍历算法

算法功能：依次访问单链表 L 中的每个结点并打印输出结点元素值。

算法基本思想：定义指针 p 指向 L 的第 1 个结点，当 p 指向不为空时，循环执行：打印输出 p 的数据域，p=p-> next。

```
int traverse_L(LinkedList * L)
{
    if(L -> next == NULL) return 0;
    LinkedList * p = L -> next;
    while(p)
    {
        printf(" % d ",p -> data);
        p = p -> next;
    }
    printf("\n");
    return 1;
}
```

2.3.2 单循环链表

单循环链表是在单向链表基础之上做的进一步概念延伸，即让单向链表尾结点的 next 链域指向其头结点。循环链表让链表操作变得更加灵活，它并没有明显的头结点和尾结点，因为链表上的任何一个元素均可以看成是头、尾结点（取决于实际应用）。单循环链表的示意如图 2-5 所示，其中图(a)为带头结点的空表，图(b)为不带头结点的非空表。

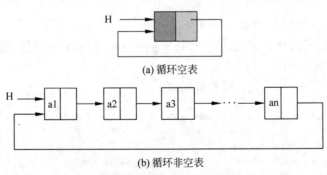

图 2-5　单循环链表示意图

循环链表的运算和单链表基本一致,只在表尾的指针域有差别,单链表的尾指针为 p->next=NULL,而循环链表则为 p->next=H。

数据类型定义:

```
typedef int ElemType;
typedef struct CNode{
    ElemType data;
    struct CNode * next;
}CList;
```

循环链表的基本操作包括初始化、插入、删除、创建、遍历等。

1. 循环链表的初始化算法

算法功能:初始化一个空的循环链表 L。

算法基本思想:新分配一个结点空间并用 L 指向,让该结点空间的指针域指向结点本身。

```
int init_CL (CList * L)
{
    L = (CNode * )malloc(sizeof(CNode));
    L->next = L;
    return 1;
}
```

2. 循环链表插入算法

算法功能:在带头结点的循环链表 L 的第 i 个元素之前插入元素 e。

算法基本思想:利用循环操作将 p 指针定位到第 i-1 个元素位置,生成新结点并赋值给指针 s,将数据元素 e 赋值给 s->data;单链表的插入标准语句序列为

s->next = p->next; p->next = s;

注意表尾判断条件是 p->next==L。

```
int insert_CL(CList * L, int i, ElemType e)
{
    CList * p, * s;
    p = L;
    int j = 0;
    while (p->next!= L && j < i-1)
    {   //寻找第 i-1 个结点
        p = p->next;
        ++j;
    }
    if (j!= i-1)
    {                                           //i 小于 1 或者大于表长
        printf("插入位置不合法!");
        return 0;
    }
    s = (CList * )malloc(sizeof(CNode));        //生成新结点
    s->data = e; s->next = p->next;             //插入 L 中
    p->next = s;
```

        return 1;
}

3. 循环链表删除算法

算法功能：删除单循环链表 L 的第 i 个结点，将结点元素值赋给 e。

算法基本思想：利用循环操作将 p 指针定位到第 i-1 个元素位置，用 q 指针指向第 i 个结点位置并将元素值赋给 e，让第 i-1 个元素的指针域指向第 i+1 个元素，然后释放 q 结点；删除结点的标准语句序列为

```
q = p->next; p->next = q->next; e = q->data;
int delete_CL(CList *L, int i, ElemType &e)
{       //在带头结点的循环链表 L 中,删除第 i 个元素,并由 e 返回其值
    CList *p, *q;
    p = L;
    int j = 0;
    while (p->next!= L && j < i-1)
    {   //寻找第 i-1 个结点
        p = p->next;
        ++j;
    }
    if (j!= i-1 || p->next == L)
    {                                           //i 小于 1 或者大于表长
        printf("删除位置不合法!");
        return 0;
    }
    q = p->next;
    p->next = q->next;
    e = q->data;
    free(q);
    return 1;
}
```

4. 头插法创建循环链表算法

算法功能：以随机数为例，生成一个循环链表，建立带表头结点的单循环链表 L。

算法基本思想：

(1) 初始化循环链表 L。

(2) 初始化变量 i=0，当 i<n 时，循环执行：

① 生成新结点并用指针 p 指向；

② 生成随机数并将其赋值给数据域；

③ 令指针域等于头结点的指针域；

④ 令头结点的指针域指向 p；

⑤ i++。

```
void create_CL(CList *L, int n)
{
    CList *p;
    init_CL(L);                         //初始化 L
    for(int i = 0; i < n; i++)
```

```
    {
        p = (CList * )malloc(sizeof(CNode));
        p->data = rand()%100 + 1;         //生成100以内的随机数
        p->next = L->next;
        L->next = p;
    }
}
```

5. 尾插法创建循环链表算法

算法功能：创建一个包含 n 个数据元素的循环链表 L。

算法基本思想：

（1）初始化循环链表 L。

（2）定义循环链表指针 p 和 s，令 s 指向 L。

（3）初始化变量 i=0，当 i<n 时，循环执行：

① 生成新结点并用指针 p 指向；

② 生成随机数并赋值给结点数据域；

③ 令指针域指向 L；

④ 令 s 所指结点的指针域指向 p；

⑤ 令 s 指向自己的后继结点；

⑥ i++。

```
void create_CL_tail(CList * L, int n)
{
    CList * p, * s;                    //p用于指向新生成的结点,s用于指向尾结点
    init_CL(L);                        //初始化L
    s = L;
    for(int i = 0;i < n;i++)
    {
        p = (CList * )malloc(sizeof(CNode));
        p->data = rand()%100 + 1;         //生成100以内的随机数
        p->next = s->next;
        s->next = p;
        s = s->next;
    }
}
```

6. 循环链表遍历算法

算法功能：依次访问单循环链表 L 中的每个结点并打印输出结点元素值。

算法基本思想：定义指针 p 指向 L 的第 1 个结点，当 p 指向不为 L 时，循环执行打印输出 p 的数据域，p 等于 p 的指针域。

```
void traverse_CL(CList * L)
{
    CList * p = L->next;
    while(p!= L)
    {
        printf("%d ",p->data);
```

```
            p = p->next;
    }
        printf("\n");
}
```

2.3.3 双向链表

单循环链表中只有一个指向后继的指针,所以访问当前结点的后继结点很方便,但访问前驱结点需要遍历所有结点,也就是说找后继的时间复杂度为 O(1),而找前驱的时间复杂度则为 O(n)。实际应用中,如果经常需要访问当前结点的前驱结点,希望像找后继那样快,则需要付出空间代价,在每个结点再增加一个指向其前驱的指针域 prior,此时结点的结构修改为如图 2-6 所示。用这种结点组成的链表称为双向链表。

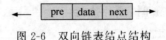

图 2-6 双向链表结点结构

双向链表通常采用带头结点的循环链表形式,如图 2-7 所示,在插入和删除数据时均需要考虑前后方向的操作。

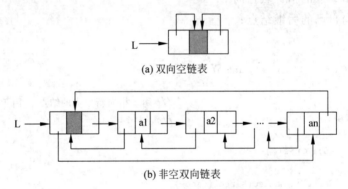

图 2-7 带头结点的双向循环链表

其类型定义如下:

```
typedef struct DLNode
{   //双向链表结点类型
    struct DLNode *pre, *next;      //结点的指针域
    ElemType data;                  //结点的数据域
}DListNode;
```

双向链表中有些操作,例如 ListLength、GetElem、LocateElem 等仅涉及一个方向的指针,因此它们的运算方法和单循环链表一样,但在插入和删除结点时需要修改两个方向的指针。

1. 双向链表初始化

算法功能:初始化 L 为空的双向链表。
算法基本思想:
(1) 分配一个双向链表结点并用 L 指向。

(2) 令结点的前驱指针指向自身。
(3) 令结点的后继结点指针指向自身。

```
int init_DL (DList Node * L)
{
    L = (DList Node * )malloc(sizeof(DLNode));
    L -> pre = L;
    L -> next = L;
    return 1;
}
```

2. 双向链表插入算法

算法功能：在带头结点的双向链表 L 的第 i 个元素之前插入元素值为 e 的结点。

算法基本思想：

(1) 利用循环将 p 指针定位到第 i-1 个元素位置。

(2) 生成一个双向链表结点并用指针 s 指向，将结点数据域赋值为 e，令 s 所指结点的后继指针指向 p 的后继结点，前驱指针指向 p，令 p 的后继指针指向 s，令 s 后继结点的前驱指针指向 s。在双向循环链表中插入结点示意如图 2-8 所示。

```
int insert_DL(DList Node * L, int i, ElemType e)
{
    DList Node * p, * s;
    p = L;
    int j = 0;
    while (p -> next!= L && j < i-1)
    {    //寻找第 i-1 个结点
        p = p -> next;
        ++j;
    }
        if (j!= i-1)
    {    //i 小于 1 或者大于表长
printf("插入位置不合法!");
return 0;
}
    s = (DList Node * )malloc(sizeof(DLNode));    //生成新结点①
    s -> data = e;
    s -> next = p -> next;                         //②
    s -> pre = p;                                  //③
    p -> next = s;                                 //④
    s -> next -> pre = s;                          //⑤
    return 1;
}
```

3. 双向链表删除算法

算法功能：删除带头结点双向链表 L 的第 i 个元素，并将元素值赋给 e。

算法基本思想：

(1) 利用循环将指针 p 定位到第 i-1 个结点。

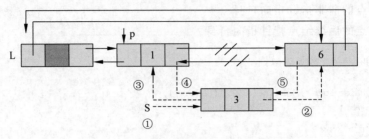

图 2-8　双向循环链表插入结点示意图

(2) 令 q 指向 p 的后继结点,令 p 的后继指针指向 q 的后继结点,令 q 后继结点的前驱指针指向 p,将 q 的数据域值赋给 e,释放结点 q。在双向循环链表中删除结点示意如图 2-9 所示。

```
int delete_DL(DListNode * L, int i, ElemType &e)
{
    DListNode * p, * q;
    p = L;
    int j = 0;
    while (p->next!= L && j < i-1)
    {   //寻找第 i-1 个结点
        p = p->next;
        ++j;
    }
    if (j!= i-1||p->next == L)
    {                                              //i 小于 1 或者大于表长
        printf("删除位置不合法!");
        return 0;
    }
    q = p->next;                                   //②
    p->next = q->next;                             //③
    q->next->pre = p;                              //④
    e = q->data;
    free(q);
    return 1;
}
```

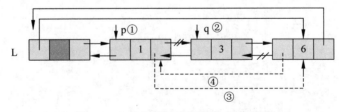

图 2-9　双向循环链表删除结点示意图

4. 头插法创建双向链表算法

算法功能:创建包含 n 个结点的双向链表 L。

算法基本思想:

(1) 初始化 L。
(2) 初始化 i＝0,当 i＜n 时,循环执行:
① 新分配结点空间并用 p 指向;
② 生成一个随机数赋值给新结点 p 的数据域;
③ 令新结点 p 的后继指针指向 L 的后继结点;
④ 令新结点 p 的前驱指针指向 L;
⑤ 令 L 的后继指针指向新结点 p;
⑥ 令 p 后继结点的前驱指针指向新结点 p。

```
void create_DL(DListNode * L, int n)
{
    DListNode * p;
    init_DL(L);
    for (int i = 0; i < n; i++)
    {
        p = (DListNode * )malloc(sizeof(DLNode));
        p->data = rand()%100 + 1; //生成 100 以内的随机数
        p->next = L->next;
        p->pre = L;
        L->next = p;
        p->next->pre = p;
    }
}
```

5. 尾插法创建双向链表算法

算法功能:创建包含 n 个结点的双向链表 L。
算法基本思想:
(1) 初始化 L。
(2) 初始化 i＝0,当 i＜n 时,循环执行:
① 新分配结点空间并用 p 指向;
② 生成一个随机数赋值给新结点 p 的数据域;
③ 令新结点 p 的前驱指针指向 L 的前驱结点;
④ 令新结点 p 的后继指针指向头指针 L;
⑤ 令 L 的前驱指针指向新结点 p;
⑥ 令 p 前驱结点的后继指针指向新结点 p。

```
void create_DL_tail(DListNode * L, int n)
{
    DListNode * p;
    init_DL(L);
    for (int i = 0; i < n; i++)
    {
        p = (DListNode * )malloc(sizeof(DLNode));
        p->data = rand()%100 + 1; //生成 100 以内的随机数
        p->pre = L->pre;
        p->next = L;
```

```
        L->pre = p;
        p->pre->next = p;
    }
}
```

2.4 线性表的应用

2.4.1 有序表

若线性表中的数据元素相互之间可以比较,并且数据元素在线性表中依值非递减或非递增有序排列,则称该线性表为有序表。

用顺序表表示有序表时,只有插入算法与普通顺序表有所不同,其他算法与普通顺序表完全相同。

1. 有序顺序表插入算法

算法功能:在有序顺序表 L 中插入值为 e 的元素,使有序表插入后依然有序。

算法基本思想:

(1) 从第一个元素开始查找,找到第一个值比 e 大的元素位置 i。
(2) 将 i 之后的每个元素后移一个位置。
(3) 将 e 插入到第 i 个位置。

```
int insert_inOrder(SqList &L,ElemType e)
{
    int i = 0,j;
    while(i < L.size&&L.list[i]< e)
        i++;
    for(j = L.size;j > i;j--)
    L.list[j] = L.list[j-1];
    L.list[i] = e;
    L.size++;
    return 1;
}
```

用链表表示有序表时,插入算法与普通链表也有所不同,查找、删除等算法与普通链表相同。

2. 有序链表插入算法

算法功能:在带头结点的有序单链表 L 中插入元素 e,使之插入后仍然有序。

算法基本思想:

(1) 将指针 p 定位到第一个元素值比 e 大的结点 q 的前驱结点上。
(2) 新分配一个结点空间用指针 s 指向。
(3) 将 e 赋值给新结点 s 的数据域。
(4) 将 q 设置为新结点 s 的后继结点。
(5) 将 p 设置为新结点 s 的前驱结点。

```
int insert_list_inOrder(LinkedList *L, ElemType e)
{
    LinkedList *p, *s, *q;
    p = L;
    q = p->next;
    while (q&&q->data<e)
    {    //寻找第 i-1 个结点
        q = q->next;
        p = p->next;
    }
    s = (LinkedList *)malloc(sizeof(LNode));//生成新结点
    s->data = e;
    s->next = q;
    p->next = s;
    return 1;
}
```

3. 有序链表创建算法

算法功能：创建一个包含 n 个元素的有序单链表 L。

算法基本思想：

(1) 初始化 L。

(2) 初始化变量 i=0，当 i<n 时，循环执行：生成随机数 e，利用插入算法 insert_list_inOrder() 将 e 插入到 L 中。

```
int create_list_inOrder(LinkedList *L, int n)
{
    LinkedList *p;
    int e;
    init_L(L);
    for (int i = 0;i<n;i++)
    {
        e = rand()%100+1;
        insert_list_inOrder(L,e);
    }
}
```

4. 有序顺序表归并

算法功能：将两个非递减有序表 La 和 Lb 归并为一个新的非递减有序表 Lc。

(1) 指针 a、b 和 i 分别指向有序表 La、Lb 和 Lc 的第一个位置。

(2) 当 a 和 b 没有到达表尾时，比较 a 和 b 所指元素的值。

① 如果 a 所指的元素值小，将 a 所指元素放到 Lc 的第 i 个位置，a++，i++；

② 否则，将 b 所指元素放到 Lc 的第 i 个位置，b++，i++。

(3) 如果 a 还没有到达表尾，则依次将 a 位置至表尾的元素追加到 Lc 的末尾；否则，依次将 b 位置至表尾的元素追加到 Lc 的末尾。

```
void merge_sq(SqList La,SqList Lb,SqList &Lc)
{//将有序表 La 和 Lb 归并为一个新的有序表 Lc
    Lc.size = La.size+Lb.size;
```

```
        Lc.maxsize = Lc.size;
        Lc.list = (ElemType * )malloc(Lc.size * sizeof(ElemType));
        int i = 0,a = 0,b = 0;
        while(a < La.size&&b < Lb.size)
        {
            if(La.list[a]< = Lb.list[b])
            {
                Lc.list[i] = La.list[a];
                a++;
            }
            else
            {
                Lc.list[i] = Lb.list[b];
                b++;
            }
            i++;
        }
        while(a < La.size)
        {
            Lc.list[i++] = La.list[a++];
        }
        while(b < Lb.size)
        {
            Lc.list[i++] = Lb.list[b++];
        }
}
```

2.4.2　多项式的表示与运算

数学上的一元多项式为

$$P_n(x) = P_0 + P_1 x + P_2 x^2 + \cdots + P_n x^n \tag{2-3}$$

利用线性表表示为

$$P = (P_0, P_1, P_2, \cdots, P_n) \tag{2-4}$$

由于事先不知道多项式的指数会达到多大,因此在计算机中不适合采用顺序存储结构存储一元多项式,通常采用链式存储方式进行物理存储。当 n 的值很大且 $P_0, P_1, P_2, \cdots, P_n$ 中有多项值为 0(称为稀疏多项式)时,如

$$P(x) = 8x + 6x^{101} + 9x^{2016} \tag{2-5}$$

表示为

$$P = (0,8,0,0,\cdots,6,0,0,\cdots,9) \tag{2-6}$$

需要存储大量的 0 系数,从而造成大量存储空间的浪费。因此,在计算机中一般采用系数和指数两个数据项表示稀疏多项式中的一项,形如(p_i, e^i)。例如,式(2-5)可表示为

$$((8,1),(6,101),(9,2016))$$

一元多项式单链表结点类型的定义如下:

```
typedef struct PNode
{
    int coef;
    int exp;
```

```
    struct PNode * next;
}Polynomial;
```

1. 一元多项式初始化算法

一元多项式初始化算法如下：

```
int init(Polynomial * &La)              //初始化一元多项式 La
{
    La = (Polynomial * )malloc(sizeof(PNode));
    La -> next = NULL;
}
```

2. 一元多项式创建算法

一元多项式创建算法如下：

```
int create(Polynomial * La)
{
    int m;
    Polynomial * p, * q = La;
    scanf(" % d",&m);
    for(int i = 1;i < = m;i++)
    {
        p = (Polynomial * )malloc(sizeof(PNode));
        p -> next = NULL;
        scanf(" % d % d",&(p -> coef),&(p -> exp));
        while(q -> next!= NULL)         //定位到尾结点
            q = q -> next;
        q -> next = p;
    }
}
```

注意初始化算法与创建算法的区别：初始化算法创建一个空多项式，创建算法在初始化算法的基础上创建一个具体的多项式。

3. 一元多项式遍历算法

一元多项式遍历算法如下：

```
int traverse(Polynomial * La)
{
    Polynomial * p = La -> next;        //p 指向多项式的第一项
    while(p)
    {
        printf(" % dx^ % d + ",p -> coef,p -> exp);
        p = p -> next;
    }
    printf("\n");
}
```

4. 一元多项式相加算法

算法基本思想：

(1) 定义指针 pa、pb 分别指向待相加多项式 La 和 Lb 的首元结点，pc 指向结果多项式 Lc。

（2）当 pa 和 pb 指向的结点均不为空，即多项式均未到达尾结点时，转到步骤（3）；否则转到步骤（4）。

（3）判断 pa 和 pb 结点的指数

① 如果 pa 的指数小于 pb 的指数，则将 pa 作为 pc 的后继结点，pa 和 pc 均后移一个结点，转到步骤（2）；

② 如果 pa 的指数大于 pb 的指数，则将 pb 作为 pc 的后继结点，pb 和 pc 均后移一个结点，转到步骤（2）；

③ 如果 pa 的指数等于 pb 的指数且系数相加和为 0，则 pa 和 pb 分别后移一个结点；如果 pa 的指数等于 pb 的指数且系数相加和不为 0，则设置 pa 的系数为 pa 和 pb 的系数和，设置 pa 作为 pc 的后继结点，pa、pb 和 pc 均后移一个结点，转到步骤（2）。

（4）如果 pa 指向结点不为空，则设置 pa 作为 pc 的后继结点；否则设置 pb 作为 pc 的后继结点。

```c
void add(Polynomial * La,Polynomial * Lb,Polynomial * Lc)    //一元多项式相加
{
    Lc = La;
    Polynomial * pa = La->next, * pb = Lb->next, * pc = Lc;
                                                //pa、pb 指向第一、二个多项式的第一项
    while(pa&&pb)                               //还有未相加的项时
    {
        if((pa->exp)<(pb->exp))                 //如果第一个多项式的指数小
        {
            pc->next = pa;                      //把 pa 的当前项作为相加后的一项
            pc = pc->next;                      //后移 pc
            pa = pa->next;                      //将第一个多项式当前项的指针后移
        }else if((pa->exp)>(pb->exp))           //如果第二个多项式的指数小
        {
            pc->next = pb;
            pc = pc->next;
            pb = pb->next;
        }else                                   //如果两个多项式的指数相等
        {
            if((pa->coef + pb->coef) == 0)      //系数相加的和是否为 0
            {
                Polynomial * q = pa;
                pa = pa->next;
                free(q);
                q = pb;
                pb = pb->next;
                free(q);
            }
            else
            {
                pa->coef = pa->coef + pb->coef;
                Polynomial * q = pb;
                pb = pb->next;
```

```
                free(q);
                pc -> next = pa;
                pa = pa -> next;
                pc = pc -> next;
            }
        }
    }//end-while
    if(pa)
    {
        pc -> next = pa;
    }
    if(pb)
    {
        pc -> next = pb;
    }
}
```

2.5 栈

栈(Stack)是一种特殊的线性结构。栈具有线性表的特点,除了第一个元素和最后一个元素外,其他的元素都只有一个前驱和一个后继;在操作上又与一般线性表有区别,只允许在栈的一端进行插入和删除。栈的存储与线性表类似,可以采用顺序存储和链式存储。栈的应用很广泛。

2.5.1 栈的基本概念

栈是限定只能在一端进行插入和删除操作的线性表,允许操作的一端称为栈顶,另一端称为栈底。栈的工作原理是后进先出(Last In First Out,LIFO),栈底固定,最先进栈的元素只能在栈底。不包含元素的栈称为空栈,如图 2-10 所示。

图 2-10 中,最先插入(也叫进栈或压栈)的是栈底元素 e_1(表头),进栈顺序是 $e_1,e_2,\cdots,e_n$,最先删除(也叫出栈或弹栈)的是栈顶元素 e_n(表尾),出栈顺序则依次是 $e_n,\cdots,e_2,e_1$。

栈对插入和删除位置进行了限制,但是没有限制元素入栈和出栈的时间,即可以在部分元素出栈后,另一部分元素才入栈。例如,有 1,2,3,4 依次入栈,则可能有的出栈序列是(4,3,2,1),即 1,2,3,4 依次入栈后,再依次出栈;也可以是(3,2,1,4),即 1,2,3 依次入栈后,再依次出栈,然后 4 入栈出栈;还可以是(1,2,3,4),即 1 入栈和出栈,然后 2 入栈和出栈,3 入栈和出栈,4 入栈和出栈等多种情况。

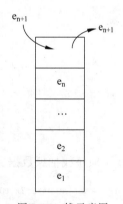

图 2-10 栈示意图

栈的数据对象集合为 $\{e_1,e_2,\cdots,e_n\}$,每个元素的类型均为 DataType。其中,除第一个元素 e_1 外,每一个元素有且只有一个直接前驱元素;除最后一个元素 e_n 外,每一个元素有且只有一个直接后继元素。数据元素之间是一对一的关系。栈的基本操作如表 2-3 所示。

表 2-3 栈的基本操作

操作名称	函数名称	初始条件	操作结果
初始化栈	InitStack(&S)	栈 S 不存在	构建一个空栈 S
栈判空	StackEmpty(S)	栈 S 存在	判断栈 S 是否为空
入栈	Push(&S,e)	栈 S 存在	向栈顶插入元素 e
出栈	Pop(&S,&e)	栈 S 非空	删除栈顶元素并将值赋给变量 e
取元素	GetTop(S,&e)	栈 S 存在	返回(但不删除)栈顶元素值
求栈长	StackLength(S)	栈 S 存在	返回栈 S 中元素个数
栈遍历	StackTraverse(S)	栈 S 非空	遍历栈 S 中的每个元素

2.5.2 栈的运算

栈是线性表的特例,类似地,栈也有两种存储结构即顺序存储和链式存储,以及相应的实现操作。

1. 基于顺序存储结构的运算

顺序栈指自栈底到栈顶的元素按照逻辑关系依次存放在一组地址连续的存储单元里,同时附设指针 top 指示栈顶元素在顺序栈中的位置。一般,用 top＝0 表示空栈,但鉴于 C 语言中的数组下标约定从 0 开始,因此用 C 语言描述时以 top＝－1 表示空栈。当有元素进栈时,top 的值加 1；当有元素出栈时,top 的值减 1,top 的值始终指向栈顶元素。顺序栈的出栈入栈示意如图 2-11 所示。

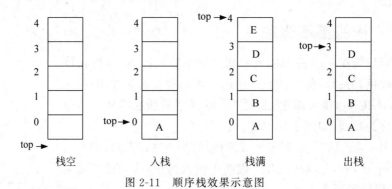

图 2-11 顺序栈效果示意图

顺序栈抽象数据类型定义如下:

```
#define MAXSIZE 100            //栈最大存储元素个数,可视具体需要而定
typedef char ElemType;         //本书中假设栈中存储元素为字符型数据
typedef struct
{
    ElemType data[MAXSIZE];    //存储栈的数据空间
    int top;                   //栈顶指针,存储栈顶元素下一个位置的数组下标
}Stack;
```

1) 顺序栈初始化算法

```
int InitStack (Stack &s)
```

```
{//构建一个空栈 s
    s.data = (ElemType * )malloc(MAXSIZE * sizeof(ElemType));
    if(!s.data)exit(OVERFLOW);        //存储分配失败
    s.top = -1;
    return 1;
}
```

2) 顺序栈入栈算法

算法基本思想：首先判断栈 s 是否已满，如果栈已满，则显示相关信息，并退出程序；否则将栈顶指针加 1，然后将元素 e 插入栈顶位置。

```
int Push (Stack &s,ElemType e)
{
    if(s.top == MAXSIZE - 1)
    {
        printf("栈满,入栈操作失败");
        exit(0);
    }
    s.data[++s.top] = e;
    return 1;
}
```

3) 顺序栈出栈算法

算法基本思想：首先判断栈是否为空，如果栈为空，则显示相关信息并退出程序；否则将栈顶元素值赋给 e，栈顶指针减 1。

```
int Pop(Stack &s,ElemType &e)
{
    if(s.top == -1)
    {
        printf("栈空,出栈操作失败");
        exit(0);
    }
    e = s.data[s.top -- ];
    return 1;
}
```

4) 顺序栈判空算法

算法基本思想：顺序栈的判空条件是 top 值为-1。

```
int StackEmpty (Stack s)            //栈为空时算法返回 1,否则返回 0
{
    if(s.top == -1)
        return 1;
    else
        return 0;
}
```

5) 顺序栈求栈中元素个数算法

算法基本思想：顺序栈中 top 为栈顶指针，实际存储的是栈顶位置的数组下标，因此也可表示栈中元素个数。

```
int StackLength (Stack s)
{
    return s.top + 1;
}
```

6）顺序栈取得栈顶元素算法

算法基本思想：如果栈为空，则显示相关信息并退出程序；否则，将栈顶元素作为函数值返回。注意，不改变栈顶指针。

```
ElemType top(Stack s)
{
    if(StackEmpty (s))
    {
        printf("栈空,无法取元素");
        exit(0);
    }
    return s.data[s.top];
}
```

7）顺序栈遍历数据元素算法

算法基本思想：定义变量 i 指向栈顶位置，当 i>0 时，循环执行 i－－，打印输出 i 位置的元素值。

```
int StackTraverse (Stack s)
{
    int i = s.top + 1;
    while(i > 0)
    {
        printf(" % c ",s.data[ -- i]);
    }
}
```

2．基于链式存储结构的运算

顺序栈的存储需要预先分配足够的存储空间，而栈在实际使用过程中所需的最大空间大小很难估计，解决办法是空间不够用时再逐渐增补。采用链式栈则空间可任意扩充。

链栈中各个元素独立存储，用指针链接建立相邻的逻辑关系。由于栈的操作限定在栈顶进行，因此采用链式结构存储栈时，只需一个栈顶指针，这样每个结点包含数据域和一个指针域，一个结点的数据域存储栈中的一个元素，指针域表示元素之间的关系。为了操作方便，通常在链栈的第一个结点之前设置一个头结点，用栈顶指针 top 指向头结点，而头结点的指针域指向第一个存储数据元素的结点，如图 2-12 所示。

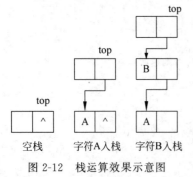

图 2-12　栈运算效果示意图

链栈结点数据类型定义如下：

```
typedef char ElemType;
typedef struct SNode{
```

```
    ElemType data;              //数据域
    struct SNode * next;        //指针域
}LinkedStack;
```

链栈的运算包括初始化、入栈、出栈、取元素、判空、求元素个数等。

1) 链栈初始化算法

算法功能：构建一个空链栈，s 为栈顶指针。

算法基本思想：令栈顶指针 s 指向头结点，头结点的指针域为空。

```
int InitStack (LinkedStack * s)
{
    S = (SNode * )malloc(size of(SNode)); s->next = null;
    return 1;
}
```

2) 链栈入栈算法

算法基本思想：

(1) 新分配一个栈结点空间并用指针 p 指向。

(2) 将元素 e 赋值给 p 数据域，p 指针域指向原栈顶指针 s 所指结点的指针域。

(3) 头结点的指针域指向 p。

注意链栈不存在栈满的情况。

```
int Push (LinkedStack * s,ElemType e)
{
    LinkedStack * p;
    p = (SNode * )malloc(sizeof(SNode));
    p->data = e;
    p->next = s->next;
    s->next = p;
    return 1;
}
```

3) 链栈出栈算法

算法基本思想：

(1) 判断栈是否为空。

(2) 如果栈空，则显示相关信息并退出程序；否则继续。

(3) p 指向 s—>next。

(4) 取出 p 数据域值赋给 e。

(5) 修改头结点指针域 s—>next=p—>next；并释放 p 空间。

```
int Pop(LinkedStack * s,ElemType &e)
{
    if(s == NULL)
    {
        printf("栈空,出栈操作失败!");
        exit(0);
    }
    LinkedStack * p = s->next;
```

```
        e = p->data;
        s->next = p->next
        free(p);
        return 1;
}
```

4) 链栈判空算法

算法基本思想：判断栈顶指针 s 是否指向 NULL。

```
Int StackEmpty (LinkedStack *s)
{
    if(s->next == NULL)
        return 1;
    else
        return 0;
}
```

5) 链栈求元素个数算法

算法基本思想：

(1) 令指针 p 指向栈顶，初始化变量 size 用于存储元素个数。
(2) 当 p 有指向时，循环执行 p 指向 p 的后继结点，size++。
(3) 返回函数值 size。

```
int StackLength (LinkedStack *s)
{
    LinkedStack *p = s->next;
    int size = 0;
    while(p)
    {
        p = p->next;
        size++;
    }
    return size;
}
```

6) 链栈取栈顶元素算法

算法基本思想：判断栈是否为空，如果为空，则显示相关信息并退出程序；否则，栈顶元素值作为函数返回值。

```
ElemType GetTop(LinkedStack *s)
{
    if(StackEmpty (s))
    {
        printf("栈空,无法取元素");
        exit(0);
    }
    return s->next->data;
}
```

7) 链栈遍历算法

算法基本思想：

(1) 令指针 p 指向栈顶。

(2) 当 p 有指向时,循环执行打印输出 p 结点的数据域值,令 p 指向 p 的后继结点。

```
int StackTraverse (LinkedStack * s)
{
    LinkedStack * p = s -> next;
    while(p)
    {
        printf(" % c ",p -> data);
        p = p -> next;
    }
}
```

由于栈的入栈和出栈操作均在栈顶进行,因此顺序栈和链栈的入栈和出栈时间复杂度均为 O(1)。顺序栈需要事先分配一个固定长度的栈存储空间,链栈则没有长度限制;当栈的数据元素数变化很大时,适合采用链式存储结构,否则建议采用顺序栈。

2.5.3 栈的应用

1. 递归

递归函数指直接调用自己或者通过一系列的调用语句间接调用自己的函数。每个递归函数必须有一个递归结束条件。递归函数的实现依赖于栈。下面举一个经典的递归例子,斐波那契数列(Fibonacci)问题。

假设兔子在出生两个月后就有繁殖能力,一只兔子每个月能生出一只小兔子,假设所有兔子都不死,请问一年后总共有多少只兔子?

第 1 个月只有 1 只小兔子;第 2 个月这只小兔子没有繁殖能力,所以还是 1 只;第 3 个月生下 1 只小兔子,共两只兔子;第 4 个月,第 1 只兔子又生了 1 只小兔子,而第 2 只小兔子还没有繁殖能力,所以有 3 只兔子;第 5 个月,第 1 只兔子生了 1 只小兔子,而第 2 只兔子开始生了 1 只兔子,所以共有 5 只兔子;以此类推,每个月的兔子总数如表 2-4 所示。

表 2-4　一年中每个月兔子数量

月份	1	2	3	4	5	6	7	8	9	10	11	12
新生兔子数	0	0	1	1	2	3	5	8	13	21	34	55
兔子总数	1	1	2	3	5	8	13	21	34	55	89	144

表 2-4 中的数据可以得出如下结论:第 1、2 两个月的兔子数都为 1,表示为 Fib(1)=1,Fac(2)=1;从第 3 个月开始,每个月的兔子总数 Fib(n) 等于上一个月的兔子总数 Fib(n-1)加上本月新生的兔子数,而每个月新生兔子数又等于两个月之前的兔子总数 Fib(n-2),因此第 n 个月的兔子数 Fib(n)=Fib(n-1)+Fib(n-2)。

编写一个递归函数 Fib(n),计算第 n 个月的兔子数如下:

```
int Fib( int n)
{
```

```
    if(n == 1 || n == 2)
        return 1;
    else
        return Fib(n - 1) + Fib(n - 2);
}
```

当求第 5 个月的兔子总数时，函数执行过程如下：

第 5 个月的兔子总数 Fib(5) 等于第 4 个月和第 3 个月的兔子总数之和，因此需要求出第 4 个月和第 3 个月的兔子总数 Fib(4) 和 Fib(3)；第 4 个月的兔子总数 Fib(4) 等于第 3 个月和第 2 个月的兔子总数之和，因此需要求出第 3 个月和第 2 个月的兔子总数 Fib(3) 和 Fib(2)；第 3 个月的兔子总数 Fib(3) 等于第 2 个月和第 1 个月的兔子总数之和，因此需要求出第 2 个月和第 1 个月的兔子总数 Fib(2) 和 Fib(1)；Fib(1) 和 Fib(2) 的函数返回值均为 1。因此，第 3 个月的兔子数为 Fib(3)=2；第 4 个月的兔子数 Fib(4)=3；第 5 个月的兔子数 Fib(5)=5。斐波那契数列调用过程如图 2-13 所示。虚线箭头表示函数调用，实线箭头表示函数返回值。

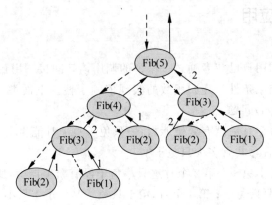

图 2-13 斐波那契数列调用过程示意图

不难发现，层层递归调用的过程，需要不断记录当前 n 的值及函数返回到哪里，以便回退过程恢复这些数据。这很符合栈的运算特性，因此在计算机内部，编译器实际是利用栈实现递归函数和递归过程的管理。

2. 进制转换

计算机中，常用的数制有二进制、八进制、十进制和十六进制。大家都知道，十进制数转换为 R 进制数的运算规则是除 R 取余，结果倒着读。也就是说，运算过程中先产生低位后再产生高位，而在读结果时，先读高位后再读低位，操作过程遵循后进先出原理，因此在编写算法时完全可以借助栈实现。

十进制数 X 转换为 R 进制数的算法基本思路：

(1) 初始化一个空栈 s。

(2) 当 X 不为 0 时，循环执行步骤(3)；否则执行步骤(4)。

(3) X=X/R，X%R 入栈。

(4) 当栈不为空时，循环执行出栈。

```
void conversion(int X, int R)        //十进制数 X 转换为 R 进制数算法
```

```
{
    Stack s;
    InitStack (s);
    int e;
    while(X!= 0)
    {
        X = X/R;
        Push(s,X % R);
    }
    while(!StackEmpty(s))
    {
        Pop(s,e);
        printf("%d",e);
    }
}
```

2.6 队列

队列(Queue)是另一种操作受限的特殊线性表。与栈不同的是,队列只允许在一端插入,在另一端删除。

2.6.1 队列的基本概念

队列是只允许在表尾(队尾)进行插入操作,在表头(队头)进行删除操作的线性表。如图 2-14 所示,图中的 n 个元素,入队的顺序依次为 a_1、a_2、$\cdots$、a_i、$\cdots$、a_{n-1}、a_n。a_1 称为队头,a_n 称为队尾。如果要删除元素,则出队的顺序依然是 a_1、a_2、$\cdots$、a_i、$\cdots$、a_{n-1}、a_n。当队列中没有元素时,称为空队列,队列的运算特性是先进先出(First In First Out,FIFO)。

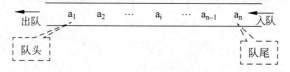

图 2-14 队列示意图

队列的数据对象集合为 $\{a_1,a_2,\cdots,a_n\}$,每个元素的类型均为 DataType。其中,除第一个元素 a_1 外,每个元素有且只有一个直接前驱元素;除最后一个元素 a_n 外,每个元素有且只有一个直接后继元素。数据元素之间是一对一的关系。队列的基本操作如表 2-5 所示。

表 2-5 队列的基本操作

操作名称	函数名称	初始条件	操作结果
初始化队列	InitQueue (Q)	Q 不存在	初始化一个空队列
入队	EnQueue(Q,e)	Q 存在	在队列 Q 的队尾插入元素 e
出队	DeQueue(Q,&e)	Q 非空	删除 Q 的队头元素并将值赋给 e
队判空	QueueEmpty (Q)	Q 存在	判断队列 Q 是否为空
队列长度	QueueLength (Q)	Q 存在	返回队列 Q 的元素个数
遍历	QueueTranverse (Q)	Q 非空	遍历队列 Q 中的所有元素

2.6.2 顺序(循环)队列及其运算

与栈的存储结构一样,队列的存储结构也分为顺序存储和链式存储两种,而队列的顺序存储又包含循环存储结构。

用数组来存储顺序队列,使用两个指针分别表示数组中的第一个元素和最后一个元素的位置。其中,指向第一个元素(队头)的指针称为队头指针 front,指向最后一个元素的指针称为队尾指针 rear。为了便于用 C 语言描述,约定在空队列时,front=rear=0,队头指针和队尾指针均指向队列的第一个位置,如图 2-15 所示。在进行插入操作时,每入队一个元素,队尾指针加 1,如图 2-16 所示,插入 a_1、a_2、a_3、a_4、a_5 元素时指针的状态,可以看出,队尾指针总是指向队尾元素的下一个位置。出队操作将删除队头位置的元素,每删除一个元素,对头指针加 1,在删除了三个元素时,指针的状态如图 2-17 所示。

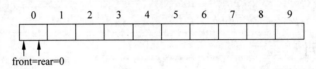

图 2-15 空队列

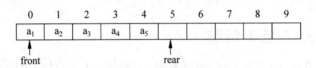

图 2-16 入队效果示意图

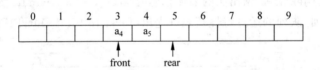

图 2-17 出队效果示意图

顺序队列数据类型定义如下:

```
#define MAXSIZE 10              //队列的容量
typedef int ElemType;           //队列数据元素的数据类型设定为 int
typedef struct SQueue{
    ElemType queue[MAXSIZE];    //存储队列中数据的一维数组
    int front;                  //队头指针,实际存储队头元素的数组下标
    int rear;                   //队尾指针,实际存储队尾元素下一个位置的数组下标
}SQueue;
```

随着不断执行入队和出队操作,队头和队尾指针不断向后移动。假设某一时刻队列中只有很少的几个元素,但数组末尾元素已经占用,如果有新元素入队,则会产生队尾指针越界的错误,这种现象叫作假溢出。解决假溢出的方法是当队头或队尾指针指向数组上界时,下移一个位置的操作结果指向数组的首地址,即将数组空间想象为一个首尾相接的圆环,如图 2-18 所示,这样的队列称为循环队列。

循环队列可以解决假溢出问题，但是也会带来新问题。随着元素不断入队，如果再有元素入队，队尾就会和队头重合，从而无法区分队列满与队列空，如图2-18(a)和(c)所示。

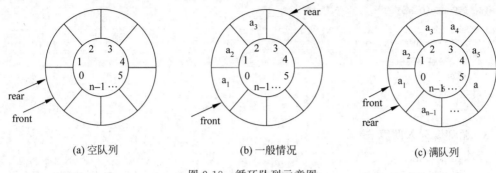

(a) 空队列　　　　(b) 一般情况　　　　(c) 满队列

图2-18　循环队列示意图

为了区分循环队列的满与空状态，规定在队列中预留一个空位置，将图2-19所示的状态视为队列已满。因此，在空间长度为n的循环队列中，循环队列满的判断条件是(队尾＋1)％n＝＝队头。

循环队列中，当队尾位置大于队头位置时，队列中的元素个数是队尾指针－队头指针；当队尾位置小于队头位置时，队列中的元素由两部分组成，一部分是0到队尾元素位置，另一部分是队头到n－1的位置，共(队尾指针＋n－队头指针)个元素。综合以上两种情况，队列中元素个数的通用计算公式是(队尾指针＋n－队头指针)％n。

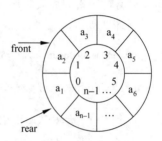

图2-19　满循环队列

循环队列数据类型定义如下：

```
#define MAXSIZE 10
typedef int ElemType;              //队列数据元素的数据类型设定为int
typedef struct{
    ElemType *base;                //队列存储空间首地址指针
    int front;                     //队头指针,实际存储队头元素的数组下标
    int rear;                      //队尾指针,实际存储队尾元素"下一个位置"的数组下标
}Queue;
```

1. 循环队列初始化算法

算法基本思想：分配长度为MAXSIZE的数组存储空间，并用base指针、指向队头和队尾指针均指向下标为0的位置。

```
int init(Queue &q)
{
    q.base = (ElemType *)malloc(MAXSIZE * sizeof(ElemType));
    q.front = q.rear = 0;          //队头和队尾指针均设定为0
    return 1;
}
```

2. 循环队列判空算法

算法基本思想：判空条件为队尾指针和队头指针指向相同位置。

```c
int isEmpty(Queue q)
{
    if(q.front == q.rear)
        return 1;
    else
        return 0;
}
```

3. 循环队列入队算法

算法基本思想：
(1) 判断队列是否已满，如果已满，则显示相关信息，并退出程序，否则执行步骤(2)。
(2) 将元素 e 放入队尾指针所指位置，然后将队尾指针下移一个位置。
循环队列判满条件(rear+1)%MAXSIZE==front。

```c
int enQueue(Queue &q, ElemType e)
{
    if((q.rear + 1) % MAXSIZE == q.front)
    {
        printf("队列已满,入队操作失败!");
        exit(0);
    }
    q.base[q.rear] = e;
    q.rear = (q.rear + 1) % MAXSIZE;
    return 1;
}
```

4. 循环队列出队算法

算法基本思想：
(1) 判断队列是否为空，如果为空，则显示相关信息，并退出程序；否则执行步骤(2)。
(2) 将队头指针位置数据元素值赋给 e，然后将队头指针下移一个位置。

```c
int deQueue(Queue &q, ElemType &e)
{
    if(q.rear == q.front)
    {
        printf("队列为空,出队操作失败!");
        exit(0);
    }
    e = q.base[q.front];
    q.front = (q.front + 1) % MAXSIZE;
    return 1;
}
```

5. 循环队列计算元素个数算法

算法基本思想：根据循环队的基本特征，利用公式(rear−front+MAXSIZE)%

MAXSIZE 计算循环队列元素个数。

```
int length(Queue q)
{
    return (q.rear – q.front + MAXSIZE) % MAXSIZE;
}
```

6．循环队列遍历算法

算法基本思想：定义指针 p 指向循环队列 q 的队头元素，当 p 指向不为队尾元素时，循环执行，打印输出 p 的数据，p 的指针往后移一位。

```
int traverse(Queue q)
{
    int p = q.front;
    while(p!= q.rear)
    {
        printf(" % d ",q.base[p]);
        p = (p + 1) % MAXSIZE;
    }
}
```

2.6.3 链式队列及其运算

链式队列是只能在表头删除、表尾插入的单链表。由于出队需要用到表头结点，入队需要用到表尾结点，因此链队列中通常设置队头和队尾两个指针。与单链表类似，给队列设置一个头结点，并令头指针指向头结点，尾指针指向队尾结点，为了方便程序调用，声明一个结构体用来存储队头和队尾指针的值，通过这两个指针指向的地址就可以找到队头和队尾，进而进行队列的插入和删除操作。链队列示意如图 2-20 所示。

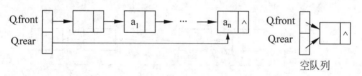

图 2-20　链队列

链队列的结点数据类型定义如下：

```
typedef int ElemType;              //设定队列数据元素为 int 类型
typedef struct QNode
{
    ElemType data;                 //数据域
    struct QNode * next;           //指针域
}QNode;
```

链队列数据类型定义如下：

```
typedef struct Q
{
    QNode * front;                 //队头指针
    QNode * rear;                  //队尾指针
}Q;
```

1. 链队列初始化算法

算法基本思想：新开辟一个结点空间作为头结点并将其指针域赋值为 NULL，队头和队尾指针同时指向头结点。

```
int initLQ(Q &q)                    //初始化空队列
{
    QNode *p = (QNode *)malloc(sizeof(QNode));
    p->next = NULL;
    q.front = q.rear = p;
    return 1;
}
```

2. 链队列入队算法

算法基本思想：新开辟一个结点空间并用 p 指向，将 p 数据域赋值为 e，p 指针域赋值为 NULL。

（1）让队尾指针所指空间的指针域指向 p。

（2）将队尾指针指向 p，如图 2-21 所示。

```
int enQueueLQ(Q &q, ElemType e)
{
    QNode *p = (QNode *)malloc(sizeof(QNode));    //①
    p->data = e;
    p->next = NULL;
    q.rear->next = p;                              //②
    q.rear = p;                                    //③
    return 1;
}
```

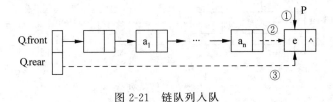

图 2-21 链队列入队

3. 链队列出队算法

算法基本思想：

（1）判断队列是否为空，如果为空，则显示相关信息，并退出程序；否则继续执行。

（2）令指针 p 指向队头元素，返回 p 数据域值给 e。

（3）将头结点指针域指向 p 指针域所指空间，释放 p 结点，如图 2-22 所示。

（4）如果队列中只有一个元素时，则当被删除时队尾指针也丢失了，因此需对队尾指针重新赋值。

```
int deQueueLQ(Q &q, ElemType &e)
{
    if(q.front == q.rear)
    {
```

```
        printf("空队列,出队操作失败!");
        exit(0);
    }
    QNode  * p = q.front -> next;                    //①
    e = p -> data;
    q.front -> next = p -> next;                     //②
    if(q.rear == p)q.rear = q.front;
    free(p);
    return 1;
}
```

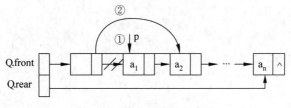

图 2-22　链队列出队示意图

4. 链队列遍历算法

算法基本思想：

（1）令 p 指针指向 q.front—>next。

（2）当 p 不为空时，访问 p 数据域内容；否则返回。

```
void traverse(Q q)
{
    QNode  * p = q.front -> next;
    while(p!= NULL)
    {
        printf(" % d ",p -> data);
        p = p -> next;
    }
}
```

5. 链队列判空算法

算法基本思想：链队列判空条件为队头和队尾指针具有相同的指向。

```
int isEmptyLQ(Q q)
{
    if(q.front == q.rear)
        return 1;
    else
        return 0;
}
```

6. 链队列求元素个数算法

算法基本思想：

（1）定义计数变量 i 并赋初值为 0。

（2）将指针 p 指向队列的第一个元素，即队头指针 q.front—>next。

(3) 当 p 不为空时,计数变量 i 加 1,p 向队尾移动一个元素;否则,返回 i 值。

```c
int lengthLQ(Q q)
{
    QNode *p = q.front->next;
    int i = 0;
    while(p!= NULL)
    {
        i++;
        p = p->next;
    }
    return i;
}
```

2.6.4 队列的应用

1. 排队看病

到医院看病时,患者先排队等候,排队过程中主要重复两件事:

(1) 病人到达诊室时,将病历交给护士,排到等候队列中候诊。

(2) 护士从等候队列中取出下一个患者的病历,该患者进入诊室就诊。

在排队时按照"先到先服务"的原则。设计一个算法模拟病人等候就诊的过程。其中"病人到达"用命令'A'('a')表示,"护士让下一位患者就诊"用命令'N'('n')表示,命令'Q'('q')表示不再接收病人排队。

这里采用一个队列,有"病人到达"命令时即入队,有"护士让下一位患者就诊"命令时即出队,命令'Q'('q')即队列所有元素出队,终止运行。用链队列实现上述功能,每次 N 命令前需要判断是否还有病人,没有病人终止运行。

```c
#include<stdio.h>
#include<stdlib.h>
#include<malloc.h>
#include<conio.h>
#define INIT_SIZE 100
#define INCREASE_SIZE 10
#define status int
#define OK 1
#define ERROR 0
typedef struct QNode                            //定义队列结构体
{
    int data;
    struct QNode *next;
}QNode, *QueuePtr;
typedef struct
{
    QueuePtr front;                             //队头指针
    QueuePtr rear;                              //队尾指针
}LinkQueue;
status InitQueue(LinkQueue &Q)                  //初始化队列
```

```c
{
    Q.front = Q.rear = (QNode * )malloc(sizeof(QNode));
    if(!Q.front)
        return ERROR;
    Q.front -> next = NULL;
    return OK;
}
status DestoryQueue(LinkQueue &Q)                    //销毁队列
{
    while(Q.front)
    {
        Q.rear = Q.front;
        free(Q.front);
        Q.front = Q.rear -> next;
    }
    return OK;
}
status EnQueue(LinkQueue &Q, int e)                  //队列尾插入元素
{
    QueuePtr p = (QueuePtr)malloc(sizeof(QNode));
    if(!p)
        return ERROR;
    p -> next = NULL;
    p -> data = e;
    Q.rear -> next = p;
    Q.rear = p;
    return OK;
}
status DeQueue(LinkQueue &Q, int &e)                 //取出队头元素
{
    if(Q.front == Q.rear)
        return ERROR;
    QueuePtr p = Q.front -> next;
    Q.front -> next = p -> next;
    e = p -> data;
    if(Q.rear == p)
        Q.rear = Q.front;
    free(p);
    return OK;
}
char menu()                                          //选择菜单
{
    char i;
    printf("请选择相应操作: \n");
    printf("a.病人到达 \n");
    printf("n.护士让下一位患者就诊\n");
    printf("q.不再接受病人排队\n");
    printf("m.退出\n");
```

```c
        i = getch();
        return i;
}
void Insert(LinkQueue &Q)                        //预先将一些数据插入队列中
{
    int i,a;
    for(i = 1;i < 4;i++)
    {
        a = EnQueue(Q,i);
        if(a == 0)
            exit(0);
    }
}
void Display(LinkQueue Q)                        //展示Q中的数据
{
    QueuePtr p;
    p = Q.front -> next;
    printf("现有排队者:");
    while(p!= NULL)
    {
        printf(" %d 号 ",p -> data);
        p = p -> next;
    }
    printf("\n");
}
int main()
{
    int a,b = 3,c,i = 1;
    LinkQueue Q;
    a = InitQueue(Q);                            //初始化队列Q
    if(a == 0)
        return ERROR;
    Insert(Q);                                   //预先插入一些元素备用
    Display(Q);                                  //展示Q中现有元素
    char ch;                                     //用户选择相应操作
    while(1)
    {
        ch = menu();
        switch (ch)
        {
            case 'a':
                b++;
                a = EnQueue(Q,b);
                if(a == 0)
                {
                    printf("出现错误!");
                    exit(0);
                }
```

```
                Display(Q);
                break;
            case 'n':
                a = DeQueue(Q,c);
                if(a == 0)
                {
                    printf("出现错误!");
                    exit(0);
                }
                printf("现在就诊的为%d号\n",c);
                Display(Q);
                break;
            case 'q':
            case 'm':
                exit (0);
            default:
                printf("ERROR,请重新输入!\n");
        }
    }
    return 0;
}
```

2．舞伴问题

假设周末舞会上，男士们和女士们进入舞厅时，各自排成一队。跳舞开始时，依次从男队和女队的队首上各出一人配成舞伴。若两队初始人数不相同，则较长的那一队中，未配对者等待下一轮舞曲。要求写一算法模拟上述舞伴配对问题。

分析该问题具有典型的先进先出特性，即先入队的男士或女士也先出队配成舞伴，可用队列作为算法的数据结构。算法中，假设男士和女士的记录存放在一个数组中作为输入，然后依次扫描该数组的各元素，并根据性别来决定是进入男队还是女队。当这两个队列构造完成之后，依次将两队当前的队首元素出队来配成舞伴，直至某队列变空为止。此时，若某队仍有等待配对者，算法输出此队列中等待者的人数及排在队首的等待者的名字，他(或她)将是下一轮舞曲开始时，第一个可获得舞伴的人。

采用队列的基本操作实现的程序如下：

```
typedef struct{
char name[20];
char sex;                              //性别,'F'表示女性,'M'表示男性
}Person;
typedef Person DataType;               //将队列中元素的数据类型改为Person
void DancePartner(Person dancer[ ],int num)
{    //结构数组dancer中存放跳舞的男女,num是跳舞的人数
    int i;
    Person p;
    CirQueue Mdancers,Fdancers;
    InitQueue(&Mdancers);              //男士队列初始化
    InitQueue(&Fdancers);              //女士队列初始化
    for(i = 0;i < num;i++){            //依次将跳舞者依其性别入队
```

```
            p = dancer[i];
            if(p.sex == 'F')
            EnQueue(&Fdancers,p);        //排入女队
            else
            EnQueue(&Mdancers,p);        //排入男队
            }
        printf("The dancing partners are: \n \n");
        while(!QueueEmpty(&Fdancers)&&!QueueEmpty(&Mdancers)){
        //依次输入男女舞伴名
        p = DeQueue(&Fdancers);          //女士出队
        printf(" % s ",p.name);          //打印出队女士名
        p = DeQueue(&Mdancers);          //男士出队
        printf(" % s\n",p.name);         //打印出队男士名
        }
        if(!QueueEmpty(&Fdancers)){      //输出女士剩余人数及队头女士的名字
            printf("\n There are  % d women waiting for the next round.\n",Fdancers.count);
            p = QueueFront(&Fdancers);   //取队头
            printf(" % s will be the first to get a partner. \n",p.name);
        }else
        if(!QueueEmpty(&Mdancers)){      //输出男队剩余人数及队头者名字
            printf("\n There are % d men waiting for the next round.\n",Mdacers.count);
            p = QueueFront(&Mdancers);
            printf(" % s will be the first to get a partner.\n",p.name);
        }
}//DancerPartners
```

2.7 串

串(String)是一种特殊的线性表,串的每个元素只由一个字符组成,计算机非数值处理的对象经常是字符串数据,在事物处理程序中,一般也作为字符串处理。

2.7.1 串的定义

串是零个或多个字符组成的有限序列。一般记作

$$S = "a_1 a_2 a_3 \cdots a_n" \quad n \geq 1$$

其中,S 是串名,双引号括起来的字符序列是串值;$a_i(1 \leq i \leq n)$ 可以是字母、数字或其他字符;串中所包含的字符个数 n 称为该串的长度。注意,当 n=0 时,串称为空串,而通常所说的空格串是由一个或多个空格组成的串。空格串的长度是串中空格字符的个数。

需要说明的是串值必须用一对双引号括起来,但是双引号本身不属于串,加双引号只是为了避免与变量或者常量混淆。

例如,S="String"表明 S 是一个串变量名,赋给它的值是字符序列 String。

以下是几个常用术语。

子串与主串:串中任意连续的字符组成的子序列称为该串的子串。包含子串的串相应地称为主串。

子串的位置:子串的第一个字符在主串中的序号称为子串的位置。

串相等：两个串的长度相等且对应字符都相等。

例如，a="I am a student"与 b="Iamastudent"并不相等。

当两个串不相等时，可按"字典顺序"分大小。如两个串 S_1 = "$a_1 a_2 a_3 \cdots a_m$" 和 S_2 = "$b_1 b_2 b_3 \cdots b_n$"，首先比较第一个字符的大小，若"a_1"<"b_1"，则 $S_1 < S_2$，反之若"a_1">"b_1"，则 $S_1 > S_2$；如果第一个字符相等，即"a_1"="b_1"，则比较第二个字符，以此类推。字符之间的大小顺序，在 C 语言中，按照字符的 ASCII 码的大小为准。例如"abc"="abc"，"abc"<"abcd"，"abc">"abbcefg"。

串的逻辑结构与线性表相似，区别在于串的数据对象约束为字符集，但基本操作和线性表有很大差别。线性表大多以"单个元素"作为操作对象，而串通常以"串的整体"作为操作对象。

2.7.2 串的运算

串的运算有很多，下面介绍几种基本的运算。

1）串赋值 StrAssign(s_1, s_2)

操作条件：s_1 是一个串变量；s_2 是一个串常量，或者是一个串变量。通常 s_2 是一个串常量时称为串赋值，是一个串变量称为串复制。

操作结果：将 s_2 的串值赋值给 s_1，s_1 原来的值覆盖掉。

设串

```
s₁ = "abc",   s₂ = "1234"
```

则有

```
StrAssign(s₁,s₂)
```

s_1, s_2 的值都是 1234。

2）求串长 StrLength(s)

操作条件：串 s 存在。

操作结果：求出串 s 中字符的个数。

设串

```
s₁ = "abc123", s₂ = "bhjkl433"
```

则有

```
StrLength(s₁) = 6,   StrLength(s₂) = 8
```

3）连接操作 StrConcat (s_1, s_2, s) 或 StrConcat (s_1, s_2)

操作条件：串 s_1, s_2 存在。

操作结果：两个串的连接就是将一个串的值紧接着放在另一个串的后面，连接成一个串。前者是产生新串 s，s_1 和 s_2 不改变；后者是在 s_1 的后面连接 s_2 的串值，s_1 改变，s_2 不改变。

```
s₁ = "bei",s₂ = " jing"
```

前者操作结果是 s="bei jing"；后者操作结果是 s_1="bei jing"。

4）求子串 SubString(t,s,i,len)

操作条件：串 s 存在，$1 \leqslant i \leqslant StrLength(s)$，$0 \leqslant len \leqslant StrLength(s) - i + 1$。

操作结果：产生一个新串 t，t 是从串 s 的第 i 个字符开始的长度为 len 的子串。len＝0 得到的 t 是空串。

例如，执行 SubString(t，"abcdefghi"，3，4) 之后，t＝"cdef"。

5) 串比较 StrCompare(s_1，s_2)

操作条件：串 s_1，s_2 存在。

操作结果：若 s_1＝＝s_2，操作返回值为 0；若 s_1＜s_2，返回值＜0；若 s_1＞s_2，返回值＞0。

6) 串定位 StrIndex(s，t)

即找子串 t 在主串 s 中首次出现的位置。

操作条件：串 s，t 存在。

操作结果：若 t∈s，则操作返回 t 在 s 中首次出现的位置，否则返回值为 －1。

例如

StrIndex("abcdebda"，"bc") ＝ 2
StrIndex("abcdebda"，"ba") ＝ －1

7) 串插入 StrInsert(s，i，t)

操作条件：串 s，t 存在，1≤i≤StrLength(s)＋1。

操作结果：将串 t 插入到串 s 的第 i 个字符位置上，s 的串值发生改变。

8) 串删除 StrDelete(s，i，len)

操作条件：串 s 存在，1≤i≤StrLength(s)，0≤len≤StrLength(s)－i＋1。

操作结果：删除串 s 中从第 i 个字符开始的长度为 len 的子串，s 的串值改变。

9) 串替换 StrReplace(s，t，r)

操作条件：串 s，t，r 存在，t 不为空。

操作结果：用串 r 替换串 s 中出现的所有与串 t 相等的不重叠的子串，s 的串值改变。

以上是串的几个基本操作。其中，前 5 个操作最为基本，不能用其他操作来合成，通常将这 5 个基本操作称为最小操作集。另外，C 语言提供了如下几个标准函数。

串复制：strcpy(s，t)

求串的长度：strlen(s)

串比较：strcmp(s，t)

串连接：strcat(s，t)

串定位：strstr(s，t)

2.7.3　串的存储方式

存储方式方面，串也可以分为两种：链式存储和顺序存储。串的顺序存储结构操作比链式存储简单方便，所以更为常用。

1. 串的顺序存储

采用顺序存储结构的串称为顺序串，又叫做定长顺序串。串的定长顺序存储表示用一组地址连续的存储单元来存储串中的字符序列。在串的定长顺序存储表示中，按照预定义的大小，为每个定长的串变量分配一个固定长度的存储区，所以可以用定长字符数组表示。

顺序存储结构中,串的长度通常由两种方法确定,一种是在串的末尾加上一个结束标记,在 C 语言中,定义串时,系统会自动在串值的最后添加"\0"作为结束标记。另一种方法是定义一个变量 length,用来存放串的长度。通常在串的顺序存储结构中,设置串长度的方法更为常见。

定长顺序串结构定义为

```
#define MAXSTRLEN 255              //定义串的最大长度为 255
typedef struct
{
    char str[MAXSTRLEN];
    int length;
} SString;
```

顺序存储结构中串的基本运算

(1) 求串长度操作 int StrLength(SString S)

该操作返回串 S 中所含字符的个数,即串的长度。

```
int StrLength(SString S)
{
    return S.length;
}//StrLength
```

(2) 串连接操作 int StrConcat(SString *T, SString S)

该操作将串 S 连接在串 T 的后面,如果 S 完整连接到 T 的末尾,则返回 1;如果 S 部分连接到 T 的末尾,则返回 0。

```
int StrConcat(SString *T, SString S)
{
    int i, flag;
    if(T->length + S.length <= MAXSTRLEN)
    {
        for (i = T->length + 1; i < T->length + S.length; i++)
            T->str[i] = S.str[i - T->length];
        T->length = T->length + S.length;
        flag = 1;
    }
    else if (T->length < MAXSTRLEN)
    {
        for (i = T->length; i < MAXSTRLEN; i++)
            T->str[i] = S.str[i - T->length];
        flag = 0;
    }
    else
    {
        T->length = MAXSTRLEN;
        flag = 0;
    }
    return flag;
}
```

(3) 求子串操作 int SubString(SString * Sub,SString S,int pos,int len)

该操作截取串 S 中从第 pos 个字符开始的连续的 len 个字符生成子串 Sub。如果位置 pos 和长度 len 合理,则返回 1;否则返回 0。

```c
int SubString(SString * Sub,SString S,int pos,int len)
{
    int i;
if(pos < 1||len < 0||pos + len - 1 > S.length)
    {
        printf("参数 pos 和 len 不合法");
    return 0;
}
else
{
for(i = 0;i < len;i++)
    Sub -> str[i] = S.str[i + pos - 1];
 Sub -> length = len;
return 1;

    }
}
```

(4) 串的赋值操作 int StrAssign (SString * S,char cstr[])

该操作用字符数组 cstr,初始化定长顺序串 S。如果不产生截断(长度合理)返回 1,否则返回 0。

```c
void StrAssign(SString * S,char cstr[])
{ //生成一个其值等于 cstr[]的串 S
    int i = 0;
for(i = 0;cstr[i]!= '\0';i++)

S -> str[i] = cstr[i];
S -> length = i;
}//StrAssign
```

(5) 串复制操作 void StrCopy (SString * T,SString S)

该操作将定长顺序串 S,复制到定长顺序串 T。

```c
void StrCopy(SString * T,SString S)
{
int i;
for(i = 0;i < S.length;i++) /* 将串 S 的字符赋值给串 T */
    T -> str[i] = S.str[i];
T -> length = S.length;
}
```

(6) 串比较操作 int StrCompare (SString S,SString T)

该操作比较顺序串 S、T 的大小。如果 S>T,则返回正数。如果 S=T,则返回 0;否则返回负数。

```
int StrCompare(SString S,SString T)
{
int i;
for(i = 0;i < S.length&&i < T.length;i++)
if(S.str[i]!= T.str[i])
  return (S.str[i] - T.str[i]);
  return( S.length - T.length);

}//StrCompare
```

(7) 串的插入操作 int StrInsert(SString * S,int pos,SString T)

串的插入就是在串 S 的第 pos 个位置插入串 T,如果插入成功,返回值为 1;如果插入失败,返回值为 0。

```
int StrInsert(SString * S,int pos,SString T)
{
    int i;
    if(pos < 1||pos - 1 > S -> length)
    {
        printf("插入位置不正确");
        return 0;
    }
    if (S -> length + T.length < = MAXSTRLEN)
    {
        for(i = S -> length + T.length - 1;i > = pos + T.length - 1;i-- )
            S -> str[i] = S -> str[i - T.length];
        for(i = 0;i < T.length;i++)
            S -> str[pos + i - 1] = T.str[i];
        S -> length = S -> length + T.length;
        return 1;
    }
    else if ( pos + T.length < =  MAXSTRLEN )
    {
        for(i = MAXSTRLEN - 1;i > = T.length + pos - 1;i-- )
            S -> str[i] = S -> str[i - T.length];
        for(i = 0;i < T.length;i++)
            S -> str[pos + i - 1] = T.str[i];
        S -> length = MAXSTRLEN;
        return 0;
    }
    else
    {
        for(i = 0;i < = MAXSTRLEN - pos;i++)
            S -> str[pos + i - 1] = T.str[i];
        S -> length = MAXSTRLEN;
        return 0;
    }
}
```

(8) 主函数演示程序 main()

主函数 main() 如下：

```c
void StrPrint(SString S);
void main()
{
    int pos,len;
    SString S1,S2,S3,T,Sub;
    char ch[MAXSTRLEN];
    printf("输入第一个字符串 S1: \n");
gets(ch);
StrAssign(&S1,ch);
    printf("S1: ");
    StrPrint(S1);
    printf("\n输入第二个字符串：\n");
gets(ch);
StrAssign(&S2,ch);
    printf("输出串 S2: \n");
    StrPrint(S2);
    printf("\n串的复制：\n");
StrCopy(&T,S1);
StrPrint(T);
    printf("\n串的判空操作：\n");
if(StrEmpty(T) == 1)
printf("串 T 为空!\n");
    else
    printf("串 T 非空!\n");
printf("比较串 S1,S2: \n");
if(StrCompare(S1,S2)> 0)
printf("S1 > S2\n");
else if
(StrCompare(S1,S2)< 0)
    printf("S1 < S2\n");
    else
printf("S1 = S2\n");

    printf("\n连接串 S1,S2: \n");
    if(StrConcat(&S1,S2) == 1)
{
    StrPrint(S1);
    }
    else
printf("串连接失败!");
    printf("串 S1 的长度为 % d: \n",StrLength(S1));
    printf("\n用 Sub 返回串 S1 中第 pos 个字符起长度为 len 的字符：\n");
    printf("输入 pos,len 的值：\n");
scanf(" % d, % d",&pos,&len);
    if(SubString(&Sub,S1,pos,len) == 1)
{
printf("输出串 Sub: ");
```

```
        StrPrint(Sub);
    }
else
    printf("序号不合法,取子串失败!\n");
printf("\n求串 Sub 在串 S1 中的位置: \n");
if(StrIndex(S2,pos,T))
printf("pos 值为 %d\n",pos);
else
printf("pos 值不合法!\n");
printf("\n在串 S1 的第 pos 位置插入串 S2\n");
printf("输入 pos 的值: \n");
scanf("%d",&pos);
    if(StrInsert(&S1,pos,S2) == 1
)
    {
printf("输出串 S1: ");
    StrPrint(S1); }
    else
printf("插入失败!\n");
        printf("\n从串 S1 中删除第 pos 位置起长度为 len 的字符: \n");
printf("输入 pos,len 的值: \n");
scanf("%d%d",&pos,&len);
if(StrDelete(&S1,pos,len))
{
printf("输出串 S1: ");
StrPrint(S1);
    }
    else
    printf("删除失败!\n");

}
void StrPrint(SString S)
{
    int i;
        for (i = 0;i < S.length;i++)
        {
            printf("%c", S.str[i]);
        }
        printf("\n");
}
```

2. 串的链式存储

由于串也是一种线性表,因此串也可以采用链式存储表示。串的链式存储结构也称为链串,结构与链表类似,链串中每个结点有两个域,一个是数据域(data),用于存放字符串中的字符;另一个是指针域(next),用于存放后继结点的地址。由于串的特殊性——每个元素只包含一个字符,因此,每个结点可以存放一个字符,一个结点大小为 1 的链串如图 2-23 所示。也可以存放多个字符,例如一个结点包含 4 个字符,即结点大小为 4 的链串如图 2-24 所示。

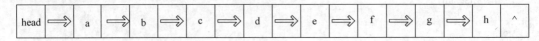

图 2-23　结点大小为 1 的链串

图 2-24　一个结点包含 4 个字符的链串

由于串长不一定是结点大小的整数倍,因此,链串的最后一个结点不一定被串值占满,可以补上特殊的字符如"♯"。例如,一个含有 10 个字符的链串,通过补上两个"♯"填满数据域。如图 2-25 所示。

图 2-25　填充两个"♯"的链串

为了方便串的操作,除了用链表实现串的存储,还可以增加一个尾指针和一个表示串长度的变量。其中,尾指针指向链表(链串)的最后一个结点。因为链串结点的数据域可以包含多个字符,所以串的链式存储结构也称为块链结构。介绍如下:

```
＃define CHUNKSIZE 80              //可由用户定义的块大小
typedef struct Chunk
{
    char ch[CHUNKSIZE];
    struct Chunk * next;
}Chunk;
Typedef struct{
    Chunk * head, * tail;          //串的头和尾指针
    int curlen;                    //串的当前长度
}LString;
```

一般情况,对串进行操作时,只需要从头向尾顺序扫描即可,对串值不必建立双向链表。设尾指针的目的是为了便于进行联结操作,但应注意联结时需处理第一个串尾的无效字符。

2.7.4　串的模式匹配

几乎所有对文本进行编辑的软件都有查找、替换功能,这其实是在文本中查找指定的串,也即是典型的模式匹配。模式匹配的模型是:给定两个字符串变量 S 和 T,其中 S 是目标串(主串),包含 n 个字符,T 称为模式串(子串),包含 m 个字符,且 m≤n。从目标串 S 的给定位置(通常是 S 的第一个位置)开始搜索模式串 T。如果找到,则返回模式串 T 在目标串中的位置(即:T 的第一个字符在 S 中的下标)。如果在目标串 S 中没有找到模式串 T,则返回－1。

模式匹配的算法很多,这里只介绍最简单的一种算法。从 S 的第一个字符 S_1 开始,将 T 中的字符依次和 S 中字符比较,若 $S_1=T_1,S_2=T_2,\cdots,S_m=T_m$,则匹配成功,返回下标 1,若在某一步 $S_i \neq T_i$,则 T 中剩下的字符不用比较,匹配失败。第二趟比较从 S 中第二个字符开始与 T 中第一个字符进行比较,若 $S_2=T_1,\cdots$,直到 $S_{m+1}=T_m$,则匹配成功,并返回下标 2,或者找到某个 $i,S_i \neq T_{i-1}$,则匹配失败,开始第三趟比较,依次类推,一直到目标串 S 中剩下的字符个数小于 m 为止,如果还没有匹配成功,则说明 S 中不存在模式 T。串的匹配过程示意图如图 2-26 所示。

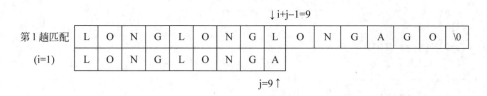

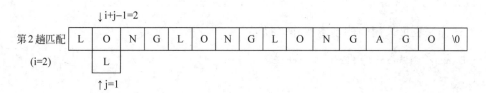

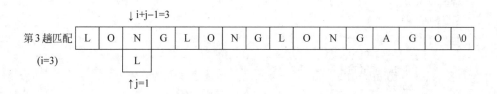

图 2-26 串的模式匹配过程

结合图 2-26,串的模式匹配算法如下:

```
int Index_BF(String S,String T,int pos)
{   // T 为非空串,若主串 S 中第 pos 个字符起存在与 T 相等的子串,则返回第一个这样的子串在 S
    中的位置,否则返回 -1
    int i = pos;
    int j = 1;
    while (S[i+j-1]!= "\0"&&T[j]!= "\0")
    {
        if (S[i+j-1] == T[j])        //两字母相等则继续
        {
            j++;
        }
        else                          //重新开始匹配
        {
            i++;
            j = 1;
        }
    }
    if (T[j] == "\0")
        return i;                     //匹配成功
    else
        return -1;
}
```

上述算法也可采用串的基本操作来描述:

```
int Index_BF(String S, String T, int pos)
{
    int n,m,i;
    String sub;
    if (pos > 0)
    {
        n = StrLength(S);
        m = StrLength(T);
        i = pos;
        while (i <= n-m+1)
        {
            SubString (sub,S,i,m);        //取主串第 i 个位置,长度与 T 相等子串给 sub
            if (StrCompare(sub,T) != 0)   //如果不相等
                ++i;
            else
                return i;
        }
    }
    return -1;
}
```

如果想找到 S 中所有和模式串 T 相匹配的子串时,只要多次调用 Index_BF 算法即可。假设当前这次匹配成功返回的值为 i,则下一次进行匹配的起始位置应为 pos = i +

StrLength(T)。

串的模式匹配 BF(Brute-Force)算法简单,易于理解,但是执行效率不高。在最好的情况下,即每趟不成功的匹配都发生在模式串 T 的第一个字符,其时间复杂度为 O(m),在最坏的情况下,也就是每趟不成功的匹配发生在模式串 T 的最后一个字符,其时间复杂度为 O(nm)。

2.8 数组

2.8.1 数组的定义

数组中各元素具有统一的类型,并且数组元素的下标一般具有固定的上界和下界,因此,数组的处理相对比较简单。由 n 个类型相同的数据元素组成的有限序列叫数组。其中,这 n 个数据元素占用一块地址连续的存储空间。数组中的数据元素可以是原子类型,例如整型、字符型、浮点型等,这种类型的数组称为一维数组;也可以是一个线性表,这种类型的数组称为二维数组。二维数组可以看成是线性表的线性表。

一个含有 n 个元素的一维数组可以表示成线性表 $A=(a_0,a_1,\cdots,a_{n-1})$,其中,$a_i(0 \leqslant i \leqslant n-1)$ 是 A 中的元素,n 代表元素个数。当数组有两个下标时,称为二维数组,如图 2-27 所示。

$$A_{m \times n} = \begin{bmatrix} a_{00} & a_{01} & \cdots & a_{0,i} & \cdots & a_{0,n-1} \\ a_{10} & a_{11} & \cdots & a_{1,i} & \cdots & a_{1,n-1} \\ \vdots & \vdots & & \vdots & & \vdots \\ a_{i,0} & a_{i,1} & \cdots & a_{i,i} & \cdots & a_{i,n-1} \\ \vdots & \vdots & & \vdots & & \vdots \\ a_{m-1,0} & a_{m-1,1} & \cdots & a_{m-1,i} & \cdots & a_{m-1,n-1} \end{bmatrix}$$

图 2-27 二维数组

以此类推,若数组有 n 个下标,则数组就是 n 维数组,n 维数组中的每个元素处于 n 个向量中,每个元素都受着 n 个关系的约束。一维数组和二维数组是常用的两种方式。

对二维数组,可以把它看成一个一维数组,数组中的每个元素又是一个一维数组。同理,一个 n 维数组也可以看成是一个线性表,其中线性表中的每个数据元素是 n−1 维的数组。对图 2-27 所示的 m 行 n 列的二维数组可以表示成由 n 个列向量组成的线性表 $\alpha=(\alpha_0,\alpha_1,\cdots,\alpha_j,\cdots\alpha_{n-1})$ 或由 m 个行向量组成的线性表 $\beta=(\beta_0,\beta_1,\cdots,\beta_i,\cdots,\beta_{m-1})$,其中列向量 $\alpha_j=(a_{0,j},a_{1,j},\cdots,a_{ij},\cdots,a_{m-1,j})$,行向量 $\beta_i=(a_{i,0},a_{i,1},\cdots,a_{ij},\cdots,a_{i,n-1})$。

数组的抽象数据类型包括数据对象集合和基本操作集合。其中,数据对象集合定义了数组的数据元素及元素之间的关系,基本操作集合定义了在该数据集合上的一些基本操作。

1. 数据对象集合

数组的对象集合为 $\{a_{j_1j_2\cdots j_n|}n(n>0)$ 称为数组的维数,$j_i=0,1,\cdots,b_{i-1}$,其中,$1 \leqslant i \leqslant n$。$b_i$ 是数组的第 i 维长度,j_i 是数组的第 i 维下标}。注意,数组中的每个元素只有一个前驱元素和一个后继元素,但是第一个元素只有后继元素,最后一个元素只有前驱元素。

2. 基本操作集合

上述数组的定义带有 C 语言的特点,其每一维的下界都约定为 0。一般情况下,数组每一维的上下界都可以任意约定。但是数组一旦被定义,其维数和上、下界均不能改变,数组中的元素之间的关系也不再改变。因此,数组的基本操作除了初始化和结构销毁之外,就只有通过给定的下标取出或修改相应的元素值。

1) InitArray(&A,n,boundl,…,boundn)

操作结果:若维数 n 和各维长度合法则构造相应数组 A,并返回 OK。

2) DestroyArray(&A)

初始条件:数组 A 已经存在。

操作结果:销毁数组 A。

3) Value(A,&e,index1,…,indexn)

初始条件:A 是 n 维数组,e 为元素变量,n 个下标值。

操作结果:若各下标不超界,则 e 赋值为所指定的 A 的元素值,并返回 OK。

4) Assign(&A,e,index1,…,indexn)

初始条件:A 是 n 维数组,e 为元素变量,n 个下标值。

操作结果:若下标不超界,则将 e 的值赋给 A 中指定下标的元素,并返回 OK。

2.8.2 数组的顺序存储

数组一般不做插入或删除操作,因此采用顺序结构表示数组是很自然的,但由于计算机内存结构是一维(线性)的。因此,用一维内存存放多维数组就需要按某种次序将数组元素排成一个线性序列,然后将这个线性序列顺序存放在存储器中。二维数组有列序为主序及行序为主序的两种存储方式(参见图 2-28)。由此,对于数组,一旦规定了维数和各维的长度,便可为它分配存储空间。反之,只要给出一组下标便可求得相应数组元素的存储位置。

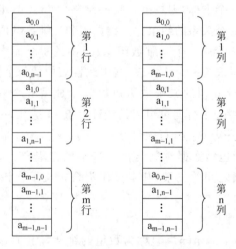

图 2-28 二维数组的两种存储方式

下面以行序为主序的存储结构为例,予以说明并计算。

1. 一维数组

若第一个元素(其下标为 L_B)的地址为 $Loc(L_B)$,下标为 i 的数组元素 A[i] 的地址为 $Loc(i)$,每个数据元素占 s 个存储单元,则计算 $Loc(i)$ 的寻址公式为

$$Loc(i) = Loc(L_B) + (i - L_B) \times s \qquad (2-7)$$

C 语言中,数组下标的下界为 0,则数组中任意一个元素 A[i] 的寻址公式为

$$Loc(i) = Loc(0) + i \times s \quad 0 \leqslant i \leqslant n-1 \qquad (2-8)$$

2. 二维数组

C 语言中,采用矩阵元素以行为主存储,即同一行的元素连续存放,存储完一行再存储下一行。设二维数组 A[m][n],m、n 分别表示数组行和列的长度,用 $Loc(i,j)$ 表示数组元素 A[i][j] 的地址,每个数据元素占用 s 个存储单元,则寻址公式为

$$Loc(i,j) = Loc(0,0) + (i \times n + j) \times s \quad 0 \leqslant i \leqslant m-1, \; 0 \leqslant j \leqslant n-1 \qquad (2-9)$$

例如,定义一个 A[2][3] 数组,数组元素 A[1][2],其下标 i=1,j=2,故它前面已经有 i=1 行,每行有 3 个元素,另外本行有 j=2 个元素,所以在元素 A[1][2] 之前,本数组已有 5 个元素。

3. 三维数组

三维数组 A[m][n][p] 可分解为 p 个 m×n 的二维数组。按行为主存储的数组元素 A[i][j][k] 的寻址公式为

$$Loc(i,j,k) = Loc(0,0,0) + (i \times n \times p + j \times p + k) \times s$$
$$0 \leqslant i \leqslant m-1, \; 0 \leqslant j \leqslant n-1, \; 0 \leqslant k \leqslant p-1 \qquad (2-10)$$

```
//----- 数组的顺序存储表示 -----//
#include<stdarg.h>            //标准头文件,提供宏 va_start、va_arg 和 va_end,
//用于存取变长参数表
#define MAX_ARRAY_DIM 8       //假设数组维数的最大值为 8
typedef struct
        {
          ElemType   *base;      //数组元素基址,由 InitArray 分配
          int        dim;        //数组维数
          int        *bounds;    //数组维界基址,由 InitArray 分配
          int        *constants; //数组映像函数常量基址,由 InitArray 分配
        } Array;

//----- 基本操作的算法描述 -----
Status InitArray(Array &A, int dim, …){
//若维数 dim 和各维长度合法,则构造相应的数组 A,并返回 OK
if (dim<1 || dim>MAX_ARRAY_DIM) return ERROR;
  A.dim = dim;
  A.bounds = (int *)malloc(dim * sizeof(int));
  if(!A.bounds) exit ( OVERFLOW);
  //若各维长度合法,则存入 A.bounds,并求出 A 的元素总数 elemtotal
  elemtotal = 1;
```

```
        va_start(ap,dim) ;                    //ap 为 va_list 类型,是存放变长参数表信息的数组
        for (i = 0; i < dim; ++i)
          {
            A.bounds[i] = va_arg(ap,int);
            if (A.bounds[i] < 0) return UNDERFLOW;
            elemtotal *= A.bounds[i];}
        va_end(ap);
        A.base = (ElemType * )malloc(elemtotal * sizeof(ElemType));
        if(!A.base) exit(OVERFLOW);
        //求映像函数的常数 Ci,并存入 A.constants[i-1],i = 1,…,dim
        A.constants = (int * )malloc(dim * sizeof(int));
        if(!A.constants) exit(OVERFLOW);
        A.constants[dim - 1] = 1;              //L = 1,指针的增减以元素的大小为单位
        for(i = dim - 2;i > = 0; -- i) A.constants[i] = A.bounds[i + 1] * A.constants[i + 1];
        return OK; }
Status DestroyArray(Array &A)
{
    //销毁数组 A
        if ( ! A.base) return ERROR;
        free(A.base) ; A.base = NULL;
        free(A.bounds);A.bounds = NULL;
        free(A.constants) ; A.constants = NULL;
        return OK; }
Status Locate(Array A,va_list ap, int &off)
{
    //形若 ap 指示的各下标值合法,则求出该元素在 A 中相对地址 off
    off = 0;
    for( i = 0; i < A.dim; ++i)
      {
        ind = va_arg(ap,int);
        if (ind < 0||ind > = A.bounds[i]) return OVERFLOW;
        off += A.constants[i] * ind; }
        return OK; }
Status Value(Array A,ElemType &e, … ){
    //A 是 n 维数组,e 为元素变量,随后是 n 个下标值
    //若各下标不超界,则 e 赋值为所指定的 A 的元素值,并返回 OK
    va_start(ap,e);
    if ((result = Locate(A,ap,off)) < = 0)return result;
    e = *(A.base + off);
    return OK; }
Status Assign(Array &A, ElemType e, … ){
    //A 是 n 维数组,e 为元素变量,随后是 n 个下标值
    //若下标不超界,则将 e 的值赋给所指定的 A 的元素,并返回 OK
va_start(ap,e);
    if ((result = Locate(A,ap,off)) < = 0) return result;
```

```
* (A.base + off) = e;
return OK; }
```

2.8.3 矩阵的压缩存储

矩阵是很多科学与工程计算中最常用的数学工具之一,数据结构讨论的不是矩阵本身,而是如何高效存储矩阵元素。当用计算机进行矩阵运算时,高级程序设计语言都是使用二维数组来存储矩阵元素。然而在数值分析中常出现高阶矩阵,同时在矩阵中有许多值(尤其是零)相同的元素或者是非零元素呈现某种规律性分布。为了节省存储空间可对这类矩阵压缩存储,所谓的压缩存储是指为多个值相同的元素只分配一个存储空间,对零元素不分配空间。

如果矩阵中的非零元素在矩阵中的分布存在一定规律,则称这种矩阵为特殊矩阵。最常见的特殊矩阵有对称矩阵、上(下)三角矩阵、对角矩阵等。如果矩阵中有许多的零元素且不具有规律性,则称这种矩阵为稀疏矩阵。

1. 特殊矩阵的存储表示

对特殊矩阵的存储方法,既要节省存储空间,又不失随机存取的优点。

1) 对称矩阵

在一个 n 阶方阵 A 中,若元素满足下述性质

$$a_{ij} = a_{ji} \quad 0 \leqslant i, j \leqslant n-1 \tag{2-11}$$

则称 A 为对称矩阵。对称矩阵的特点是关于主对角线对称,如图 2-29 所示是一个 6 阶对称矩阵。因此对称矩阵只需存储上三角或下三角部分即可,比如,只存储下三角中的元素 a_{ij},其下标 j≤i 且 0≤i≤n-1,对于上三角中的元素 a_{ij},它和对应的 a_{ji} 相等,因此当访问的元素在上三角时,直接去访问和它对应的下三角元素即可,这样,原来需要 n×n 个存储单元,现在只需要 n(n+1)/2 个存储单元,节约了 n(n-1)/2 个存储单元。

对下三角部分以行为主序顺序存储到一个向量中,图 2-29 所示的六阶矩阵的顺序存储如图 2-30 所示。一般地,下三角中的 n(n+1)/2 个元素,存储到向量 $S_A[n(n+1)/2]$ 中,存储顺序可用图 2-31 示意,下三角矩阵中的某一个元素 a_{ij} 对应一个 $S_A[k]$,下面的问题是要找到 k 与 i、j 之间的关系。

$$A = \begin{bmatrix} 2 & 0 & 1 & 4 & 4 & 9 \\ 0 & 1 & 9 & 8 & 7 & 1 \\ 1 & 9 & 5 & 1 & 9 & 6 \\ 4 & 8 & 1 & 5 & 1 & 1 \\ 4 & 7 & 9 & 1 & 5 & 1 \\ 9 & 1 & 6 & 1 & 1 & 3 \end{bmatrix}$$

图 2-29 六阶矩阵

| 2 | 0 | 1 | 1 | 9 | 5 | 4 | 8 | 1 | 5 | 4 | 7 | 9 | 1 | 5 | 9 | 1 | 6 | 1 | 1 | 3 |

图 2-30 六阶矩阵的顺序存储

k	0	1	2	3	…	n(n−1)/2	…	n(n+1)/2−1
$S_A[k]$	a_{00}	a_{10}	a_{11}	a_{20}	…	$a_{n-1,0}$	…	$a_{n-1,n-1}$

图 2-31　一般对称矩阵的压缩存储方式

对于下三角中的元素 $a_{ij}(i\geqslant j)$,存储到 S_A 中后,它前面有 $i-1$ 行,共有 $1+2+\cdots+i-1=i(i-1)/2$ 个元素,而 a_{ij} 又是它所在的行中的第 j 个,所以在上面的排列顺序中,a_{ij} 是第 $i(i-1)/2+j$ 个元素,因此它在 S_A 中的下标 k 与 i,j 的关系为:

$$k=i(i+1)/2+j \quad 0\leqslant k<n(n+1)/2 \tag{2-12}$$

若 $i<j$,则 a_{ij} 是上三角中的元素,因为 $a_{ij}=a_{ji}$,这样,访问上三角中的元素 a_{ij} 时则去访问和它对应的下三角中的 a_{ji} 即可,因此将上式中的行列下标交换就是上三角中的元素在 S_A 中的对应关系:

$$k=j(j+1)/2+i \quad 0\leqslant k<n(n+1)/2 \tag{2-13}$$

综上所述,对于对称矩阵中的任意元素 a_{ij},若令 $I=\max(i,j),J=\min(i,j)$,则将上面两个式子综合起来得到:$k=I*(I+1)/2+J$。称 $S_A[n(n+1)/2]$ 为 n 阶对称矩阵 A 的压缩存储。

2) 三角矩阵的压缩存储

三角矩阵可以分为上三角矩阵和下三角矩阵。图 2-32 为上三角矩阵,主对角线以下元素均为常数 c 或零的 n 阶矩阵;图 2-33 为下三角矩阵,主对角线以上均为常数 c 或者零的 n 阶矩阵。

$$A=\begin{bmatrix} 2 & 0 & 1 & 4 & 4 & 9 \\ & 1 & 9 & 8 & 7 & 1 \\ & & 5 & 1 & 9 & 6 \\ & & & 5 & 11 & 5 \\ 0 & & & & 1 & 1 \\ & & & & & 3 \end{bmatrix}$$

图 2-32　上三角矩阵

$$A=\begin{bmatrix} 2 & & & & & \\ 0 & 1 & & 0 & & \\ 4 & 3 & 11 & & & \\ 27 & 48 & 21 & 8 & & \\ 40 & 67 & 88 & 2 & 0 & \\ 5 & 4 & 1 & 1 & 5 & 10 \end{bmatrix}$$

图 2-33　下三角矩阵

(1) 上三角矩阵

对于上三角矩阵,只有对角线以上的部分有数值,而对角线以下部分是同一个常数或者零。与对称矩阵相比,上三角矩阵除了要存储上半部分的数据之外,还要额外存储一个常数项,因此需要用 $n(n+1)/2+1$ 个存储单元,存储长度为 $n(n+1)/2+1$,常数存储到最后一个存储单元中。

压缩存储的一维数组位置 k 和矩阵元素 a_{ij} 下标之间存在一一对应的关系如式(2-14)所示。

$$k=\begin{cases} \dfrac{i(2n-i+1)}{2}+j-i, & i\leqslant j \\ \dfrac{n(n+1)}{2}, & i>j \end{cases} \tag{2-14}$$

(2) 下三角矩阵

下三角矩阵刚好与上三角矩阵相反,常数或者零位于对角线的上方,压缩存储的一维数组位置 k 和矩阵元素 a_{ij} 下标之间存在一一对应的关系,如式(2-15)所示。

$$k = \begin{cases} \dfrac{i(i+1)}{2} + j, & i \geqslant j \\ \dfrac{n(n+1)}{2}, & i < j \end{cases} \tag{2-15}$$

压缩存储的一维数组位置 k 和矩阵元素 a_{ij} 的下标存在一一对应的关系,下三角矩阵的存储结构与上三角矩阵的存储结构相差无几,区别在于存储的是矩阵的下三角和上三角的常数,实现方法也基本一样。

(3) 对角矩阵

对角矩阵也叫带状矩阵,其所有的非零元素都集中在以主对角线为中心的带状区域中,即除了主对角线上和直接在对角线上方、下方若干条对角线上的元素外,其他元素皆为零。如图 2-34 所示为三对角矩阵。对于这种矩阵,也可按某个原则(以行为主,或以对角线为主的顺序)将其压缩存储到一维数组 $S_A[3n-2]$ 中,数组中的位置 k 和矩阵元素 a_{ij} 下标之间的对应关系如式(2-16)。

$$k = (3i - 1) + j - i + 1 = 2i + j \tag{2-16}$$

其中,$|i-j| \leqslant 1$。

$$A_{n \times n} = \begin{bmatrix} a_{00} & a_{01} & & & & & & \\ a_{10} & a_{11} & \ddots & & & 0 & & \\ & \ddots & \ddots & \ddots & & & & \\ & & & a_{i,i} & & & & \\ & & & & \ddots & \ddots & \ddots & \\ & 0 & & & & \ddots & \times & \times \\ & & & & & & \times & \times \end{bmatrix}$$

图 2-34 对角矩阵

2. 稀疏矩阵的压缩存储

对稀疏矩阵进行压缩存储,既可以节约存储空间,又能避免大量零元素参与无意义的运算。

1) 稀疏矩阵

稀疏矩阵的大多数元素都是零。设 $m \times n$ 矩阵中有 t 个非零元素且 $\delta = \dfrac{t}{m \times n}$,称 δ 为矩阵的稀疏因子,通常认为 δ 很小时称为稀疏矩阵,也就是说稀疏矩阵中的非零元素很少,如图 2-35 为一稀疏矩阵的例子。

$$M = \begin{bmatrix} 0 & 20 & 0 & 0 & 16 & 0 \\ 0 & 0 & 0 & 4 & 0 & 13 \\ 0 & 0 & 0 & 0 & 0 & 0 \\ 0 & 19 & 0 & 0 & 29 & 0 \\ 11 & 0 & 0 & 0 & 0 & 5 \end{bmatrix} \quad N = \begin{bmatrix} 0 & 0 & 0 & 0 & 11 \\ 20 & 0 & 0 & 19 & 0 \\ 0 & 0 & 0 & 0 & 0 \\ 0 & 4 & 0 & 0 & 0 \\ 16 & 0 & 0 & 29 & 0 \\ 0 & 13 & 0 & 0 & 5 \end{bmatrix}$$

(a) 稀疏矩阵 M   (b) M 的转置矩阵 N

图 2-35 稀疏矩阵示例

稀疏矩阵的基本操作主要有如下几种。

（1）CreateSMatrix(&M)

根据输入的行号、列号和元素值创建稀疏矩阵 M。

（2）DestroySMatrix(&M)

销毁稀疏矩阵 M,将稀疏矩阵的行数、列数、非零元素的个数置为零。

初始条件：稀疏矩阵 M 存在。

（3）PrintSMatrix(&M)

按照以行为主序或列为主序打印输出稀疏矩阵的元素。

初始条件：稀疏矩阵 M 存在。

（4）CopySMatrix(M,&T)

稀疏矩阵的复制操作,由稀疏矩阵 M 复制得到稀疏矩阵 T。

初始条件：稀疏矩阵 M 存在。

（5）AddSMatrix(M,N,&Q)

稀疏矩阵的相加操作,将两个稀疏矩阵 M 和 N 的对应行和列的元素相加,将结果存入稀疏矩阵 Q。

初始条件：稀疏矩阵 M 和 N 存在,且行数和列数对应相等。

（6）SubSMatrix(M,N,&Q)

稀疏矩阵的相减操作,将两个稀疏矩阵 M 和 N 的对应行和列的元素相减,将结果存在稀疏矩阵 Q。

初始条件：稀疏矩阵 M 和 N 存在,且行数和列数对应相等。

（7）MultSMatrix(M,N,&Q)

稀疏矩阵的相乘操作,将两个稀疏矩阵 M 和 N 相乘,将结果存入稀疏矩阵 Q。

初始条件：稀疏矩阵 M 和 N 存在,且 M 的列数和 N 的行数相等。

（8）TransposeSMatrix(M,&N)

稀疏矩阵的转置操作,将稀疏矩阵 M 中的元素对应的行和列互换,得到转置的矩阵 N。

初始条件：稀疏矩阵 M 存在。

2）稀疏矩阵的顺序存储

（1）三元组表

只存储稀疏矩阵中的非零元素,将非零元素所在的行、列以及它的值构成一个三元组 (i,j,e),将三元组按行优先的顺序,同一行中列号从小到大的规律排列成一个线性表,称为三元组表（有序的双下标法）,采用顺序存储方法存储该表。图 2-35 所示的稀疏矩阵对应的三元组表如图 2-36 所示。

稀疏矩阵三元组表存储表示如下。

```
define MAXSIZE 100              /*假设非零元素的最大值*/
typedef int elemtype;
typedef struct{
    int i,j;                    /*非零元素的行、列下标*/
    elemtype e;                 /*非零元素值*/
}Triple;                        /*三元组类型*/
typedef struct
```

```
{   int m,n,t;                  /* 矩阵的行、列下标及非零元素的个数 */
    Triple data[MAXSIZE];       /* 三元组表 */
}TSMatrix;                      /* 三元组表的存储类型 */
```

	i	j	e
0	0	1	20
1	0	4	16
2	1	3	4
3	1	5	13
4	3	1	19
5	3	5	29
6	4	0	11
7	4	5	5

(a) M 的三元组表

	i	j	e
0	0	4	11
1	1	0	20
2	1	3	19
3	3	1	4
4	4	0	16
5	4	3	29
6	5	1	13
7	5	4	5

(b) N 的三元组表

图 2-36 三元组表

如果行、列下标及元素值各占一个存储单元,非零元素的个数为 t,则一共需要 3t 个存储单元。由于按行优先顺序存放,行下标排列是递增有序的,在检索数组元素时若采用对半查找方法,则存取一个元素的时间为 $O(\log_2 t)$。

(2) 伪地址

伪地址是指某元素在矩阵中(包含零元素在内)按行优先顺序的相对位置,元素 a_{ij} 的伪地址计算公式为

$$伪地址 = n \times i + j \tag{2-17}$$

其中 n 为矩阵的列数。例如查找图 2-35(a)中的元素 $a_{13}=4$ 的伪地址 $=6 \times 1+3=9$。图 2-35 所示稀疏矩阵的伪地址表示如图 2-37 所示。

伪地址	e
1	20
4	16
9	4
11	13
19	19
22	29
24	11
29	5

(a) M 的伪地址表

伪地址	e
4	11
5	20
8	19
16	4
20	16
23	29
26	13
29	5

(b) N 的伪地址表

图 2-37 伪地址表

伪地址表示法共需要 2t 个存储单元,比三元组表方法要少,但是要花费时间来计算伪地址。

(3) 转置运算

矩阵的转置运算是变换元素的位置,把位于(i,j)的元素换到(j,i)位置上,即把元素的

行和列对换。所以一个 m×n 的矩阵 M,它的转置矩阵 N 就是一个 n×m 的矩阵,且 N[i,j]=M[j,i],其中,$0 \leqslant i \leqslant n-1, 0 \leqslant j \leqslant m-1$。矩阵的转置算法为

```
for(col = 0;col < n;col++)
  for(row = 0;row < m;row++)
    N[col][row] = M[row][col];
```

算法的时间复杂度为 $O(m \times n)$。由于稀疏矩阵中含有大量的零元素,采用这种方法的效率显然不高。

当用三元组表表示稀疏矩阵时,求转置矩阵的运算就变为由 M 的三元组表求 N 的三元组表。对比图 2-36(a)和(b)可以看出,只要将非零元素的行、列下标对调即可,如(3,4,29)转换成(4,3,29)。问题是三元组序列中的元素是以行序为主序排列的,导致矩阵 M 和 N 的三元组表中的元素顺序不同。那么,如何实现 N 的三元组表中的元素顺序呢? 由于 N 的三元组表中的元素是按矩阵 N 的行序排列,也即是按矩阵 M 的列序排列。所以,可以按照 M 的列序依次从 M 的三元组表中找出元素进行行列对调之后插入到 N 的三元组表。由于对 M 的每一列都要对 M 的三元组表扫描一遍,因此算法的时间复杂度为 $O(n \times t)$。

```
TransposeSMatrix(TSMatrix M,TSMatrix &N)   //求稀疏矩阵 M 的转置矩阵 N
{
    int p,q,col;
    // p 和 q 分别表示矩阵 M 和 N 的三元组表中非零元素的序号,col 表示 M 的列号
    N.m = M.n; N.n = M.m; N.t = M.t;
    if(N.t)                                //有非零元素则转置
    {
    q = 1;
    for(col = 0;col < M.n;++col)           //按列序求转置
        for(p = 1;p <= M.t;++p)            //扫描整个三元组表
        if(M.data[p].j == col)             //列号为 col 则进行转置
        {
            N.data[q].i = M.data[p].j;
            N.data[q].j = M.data[p].i;
            N.data[q].e = M.data[p].e;
            ++q;
        }
    }
    return OK;
}
```

3) 稀疏矩阵的链式存储

当矩阵采用三元组顺序表进行存储时,对于矩阵的动态操作来说显得很困难,比如两个矩阵相加,必然会使得矩阵中非零元素的增加或减少,若仍采用三元组表的存储方法,将引起元素的大量移动,算法的时间复杂度也大为增加。因此,在这种情况下,采用链式存储结构表示三元组顺序表更为合适。

(1) 单链表

用链表存储的三元组线性表称作三元组链表。在三元组链表中,每个结点的数据域由稀疏矩阵非零元素的行号、列号和元素值组成。图 2-36(a)所示的稀疏矩阵三元组表的带头

结点的三元组链表结构如图 2-38 所示，其中，头结点的行号域存储了稀疏矩阵的行数，列号域存储了稀疏矩阵的列数。

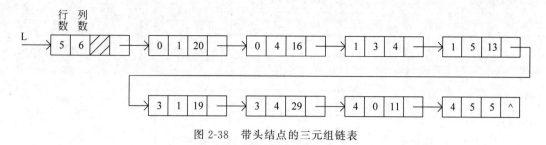

图 2-38　带头结点的三元组链表

这种三元组链表的缺点是，实现矩阵运算算法的时间复杂度高，因为算法中要访问某行某列中的一个元素时，必须从头指针进入后逐个结点查找。为降低矩阵运算算法的时间复杂度，可以给三元组链表的每一行设计一个头指针，这些头指针构成一个指针数组，指针数组中的每一行的头指针指向该行三元组链表的第一个数据元素结点。换句话说，每一行的单链表是仅由该行三元组元素结点构成的单链表，该单链表由指针数组中对应该行的头指针指示，称这种结构的三元组链表为行指针数组结构的三元组链表。图 2-36(a) 所示的稀疏矩阵三元组线性表的行指针数组结构的三元组链表如图 2-39 所示，其中，各单链表均不带头结点。由于每个单链表中的行号域数值均相同，所以单链表中省略了三元组的行号域，而把行号统一放在指针数组的行号域中。

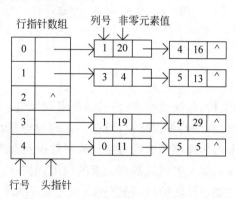

图 2-39　行指针数组结构的三元组链表

(2) 十字链表

行指针数组结构的三元组链表对于从某行进入后找到某列元素的操作比较容易实现，但对于从某列进入后找某行元素的操作就不容易实现，为此可再仿照行指针数组构造相同结构的列指针数组。

矩阵的每一个非零元素用一个结点来表示，每个结点的结构如图 2-40 所示。其中，除了结点的行号、列号以及元素值以外，又增加了两个方向指针 rnext 和 cnext，分别指向同一行中的下一个非零元素结点和同一列中的下一个非零元素结点。同一行的非零元素通过 rnext 指针链接成一个线性链表，同一列的非零元素通过 cnext 指针链接成一个线性链表，每个非零元素结点既是某个行链表中的一个结点，又是某个列链表中的一个结点，整个矩阵构成一个十字交叉的链表，简称为十字链表，其每一行和每一列的头指针，分别用两个一维的指针数组来存放。图 2-35(a)所示的稀疏矩阵 M 对应的十字链表如图 2-41 所示。

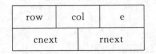

图 2-40　十字链表结点结构

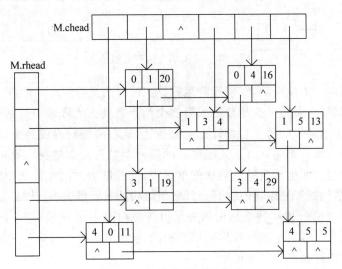

图 2-41　矩阵 M 的十字链表

2.9　小结

本章介绍了线性数据结构,包括线性表、栈、队列、串和数组。

线性表是一种数据元素有序的逻辑结构,可采用顺序存储结构或链式存储结构。采用顺序存储结构时,数据元素的物理存储结构直接反映了数据元素之间的逻辑结构,有利于计算线性表的长度、随机存取数据元素以及数据元素的遍历,但在插入和删除数据元素时要进行大量数据元素的移动,增加了算法的时间复杂度;采用链表结构存储的线性表,克服了插入和删除数据元素时需要大量移动数据元素的缺点,只需在找到待插入和删除位置后修改相应的指针即可,但不利于计算线性表的长度。线性表链表存储结构的常见形式有：带头结点的单链表、不带头结点的单链表、循环链表、双向链表等。在实际应用中,根据操作特点可以为链表增设尾指针,从而达到方便数据存取操作的目的。

栈和队列都是操作受限的线性表,栈限定仅在表尾插入和删除操作,队列限定在表尾插入、表头删除。栈和队列均可以采用顺序存储和链式存储。栈的特点是后进先出,使栈能在程序设计、编译处理中得到有效的利用。例如,数制转换、括号匹配、表达式求值等问题都是利用栈的后进先出特性解决的。队列的特点是先进先出,顺序队列存在"假溢出"的问题,顺序队列的"假溢出"不是因为存储空间不足,而是因为经过多次的出队入队操作之后,存储单元不能有效再利用造成的。要解决所谓的"假溢出"的问题,可通过将顺序队列构造成循环队列,这样就可以充分利用顺序队列中的存储单元。

串是由零个或多个字符组成的有限序列。串中的字符可以是字母、数字或其他字符。串的存储方式与线性表一样,也有两种存储结构:顺序存储结构和链式存储结构。串的链式存储结构也称为块链的存储结构,它是采用一个"块"作为结点的数据域,存储串中的若干字符。数组分为一维数组和多维数组,数组的存放是以顺序存储的方式存储的。采用顺序存储结构的数组具有随机存取的特点,方便数组中元素的查找等操作。对于稀疏矩阵的压缩存储除了顺序存储还有链式存储。

2.10 习题

1. 选择题

(1) 顺序存储结构的优点是(　　)。
　　A. 存储密度大
　　B. 插入运算方便
　　C. 删除运算方便
　　D. 可方便地用于各种逻辑结构的存储表示

(2) 线性表是由 n 个(　　)组成的有限序列(n≥0)。
　　A. 表元素　　　　B. 信息项　　　　C. 数据元素　　　　D. 数据项

(3) 某线性表中,最常用的操作是在最后一个元素之后插入一个元素和删除第一个元素,则采用(　　)存储方式最节省运算时间。
　　A. 单链表　　　　　　　　　　　　B. 仅有头指针的单循环链表
　　C. 双链表　　　　　　　　　　　　D. 仅有尾指针的单循环链表

(4) 在单链表指针为 p 的结点之后,插入指针为 s 的结点,正确的操作是(　　)。
　　A. p->next=s;s->next=p->next;
　　B. s->next=p->next;p->next=s;
　　C. p->next=s;p->next=s->next;
　　D. p->next=s->next;p->next=s;

(5) 对于一个头指针为 head 的带头结点的单链表,判定该表为空表的条件是(　　)。
　　A. head==NULL
　　B. head->next==NULL
　　C. head->next==head
　　D. head!=NULL

(6) 对于一个头指针为 head 的不带头结点的单链表,判定该表为空表的条件是(　　)。
　　A. head==NULL
　　B. head->next==NULL
　　C. head->next==head
　　D. head!=NULL

(7) 循环链表 h 的尾结点 p 的特点是(　　)。
　　A. p->next==h
　　B. p->next== h->next;
　　C. p==h
　　D. p==h->next;

(8) 线性表采用顺序方式存储时,插入和删除结点的时间复杂度分别为(　　)。
　　A. O(n) O(n)　　　B. O(n) O(1)　　　C. O(1) O(n)　　　D. O(1) O(1)

(9) 以下说法正确的是(　　)
　　A. 线性表在链式存储时,查找第 i 个元素的时间同 i 的值无关
　　B. 线性表在顺序存储时,查找第 i 个元素的时间同 i 的值成正比
　　C. 线性表的链式存储结构支持随机存取

D. 线性表的顺序存储结构支持随机存取

(10) 在 n 个结点的单链表中,算法的时间复杂度是 O(n) 的操作是(　　)。

　　A. 在第 i 个结点后插入一个新结点(1≤i≤n)

　　B. 删除第 i 个结点(1≤i≤n)

　　C. 访问第 i 个结点的后继结点

　　D. 访问第 i 个结点

(11) 在栈中存取数据的原则是(　　)。

　　A. 先进先出　　　B. 后进先出　　　C. 后进后出　　　D. 随意进出

(12) 若已知一个栈的入栈序列是 1,2,3,…,n,其输出序列是 p1,p2,p3…,pn,若 p1=n,则 pi 为(　　)。

　　A. i　　　　　　B. n−i　　　　　C. n−i+1　　　　D. 不确定

(13) 判断一个栈 ST(最多元素 m)为满的条件是(　　)。

　　A. ST−> top !=0　　　　　　　B. ST−> top−−0

　　C. ST−> top!=m　　　　　　　D. ST−> top ==m−1

(14) 在具有 n 个单元的顺序存储的循环队列中,假定 front 和 rear 分别为队头指针和队尾指针,则判断队满的条件为(　　)。

　　A. rear%n==front　　　　　　B. (rear+1)%n==front

　　C. rear%n−1==front　　　　　D. (front+1)%n==rear

(15) 栈和队列的共同特点是(　　)。

　　A. 都是先进后出　　　　　　　B. 都是先进先出

　　C. 只允许在端点处插入和删除　D. 没有共同点

(16) 设在栈中,由顶向下已存放元素 c,b,a,在第 4 个元素 d 入栈前,栈中元素可以出栈。试问在 d 入栈后,不可能的出栈序列是(　　)。

　　A. dcba　　　　B. cbda　　　　C. cdab　　　　D. cdba

(17) 栈 S 最多容纳 4 个元素。现有 6 个元素按 A、B、C、D、E、F 的顺序进栈,下列序列(　　)是可能的出栈序列。

　　A. EDCABF　　B. BCEFAD　　C. CBEDAF　　D. ADFEBC

(18) 设一个栈的入栈序列是 abcde,则在下列输出序列中不可能的出栈序列是(　　)。

　　A. edcba　　　B. decba　　　C. dceab　　　D. abcde

(19) 顺序栈 stack[0..m],栈底在 stack[0]处。用 top 指向栈顶元素之后的空位置,判断栈空的条件是(　　)。

　　A. top==−1　　B. top==0　　　C. top==1　　　D. top=n−1

(20) 栈 stack[0..m−1]中,用 top 指向栈顶元素,栈底在 stack[0]处。判断栈满的条件是(　　)

　　A. top==−1　　B. top==m　　　C. top==0　　　D. top==m−1

(21) 串的基本操作 Index(S,T) 的功能是若字符串 S 中存在和字符串 T 相同的子串,则返回它在字符串 S 中第一次出现的位置,否则返回 0。那么, Index("abcbcde","bd") = (　　)。

　　A. 0　　　　　B. 2　　　　　　C. 4　　　　　　D. 5

(22) 串的基本操作 REPLACE (S,T,V) 的功能是用 V 替换字符串 S 中出现的所有与

T 相等的不重叠的子串。设 s = "bananaabanana",则执行 REPLACE(s, "ana", "c")操作后,串 s 变为(　　)。

　　　　A. "bccbcc"　　　B. "bcnaabcna"　　C. "bcnabcna"　　D. "bancabanc"

(23) 设栈 S 和队列 Q 的初始状态均为空,元素 abcdefg 依次进入栈 S。若每个元素出栈后立即进入队列 Q,且 7 个元素出队的顺序是 bdcfeag,则栈 S 的容量至少是(　　)。

　　　　A. 4　　　　　　B. 3　　　　　　C. 2　　　　　　D. 1

(24) 以下(　　)是 C 语言中"abcd321ABCD"的子串。

　　　　A. abcd　　　　B. 321AB　　　　C. "abcABC"　　　D. "21AB"

(25) 串是一种特殊的线性表,其特殊性体现在(　　)。

　　　　A. 可以顺序储存　　　　　　　　B. 数据元素是一个字符
　　　　C. 可以链式存储　　　　　　　　D. 数据元素可以是多个字符

(26) 设有两个串 a 和 b,求 a 在 b 中首次出现的位置的运算称作(　　)。

　　　　A. 连接　　　　B. 定位　　　　C. 求子串　　　　D. 求串长

(27) 设串 s1="BCDEFG",s2="PQRST",函数 con(x,y)返回 x 和 y 串的连接串,sub(s,i,j)返回串 s 的从序号 i 的字符开始的 j 个字符组成的子串,len(s)返回串 s 的长度,则 con(sub(s1,2,len(s2)),sub(s1,len(s2),2))的结果是(　　)。

　　　　A. "BCDEF"　　　B. "CDEFGFG"　　C. "BCPQRST"　　D. "BCDEFEF"

(28) 对一些特殊矩阵采用压缩存储的目的主要是为(　　)。

　　　　A. 表达变得简单　　　　　　　　B. 去掉矩阵中的多余元素
　　　　C. 减少不必要的存储空间的开销　　D. 对矩阵元素的存取变得简单

(29) 若某串的长度小于一个常数,则采用(　　)存储方式最为节省空间。

　　　　A. 链式　　　　B. 栈　　　　C. 顺序表　　　　D. 队列

(30) 下列(　　)为空串。

　　　　A. S=" "　　　B. S=""　　　C. S="φ"　　　D. S="0"

2. 填空题

(1) 在一个长度为 n 的顺序表的第 i 个元素之前插入一个元素,需要后移_____个元素。

(2) 在线性表的顺序存储中,元素之间的逻辑关系通过_____决定;在线性表的链接存储中,元素之间的逻辑关系通过_____决定。

(3) 在双向链表中,每个结点含有两个指针域,一个指向_____结点,另一个指向_____结点。

(4) 当对一个线性表经常进行存取操作,而很少进行插入和删除操作时,则采用_____存储结构为宜。相反,当经常进行的是插入和删除操作时,则采用_____存储结构为宜。

(5) 在单链表中设置头结点的作用是_____。

(6) 在带头结点的单链表中,当删除某一指定结点时,必须找到该结点的_____结点。

(7) 带头结点的单链表 L 为空的判定条件是_____,不带头结点的单链表 L 为空的判定条件是_____。

(8) 在单链表中,指针 p 所指结点为最后一个结点的条件是_____。

(9) 带头结点的双向循环链表 L 为空表的条件是_____。

(10) 数据的存储结构分为_____、_____、_____和_____ 4 种。

(11) 栈是一种_____的线性表。

(12) 顺序栈 stack[0..m]进行初始化执行的操作是(top 为指向栈顶的当前元素,第一个入栈的元素放在 stack[0]处)_____。

(13) 递归算法中,每次递归调用前,系统自动将需要保持的数据放入_____中。

(14) 设有一个空栈,现有输入序列 1,2,3,4,5,经过 push,push,pop,push,pop,push,push 后,输出序列是_____。

(15) 在队列中存取数据应遵从的原则是_____。

(16) 在队列结构中,允许插入的一端称为_____;允许删除的一端称为_____。

(17) 在用向量空间大小为 m 实现存储的循环队列中,设队头指针 front 指向队首元素,队尾指针 rear 指向队尾元素的下一个位置。

① 在循环队列中,队空的条件为_____;队满的条件为_____。

② 当 rear>=front 时,队列长度为_____。

(18) 线性表、栈和队列都是_____结构。

(19) 在用向量空间大小为 m 实现存储的循环队列中,如果队首指针 front 指向队首元素前的空位置,队尾指针指向队尾元素,判断队满的条件是_____。

(20) 在用向量空间大小为 m 实现存储的循环队列中,如果队首指针 front 指向队首元素前的空位置,队尾指针指向队尾元素,删除一个结点时队列指针的操作为_____。

(21) 二维数组的存放,具有_____优先和_____优先的两种方式。

(22) 已知二维数组 A[10][20]采用列序为主方式存储,每个元素占 10 个存储单元,且 A[0][0]的存储地址是 2000,则 A[6][12]的地址是_____。

(23) 已知二维数组 A[20][10]采用行序为主方式存储,每个元素占两个存储单元,并且 A[10][5]的存储地址是 1000,则 A[18][9]的存储地址是_____。

(24) 设有二维数组 A[0..9,0..19],其每个元素占两个字节,数组按列优先顺序存储,第一个元素的存储地址为 100,那么元素 A[6,6]的存储地址为_____。

(25) 将一个三对角矩阵 A[1..100,1..100]中的元素按行存储在一维数组 B[1..298]中,矩阵 A 中的元素 A[66,65]在数组 B 中的下标为_____。

(26) 设二维数组 A(m,n)以行为主序存储,每个元素占 c 个存储单元,元素 $A_{i,j}$($1 \leqslant i \leqslant m, 1 \leqslant j \leqslant n$)的地址公式为 $LOC(a_{ij}) = LOC(a_{11}) + $_____。

(27) 将一个 n 阶对称矩阵 A 的下三角部分按行压缩存放于一个一维数组 B 中,A[0][0]存放于 B[0]中,则 A[I][J]在 I⩾J 时,将存放于数组 B 的_____位置。

(28) 二维数组是一种非线性结构,其中的每一个数组元素最多有_____个直接前驱(或直接后继)。

(29) 将一个 n 阶三对角矩阵 A 的三条对角线上的元素按行压缩存放于一个一维数组 B 中,A[0][0]存放于 B[0]中。对于任意给定数组元素 B[K],它应是 A 中第_____行的元素。

(30) 将一个 n 阶对称矩阵的上三角部分或下三角部分压缩存放于一个一维数组中,则一维数组需要存储_____个矩阵元素。

3. 判断题

(1) (　　) 单链表从任何一个结点出发,都能访问到所有结点。
(2) (　　) 顺序表是一种随机存取的存储结构。
(3) (　　) 线性表的逻辑顺序与存储顺序总是一致的。
(4) (　　) 线性表的链式存储结构优于顺序存储结构。
(5) (　　) 线性表的长度是指线性表所占存储空间的大小。
(6) (　　) 线性表的长度决定了线性表所占存储空间的大小,但它不等于线性表所占存储空间的大小。
(7) (　　) 在采用链式存储结构的线性表上查找某个元素的平均效率,比在采用顺序存储结构的线性表上查找的平均效率高。
(8) (　　) 链式存储结构的线性表适用于对数据进行频繁的查找操作,而顺序存储结构的线性表则适宜于进行频繁的插入、删除操作。
(9) (　　) 在单链表中,给定任一结点的地址 p,则可用下述语句将新结点 s 插入结点 p 的后面 p—>next = s; s—>next = p—>next。
(10) (　　) 顺序存储方式只能用于存储线性结构。
(11) (　　) 栈的结构是在线性表的末尾插入一个元素,然后再从末尾一个个删去元素。
(12) (　　) 队列和栈都是运算受限的线性表,插入或者删除运算只允许在表的两端进行。
(13) (　　) 循环队列也存在空间溢出问题。
(14) (　　) 一个栈的输入序列是 12345,则输出序列 43512 是可能的。
(15) (　　) 栈和队列都是顺序存储结构的线性结构。
(16) (　　) 栈和队列都是限制取点的线性结构。
(17) (　　) 用单链表表示的链式队列的队首在链表的尾部。
(18) (　　) 消除递归不一定需要使用栈。
(19) (　　) 循环队列 Q[0..m−1]存放其元素用 front 和 rear 分别表示队首和队尾,则循环队列满的条件是 Q.rear+1==Q.front。
(20) (　　) 一般情况下,将递归算法转换成等价的非递归算法应该设置堆栈。
(21) (　　) 二维数组是其数据元素为线性表的线性表。
(22) (　　) N(N≥1)维数组可以看作线性表的推广。
(23) (　　) 空串就是空格组成的串。
(24) (　　) 如果两个字符串的长度相等,就称两个字符串相等。
(25) (　　) 如果两个字符串的长度相等,并且对应位置的字符相同,称为两个字符串相等。
(26) (　　) 串中任意个连续的字符组成的子序列称为该串的子串,包含子串的串相应的称为主串。
(27) (　　) 串的长度等于 0 时的串称为空串。
(28) (　　) 二维数组具有数据元素的数据固定的性质,即一旦定义了一个二维数组结构,其元素数据不再有增减变化。
(29) (　　) 由于计算机的存储单元是一维结构,而数组是多维结构,因此无法用一维的计算机内存结构来存储多维数组。

（30）（　　）虽然计算机的存储单元是一维结构，而数组是多维结构，但是只要约定了存放次序问题，一维的计算机内存结构可以用来存储多维数组。

4．综合题

（1）已知一个顺序表 A，其长度为 n，其中的元素按值非递减有序排列，请编写一个算法，该算法功能为插入一个元素 X 后，保持该顺序表仍按非递减有序排列。该顺序表的存储结构定义如下：

```
#define maxlen 100
struct sqlisttp{
int elem[maxlen];
int length;              //线性表的当前长度
};
typedef struct sqlisttp sqlist;
```

要求算法形式为 void insert(sqlist &A, int x)。

（2）已知顺序表 L 递增有序，试写算法删除顺序表中值重复的元素，使得所得结果表中各元素的值均不相同。例如，若原表为(1,1,2,3,3,3,4,5,5)，经过算法处理后，表为(1,2,3,4,5)。设表长不超过 1000。该表顺序存储结构定义为：

```
#define ListSize 1000
typedef int DataType;
typedef struct {
    DataType data[ListSize];
    int length;          //当前表长
} SeqList;
```

要求算法形式为 SeqList DeleteDP(SeqList &L)。

（3）在头指针为 h 的带头结点的单链表中，把数据域值为 b 的结点 s 插入到数据域值为 a 的结点之前，若不存在数据域值为 a 的结点，就把结点 s 插入到表尾。请用 C 语言编写该算法，要求算法形式为 void insert(NODE *h, int a, int b)。其中该链表中结点的数据结构用 C 语言描述如下：

```
struct node{
int data;
struct node * next;
};
typedef struct node NODE;
```

（4）假设有一个循环链表的长度大于 1，且表中既无头结点也无头指针。该链表中结点的数据结构定义如下：

```
struct node{
int data;
struct node * next;
};
typedef struct node NODE;
```

已知 p 为指向该链表中某结点的指针，试编写算法 NODE * delprev(NODE * p)，该算法的功能是在链表中删除结点 p 的前趋结点,要求返回指针变量 p。

(5) 设有一个由正整数组成的单链表 L(含头结点),编写完成下列功能的算法:找出数据域值为最小值的结点 p,若最小值是奇数,则删除结点 p,算法返回 1,否则返回 2,如果链表为空,返回值为零。该链表中结点的数据结构如下:

```
struct node{
    int data;
    struct node * next;
};
typedef struct node NODE;
```

要求算法形式为 int min(NODE * L)。

(6) 编写算法,用栈实现函数关系式 $F(n)=n\times F(n-1)$,当 n=1 的时候,$F(1)=1$;下列操作可以直接使用入栈操作 push(s, x)、出栈操作 pop(s)、初始化栈操作 SETNULL(s),判断栈空的操作 EMPTY(s)、取栈顶元素的操作 gettop(s)。

(7) 假设以数组 sequ[m]存放循环队列的元素,同时设变量 rear 和 quelen 分别指示队尾元素的位置和内含元素的个数。试给出此循环队列的队满条件,并写出相应的入列和出列算法。

(8) 对于一个栈,给出输入项 A,B,C。如果输入项序列由 A,B,C 组成,试给出全部可能的输出序列和它们的进出过程。

(9) 编写一个算法,实现将十进制数转换为八进制的结果输出。其转换过程如下(其中 N 为十进制数,d 为要转换的进制数)N = (N div d)×d + N mod d(其中,div 为整除运算,mod 为求余运算)。例如,$(1348)_{10} = (2504)_8$。

(10) 假设有二维数组 A[6,8],每个元素用相邻的 6 个字节存储,存储器按字节编址。已知 A[0][0]的起始存储位置(基地址)为 1000,计算
① 数组 A 的体积(即存储量);
② 数组 A 的最后一个元素的第一个字节的地址;
③ 按行存储时,元素 a[1][4]的第一个字节的地址;
④ 按列存储时,元素 a[4][7]的第一个字节的地址。

(11) 若采用三元组压缩技术存储稀疏矩阵,只要把每个元素的行下标和列下标互换,就完成了对该矩阵的转置运算,这种说法正确吗?为什么?

(12) 对某稀疏矩阵的三元组表示方法存储模型如图 2-42 所示,请写出此三元组所对应的该稀疏矩阵。设行列下标均从 0 开始记;三元组首行表示了该矩阵的行数、列数、非零元素个数。

4	5	6
0	1	5
0	4	8
1	0	1
1	2	3
2	1	−2
3	0	6

图 2-42 三元值表示方法存储模型

(13) 下列程序段中,设

函数 Assign(s,t)将串 t 的值赋给串 s;

函数 Replace(s1,s2,s3)用串 s3 替换 s1 中所有与串 s2 相等且不重叠的子串;

函数 SubString(s, start, len)为求子串,表示从串 s 中的第 start 个字符开始,取出 len 个字符构成一个新串;

函数 Concat(s1,s2)将 s2 串的值紧接着放在 s1 串值的末尾而组成一个新的串,新串名为 s1。

请问执行以下函数会产生怎样的输出结果?

```
void demonstrate(){
    Assign(s, "THIS IS A BOOK");
    Replace(s,SubString(s,3,7), "ESE ARE");
    Assign(t,Concat(s, "S"));
    Assign(u, "XYXYXYXYXYXY");
    Assign(V, SubString(u,6,3));
    Assign(w, "W");
    printf("t = %s", t , "v = %s", v , "u = %s", Replace(u,v,w));
}
```

第3章 非线性数据结构

CHAPTER 3

第 2 章介绍的是线性数据结构,线性数据结构中的每个元素有唯一的前驱元素和唯一的后继元素,即前驱元素和后继元素是一对一的关系。本章将介绍非线性数据结构,包括树和图,树的元素有唯一的前驱元素和多个后继元素,即前驱元素和后继元素是一对多的关系。树形结构是非常重要的一种数据结构,在实际应用中也非常广泛,它主要应用在文件系统、目录组织等大量的数据处理中。图是另一种非线性数据结构,是一种更为复杂的数据结构。在图中,数据元素之间是多对多的关系,即一个数据元素对应多个直接前驱元素和多个直接后继元素。图的应用领域十分广泛,例如工程设计、遗传学、人工智能等。

3.1 树的概念

树是由 n(n≥0)个结点组成的有限集合。如果 n = 0,称为空树;如果 n > 0,则有且仅有一个特定的称为根(Root)的结点,它只有直接后继,但没有直接前驱;当 n > 1,除根以外的其他结点划分为 m(m>0)个互不相交的有限集合 T1,T2,…,Tm,其中每个集合本身又是一棵树,并且称为根的子树(Subtree),如图 3-1 所示。

T={A,B,C,D,E,F,G,H,I,J},其中 A 是根,其余结点可以划分为两个互不相交的集合,T1={B,D,G,H,I},T2={C,E,F,J},这两个集合本身又各是一棵树,它们是 A 的子树。对于 T2,C 是根,其余结点可以划分为两个互不相交的集合,T21={E,J},T22={F},T21,T22 是 C 的子树。

树的结构定义是一个递归的定义,即在树的定义中又用到了树的概念,它道出了树的固有特性。如图 3-2 中的子树 T1 和 T2 就是根结点 A 的子树,D,G,H,I 组成的树又是 B 结点的子树,E,J 组成的树是 C 结点的子树。

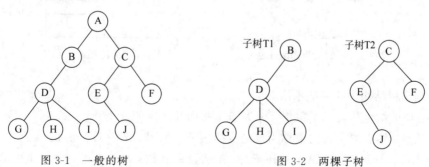

图 3-1　一般的树　　　　　图 3-2　两棵子树

对于树的定义还需要注意两点：

(1) n＞0 时，根结点是唯一的，不可能存在多个根结点。

(2) m＞0 时，子树的个数没有限制，但它们一定是互不相交的。如图 3-3 中的两个结构就不符合树的定义。

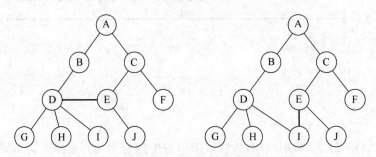

图 3-3　非树的表示

树的逻辑表示方法可以分为 4 种，分别是树形表示法、文氏图表示法、广义表表示法和凹入表示法。

(1) 树形表示法。图 3-1 是树形表示法。树形表示法是最常见的一种表示方法，它可以直观、形象地表示出树的逻辑结构，可以清晰地反映树中结点之间的逻辑关系。

(2) 文氏图表示法。文氏图表示法是利用数学中集合的图形化表示来描述树的逻辑关系。图 3-1 的树可用文氏图表示，如图 3-4 所示。

(3) 广义表表示法。采用广义表的形式表示树的逻辑结构，广义表的子表表示结点的子树。图 3-1 的树，利用广义表表示为(A(B(D(G,H,I)),C(E(J),F)))。

(4) 凹入表示法。凹入表示法类似于书的目录、章、节、条、款、项逐个凹入。图 3-1 的树可用凹入表示法表示，如图 3-5 所示。

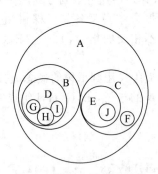

图 3-4　树的文氏图表示法

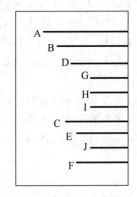

图 3-5　树的凹入表示法

下面列出树结构中的一些术语。

结点：树的结点包含一个数据元素及若干指向其子树的分支。

孩子结点：结点的子树的根称为该结点的孩子。如图 3-1 中 D 是 B 的孩子。

双亲结点：B 结点是 A 结点的孩子，则 A 结点是 B 结点的双亲。如图 3-1 中 B 是 D 的双亲。

兄弟结点：同一双亲的孩子结点。如图3-1中G、H和I互为兄弟。

堂兄结点：其双亲结点互为兄弟的结点。如图3-1中D的双亲结点B与E的双亲结点C互为兄弟，则称D与E互为堂兄。

祖先结点：结点的祖先是从根到该结点所经分支上的所有结点。如图3-1中F的祖先为A、C。

子孙结点：以某结点为根的子树中的任一结点称为该结点的子孙。如图3-1中A的子孙为B、C、D、E、F等。

结点的度：结点拥有的子树的个数为结点的度。如图3-1中A结点的度为2。

叶子：度为0的结点为叶子或者终端结点。如图3-1的G，H，I，J。

树的度：树内各结点的度的最大值。如图3-1树的度为3。

层次：结点的层次（Level）从根开始定义起，根为第一层，根的孩子为第二层，以此类推。树中结点的最大层次为树的深度或高度。如图3-1所示的树的深度为4。

若将树中每个结点的各子树看成是从左到右有次序的（即不能互换），则称该树为有序树（Ordered Tree）；否则称为无序树（Unordered Tree）。若不特别指明，一般讨论的树都是有序树。

森林（Forest）是m(m≥0)棵互不相交的树的集合。对树中每个结点，其子树的集合即为森林。树和森林的概念相近。删去一棵树的根，就得到一个森林；反之，加上一个结点作树根，森林就变为一棵树。

树的基本操作主要有：

(1) 初始化操作 Initate(T)：创建一棵空树 T。

(2) 销毁树操作 Destory(T)：销毁树 T。

(3) 构造树操作 Creat(T,definition)：按 definition 构造树 T，definition 给出树的定义。

(4) 清空树操作 Clear(T)：将树 T 清为空树。

(5) 求根函数 Root(T)：求树 T 的根。

(6) 插入操作 Insert(T,x,i,y)：将以 y 为根的子树插入到树 T 中作为结点 x 的第 i 棵子树。

(7) 删除操作 Delete(T,x,i)：将树 T 中结点 x 的第 i 棵子树删除。

(8) 遍历树操作 Traverse(T)：按某种次序对树 T 中的每个结点访问一次且仅一次。

(9) 求双亲操作 Parent(T, x)：若 x 是 T 的非根结点，则返回它的双亲，否则函数值返回"空"。

(10) 求右兄弟操作 RightSibling(T, x)：若 x 有右兄弟结点，则返回它的右兄弟，否则返回"空"。

(11) 求孩子操作 Child(T, x, i)：若 x 是 T 的非叶子结点，则返回它的第 i 个孩子，否则返回"空"。

3.2 二叉树

树结构中有一种应用较为广泛的树——二叉树（Binary Tree）。二叉树的度为2，而且是一棵有序树，即树中结点的子树从左到右有次序。

3.2.1 二叉树的定义

二叉树是一个有限元素的集合,该集合或者为空、或者由一个称为根的元素及两个不相交的、分别称为左子树和右子树的二叉树组成。

值得注意的是,度为 2 的有序树与二叉树是不同的。假设要在有两个孩子的结点中删除第一个孩子。在度为 2 的有序树中,删除了第一个孩子,原来第 2 个孩子改称为第 1 个孩子;二叉树中,如果删除了左孩子,右孩子依然是右孩子。

二叉树是另外一种树形结构,即不存在度大于 2 的结点,每个结点至多只有两棵子树,二叉树的子树有左右之分,左、右子树不能颠倒,即使只有一棵子树也要进行区分,说明它是左子树,还是右子树。另外,二叉树是递归结构,二叉树的定义中又用到了二叉树的概念。图 3-6 列出了二叉树的 5 种基本形态。

(a) 空二叉树　　(b) 只有根结点的二叉树　　(c) 右子树为空的二叉树

(d) 左子树为空的二叉树　　(e) 左、右子树均非空的二叉树

图 3-6　二叉树的 5 种基本状态

3.2.2 二叉树的主要性质

二叉树具有下列重要性质。

(1) 性质 1:二叉树的第 i 层上至多有 2^{i-1} 个结点($i \geqslant 1$)。

证明:当 $i=1$ 时,只有根结点,$2^{i-1}=2^0=1$。

假设对所有 j,$1 \leqslant j < i$,命题成立,即第 j 层上至多有 2^{j-1} 个结点。

由归纳假设第 $i-1$ 层上至多有 2^{i-2} 个结点。

由于二叉树的每个结点的度至多为 2,故在第 i 层上的最大结点数为第 $i-1$ 层上的最大结点数的 2 倍,即 $2 \times 2^{i-2} = 2^{i-1}$。

(2) 性质 2:深度为 k 的二叉树至多有 2^k-1 个结点($k \geqslant 1$)。

由性质 1 可见,深度为 k 的二叉树的最大结点数为

$$2^0 + 2^1 + \cdots + 2^{k-1} = 2^k - 1$$

(3) 性质 3:对任何一棵二叉树 T,如果叶结点数为 n_0,度为 2 的结点数为 n_2,则 $n_0 = n_2 + 1$。

证明:设二叉树中度为 1 的结点数为 n_1,二叉树中总结点数为 $n = n_0 + n_1 + n_2$。

二叉树中的分支数,除根结点外,其余结点都有一个进入分支(分支进入),设 B 为二叉树中的分支总数,则有 n＝B+1。由于这些分支都是由度为 1 和 2 的结点射出的,所以有 B＝n_1+2×n_2；n＝B+1＝n_1+2×n_2+1 得到 n_0＝n_2+1。

完全二叉树和满二叉树是两种特殊形态的二叉树。

满二叉树指的是深度为 k 的二叉树并且有 2^k-1 个结点。这种树的特点是每一层上的结点数都达到最大结点数。如图 3-7(a)所示是一棵深度为 3 的满二叉树。

如果在深度为 k,有 n 个结点的二叉树中,各结点能够与深度为 k 的顺序编号的满二叉树从 1 到 n 标号的结点相对应,则称为完全二叉树。这种树的特点是所有的叶子结点都出现在第 k 层或 k－1 层。对任一结点,如果其右子树的最大层次为 L,则其左子树的最大层次为 L 或 L+1。如图 3-7(b)所示的是一棵深度为 3 的完全二叉树,图 3-7(c)和(d)不是完全二叉树。

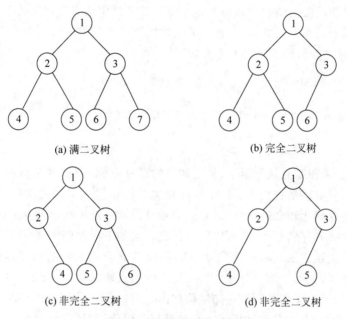

图 3-7 特殊形态的二叉树

(4) 性质 4：具有 n 个结点的完全二叉树的深度为 $\lfloor \log_2 n \rfloor$+1。

证明：设完全二叉树的深度为 k,则根据性质 2 和完全二叉树的定义有 $2^{k-1}-1$<n≤2^k-1 或 2^{k-1}≤n<2^k。

取对数 k－1<$\log_2 n$≤k,又 k 是整数,因此有 k＝$\lfloor \log_2 n \rfloor$+1。

(5) 性质 5：如果对一棵有 n 个结点的完全二叉树的结点按层序编号(从第 1 层到第 $\lfloor \log_2 n \rfloor$+1 层,每层从左到右),则对任一结点 i(1≤i≤n),有

① 如果 i＝1,则结点 i 无双亲,是二叉树的根；如果 i>1,则其双亲是结点 $\lfloor i/2 \rfloor$。

② 如果 2i>n,则结点 i 为叶子结点,无左孩子；否则,其左孩子是结点 2i。

③ 如果 2i+1>n,则结点 i 无右孩子；否则,其右孩子是结点 2i+1。

证明：此性质可采用数学归纳法证明。因为 1 与 2、3 是相对应的,所以只需证明 2 和 3。

当 i=1 时,根据结点编号方法可知,根的左、右孩子编号分别是 2 和 3,结论成立。假定 i-1 时结论成立,即结点 i-1 的左右孩子编号满足 lchild(i-1)=2(i-1); rchild(i-1)=2(i-1)+1。通过完全二叉树可知,结点 i 或者与结点 i-1 同层且紧靠其右,或者结点 i-1 在某层最右端,而结点 i 在其下一层最左端。但是,无论如何,结点 i 的左孩子的编号都是紧接着结点 i-1 的右孩子的编号,故 lchild(i)=rchild(i-1)+1=2i; rchild(i)=lchild(i)+1=2i+1 命题成立。

3.2.3 二叉树的存储结构

二叉树的存储结构有两种,分别是顺序存储表示和链式存储表示。

1. 顺序存储结构

所谓顺序存储结构,就是用一组连续的存储单元存储二叉树的数据元素,结点在这个序列中的相互位置能反映出结点之间的逻辑关系。二叉树中结点之间的关系就是双亲结点与左右孩子结点间的关系。因此,必须把二叉树的所有结点安排成为一个恰当的序列。

C 语言中,这种存储形式的类型定义如下所示。

```
#define MaxTreeNodeNum 100      /*二叉树的最大结点数*/
typedef struct {
    DataType data[MaxTreeNodeNum];  /*0号结点存放根结点*/
    int n;
} QBiTree;
```

通常,按照二叉树结点从上至下、从左到右的顺序存储,但这样结点在存储位置上的前驱后继关系并不一定就是它们在逻辑上的邻接关系。依据二叉树的性质,完全二叉树和满二叉树采用顺序存储比较合适,树中结点的序号可以唯一地反映出结点之间的逻辑关系,既能够最大可能地节省存储空间,又可以利用数组元素的下标值确定结点在二叉树中的位置,以及结点之间的关系。图 3-8(a)为图 3-7(b)所示的完全二叉树的顺序存储结构。对于一般的二叉树,则应将其每个结点与完全二叉树上的结点相对照,存储在一维数组的相应分量中,如图 3-7(c)所示二叉树的顺序存储结构如图 3-8(b)所示,图中以"0"表示不存在的结点。由此可见,这种顺序存储结构仅适用于完全二叉树。因为,在最坏的情况下,一个深度为 k 且只有 k 个结点的单支树(树中不存在度为 2 的结点)却需要长度为 2^k-1 的一维数组。

图 3-8 二叉树的顺序存储结构

完全二叉树的编号特点为除最下面一层外,各层都充满了结点。每一层的结点个数恰好是上一层结点个数的 2 倍。从一个结点的编号就可推得其双亲,左、右孩子,兄弟等结点

的编号。假设编号为 i 的结点是 $K_i(1 \leqslant i \leqslant n)$，则有

(1) 若 i>1，则 K_i 的双亲编号为 $\lfloor i/2 \rfloor$；若 i=1，则 K_i 是根结点，无双亲。
(2) 若 $2i \leqslant n$，则 K_i 的左孩子编号为 2i；否则，K_i 无左孩子，即 K_i 必定是叶子。
(3) 若 $2i+1 \leqslant n$，则 K_i 的右孩子编号为 2i+1；否则，K_i 无右孩子。
(4) 若 i 为奇数且不为 1，则 K_i 的左兄弟编号为 i−1；否则，K_i 无左兄弟。
(5) 若 i 为偶数且小于 n，则 K_i 的右兄弟编号为 i+1；否则，K_i 无右兄弟。

顺序存储的优缺点是适合于完全二叉树，既不浪费存储空间，又能很快确定结点的存放位置，以及结点的双亲和左右孩子的存放位置。但对一般二叉树，可能造成存储空间的浪费。

2. 链式存储结构

所谓链式存储是指用链表来表示一棵二叉树，即用链来指示元素的逻辑关系。通常有下面两种形式。

1) 二叉链表存储

链表中每个结点由 3 个域组成，即数据域和两个指针域。data 域存放某结点的数据信息；lchild 与 rchild 分别存放指向左孩子和右孩子的指针。当左孩子或右孩子不存在时，相应指针域值为空（用符号 ∧ 或 NULL 表示）。结点的存储结构如图 3-9 所示。

图 3-9　二叉链表存储结构

C 语言中，这种存储形式的类型定义如下所示。

```
typedef char DataType;         /*用户可根据具体应用定义 DataType 的实际类型*/
typedef struct bnode {
    DataType data;
    struct bnode * lchild, * rchild;    /*左右孩子指针*/
} BiTree;
```

图 3-10(b)给出了图 3-10(a)所示的一棵二叉树的二叉链表存储结构。链头的指针指向二叉树的根结点。容易证得，在含有 n 个结点的二叉链表中有 n+1 个空链表域。

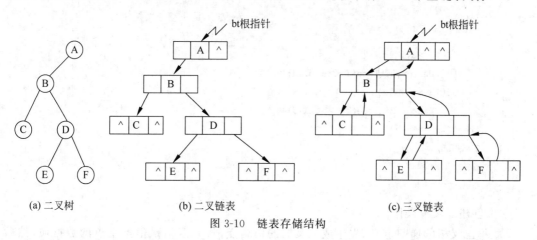

图 3-10　链表存储结构

2) 三叉链表存储

每个结点由 4 个域组成,具体结构如图 3-11 所示。

图 3-11 三叉链表存储结构

其中,data、lchild 及 rchild 三个域的意义与二叉链表结构相同;parent 域为指向该结点双亲结点的指针。这种存储结构既便于查找孩子结点,又便于查找双亲结点;但是,相对于二叉链表存储结构,它增加了空间开销。

图 3-10(c)给出了图 3-10(a)所示的一棵二叉树的三叉链表存储结构。

尽管,在二叉链表中无法由结点直接找到其双亲,但由于二叉链表结构灵活,操作方便,对于一般情况的二叉树,甚至比顺序存储结构还节省空间。例如,深度为 4 的右单支二叉树共有 4 个结点,二叉链表的 8 个指针域 3 个非空,顺序存储 2^4-1 共 15 个元素空间仅使用了 4 个。因此,二叉链表是最常用的二叉树存储方式。本书后面涉及的二叉树的链式存储结构,如不加特别说明都是指二叉链表结构。

3. 二叉树的基本操作

采用二叉链表存储结构表示的二叉树的基本操作实现如下所示。

1) 二叉树的初始化操作

二叉树的初始化需要将指向二叉树的根结点指针置为空,代码如下:

```
void InitBitTree(BiTree * T)              /*二叉树的初始化操作*/
{
    T = NULL;
}
```

2) 二叉树的销毁操作

如果二叉树存在,将二叉树的存储空间释放。

```
void DestoryBitTree(BiTree * T)           /*销毁二叉树*/
{
    if(T)
    {
        if(T->lchild)
            DestoryBitTree(T->lchild));
        if(T->rchild)
            DestoryBitTree(T->rchild));
        free(T);
        T = NULL;
    }
}
```

3) 创建二叉树操作

根据二叉树的递归定义,先生成二叉树的根结点,将元素值赋值给结点的数据域,然后递归创建左子树和右子树。其中"♯"表示空。代码如下:

```c
void CreateBitTree(BiTree * T)                    /* 递归创建二叉树 */
{
    DataType ch;
    scanf("%c",&ch);
    if(ch == '#')
        T = NULL;
    else
    {
        T = (BiTree *)malloc(sizeof(bnode));       /* 生成根结点 */
        if(!T)
            exit(-1);
        T -> data = ch;
        CreateBitTree(T -> lchild));               /* 构造左子树 */
        CreateBitTree(T -> rchild));               /* 构造右子树 */
    }
}
```

4) 二叉树的左插入操作

指针 p 指向二叉树 T 的某个结点，非空二叉树 c 与 T 不相交且右子树为空，将子树 c 插入到 T 中，使 c 成为 p 指向结点的左子树，p 指向结点的原来左子树成为 c 的右子树。代码如下：

```c
int InsertLeftChild(BiTree p,BiTree c)            /* 二叉树的左插入操作 */
{
    if(p)                                          /* 如果指针 p 不空 */
    {
        c -> rchild = p -> lchild;                 /* p 的原来的左子树成为 c 的右子树 */
        p -> lchild = c;                           /* 子树 c 作为 p 的左子树 */
        return 1;
    }
    return 0;
}
```

5) 二叉树的右插入操作

指针 p 指向二叉树 T 的某个结点，非空二叉树 c 与 T 不相交且右子树为空，将子树 c 插入到 T 中，使 c 成为 p 指向结点的右子树，p 指向结点的原来右子树成为 c 的右子树。代码如下：

```c
int InsertReftChild(BiTree * p,BiTree * c)        /* 二叉树的右插入操作 */
{
    if(p)                                          /* 如果指针 p 不空 */
    {
        c -> rchild = p -> rchild;                 /* p 的原来的右子树成为 c 的右子树 */
        p -> rchild = c;                           /* 子树 c 作为 p 的右子树 */
        return 1;
    }
    return 0;
}
```

6) 二叉树的左删除操作

二叉树中，指针 p 指向二叉树中的某个结点，将 p 所指向的结点的左子树删除。如果删除成功，返回 1；否则，返回 0。代码如下：

```
Int DeleteLeftChild(BiTree * p)            /*二叉树的左删除操作*/
{
    if(p)
    {
        DestoryBiTree(p->lchild);          /*删除p指向结点的左子树*/
        return 1;
    }
    return 0;
}
```

7）二叉树的右删除操作

二叉树中,指针p指向二叉树中的某个结点,将p所指向的结点的右子树删除。如果删除成功,返回1;否则,返回0。代码如下：

```
Int DeleteRightChild(BiTree * p)           /*二叉树的右删除操作*/
{
    if(p)
    {
        DestoryBiTree(p->rchild);          /*删除p指向结点的右子树*/
        return 1;
    }
    return 0;
}
```

8）返回二叉树的左孩子元素值基本操作

如果元素值为e的结点存在,并且该结点的左孩子结点存在,则将该结点的左孩子结点的元素值返回。代码如下：

```
DataType LeftChild(BiTree * T, DataType e)  /*返回二叉树的左孩子结点元素值操作*/
{
    BiTree p;                               /*如果二叉树非空*/
    if(T)
    {
        p = Point(T, e);                    /*p是元素值e的结点的指针*/
        if(p&&p->lchild)                    /*如果p不为空,且p的左孩子结点存在*/
           return p->lchild->data;          /*返回p的左孩子结点的元素值*/
    }
return;
}
```

9）返回二叉树的右孩子元素值基本操作

如果元素值为e的结点存在,并且该结点的右孩子结点存在,则将该结点的右孩子结点的元素值返回。代码如下：

```
DataType LeftChild(BiTree * T, DataType e)  /*返回二叉树的右孩子结点元素值操作*/
{
    BiTree p;                               /*如果二叉树非空*/
    if(T)
    {
        p = Point(T, e);                    /*p是元素值e的结点的指针*/
```

```
        if(p&&p->rchild)                    /*如果p不为空,且p的右孩子结点存在*/
            return p->rchild->data;         /*返回p的右孩子结点的元素值*/
        }
    return;
}
```

3.3 二叉树的遍历

3.3.1 遍历的概念

二叉树的遍历指按照某种顺序访问二叉树中的每个结点,使每个结点被访问一次且仅被访问一次。

这里提到的"访问"含义很广,可以是查询、修改、输出某元素的值,以及对元素做某种运算等,但要求这种访问不破坏它原来的数据结构。遍历一个线性结构很简单,只须从开始结点出发,顺序扫描每个结点。但对二叉树这样的非线性结构,每个结点可能有两个后继结点,因此需要寻找一种规律来系统访问树中的各结点。

遍历是二叉树中经常用到的一种操作。因为在实际应用问题中,常常需要按一定顺序对二叉树中的每个结点逐个进行访问,查找具有某一特点的结点,然后对这些满足条件的结点进行处理。通过一次完整的遍历,可使二叉树中结点信息由非线性排列变为某种意义上的线性序列。也就是说,遍历操作可使非线性结构线性化。

3.3.2 二叉树遍历算法

1. 二叉树的遍历方法及递归实现

由于二叉树的定义是递归的,它是由 3 个基本单元组成,即根结点、左子树和右子树。因此,遍历一棵非空二叉树的问题可以分解为 3 个子问题,即访问根结点、遍历左子树、遍历右子树,只要依次遍历这 3 部分,就可以遍历整个二叉树。由于实际问题一般都要求左子树较右子树先遍历,通常习惯先左后右的原则,放弃了先右后左的次序。于是,将根结点放在左、右子树的前、中、后,得到 3 种遍历次序,分别称为先序遍历、中序遍历和后序遍历。令L、R、T 分别代表二叉树的左子树、右子树、根结点,则有 TLR、LTR、LRT 3 种遍历规则。

1) 先序遍历二叉树(TLR)

先序遍历的递归过程为:若二叉树为空,遍历结束。否则:

(1) 访问根结点。

(2) 先序遍历根结点的左子树。

(3) 先序遍历根结点的右子树。

先序遍历二叉树的递归算法如下:

```
void PreOrder(BiTree * bt)
{/*先序遍历二叉树 bt*/
    if (bt == NULL) return;            /*递归调用的结束条件*/
    Visit(bt->data);                   /*访问结点的数据域*/
    PreOrder(bt->lchild);              /*先序递归遍历 bt 的左子树*/
    PreOrder(bt->rchild);              /*先序递归遍历 bt 的右子树*/
}
```

2) 中序遍历二叉树(LTR)

中序遍历的递归过程为：若二叉树为空,遍历结束。否则:

(1) 中序遍历根结点的左子树。

(2) 访问根结点。

(3) 中序遍历根结点的右子树。

中序遍历二叉树的递归算法如下：

```
void InOrder(BiTree *bt)
{/*中序遍历二叉树 bt*/
    if (bt == NULL) return;            /*递归调用的结束条件*/
    InOrder(bt->lchild);               /*中序递归遍历 bt 的左子树*/
    Visit(bt->data);                   /*访问结点的数据域*/
    InOrder(bt->rchild);               /*中序递归遍历 bt 的右子树*/
}
```

3) 后序遍历二叉树(LRT)

后序遍历的递归过程为：若二叉树为空,遍历结束。否则:

(1) 后序遍历根结点的左子树。

(2) 后序遍历根结点的右子树。

(3) 访问根结点。

后序遍历二叉树的递归算法如下：

```
void PostOrder(BiTree *bt)
{/*后序遍历二叉树 bt*/
    if (bt == NULL) return;            /*递归调用的结束条件*/
    PostOrder(bt->lchild);             /*后序递归遍历 bt 的左子树*/
    PostOrder(bt->rchild);             /*后序递归遍历 bt 的右子树*/
    Visit(bt->data);                   /*访问结点的数据域*/
}
```

如图 3-12 所示的二叉树,若要先序遍历此二叉树,按访问结点的先后顺序将结点排列起来,可以得到该二叉树的先序序列 ABDGCEF。

类似地,中序遍历此二叉树,可以得到二叉树的中序序列 DGBAECF。

后序遍历此二叉树,可以得到二叉树的后序序列 GDBEFCA。

2. 二叉树遍历的非递归实现

先序、中序、后序遍历的非递归算法共同之处,即用栈来保存先前走过的路径,以便在访问完子树后,可以利用栈中的信息,回退到当前节点的双亲节点,进行下一步操作。

1) 先序遍历二叉树

算法实现：从二叉树根结点开始,沿左子树一直走到末端(左子树为空)为止,在走的过程中,访问所遇结点,并依次把遇到的结点进栈。当左子树为空时,从栈顶退出某结点,并将指针指向该结点的右子树。如此重复,直到栈为空或指针为

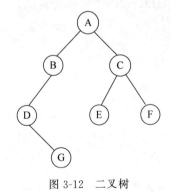

图 3-12 二叉树

空为止。

先序遍历非递归算法如下：

```c
void PreOrder (BiTree * t)           /*非递归先序遍历二叉树 t,对每个元素调用 Visit 函数*/
{   PSeqStack S;
    bnode * p = t;
    S = Init_SeqStack ( );
    while ( p ||!Empty_SeqStack ( S))
        { if ( p )                    /*二叉树非空*/
            { Visit (p->data) ;      /*访问结点的数据域*/
              Push_SeqStack ( S, p);
              p = p->lchild;          /*遍历左子树*/
            }
         else
            {
              Pop_SeqStack (S,&p );
              p = p->rchild;          /*向右跨一步,以便遍历右子树*/
            }
        }
}
```

2) 中序遍历二叉树

算法实现：设根指针为 p,可能有以下两种情况：

(1) 若 p!=NULL,则 p 入栈,遍历其左子树。

(2) 若 p==NULL,则返回。此时,

① 若栈空,则整个遍历结束；

② 否则,表明栈顶结点的左子树已遍历结束。此时,退栈,访问 p,并遍历其右子树。

中序遍历非递归算法如下：

```c
void InOrder (BiTree * t )           /*非递归中序遍历二叉树 t,对每个元素调用 Visit 函数*/
{   PSeqStack S;
    bnode * p = t;
    S = Init_SeqStack ( );
    while ( p ||!Empty_SeqStack ( S))
     {
        if ( p )                      /*二叉树非空*/
        {
            Push_SeqStack ( S, p);
            p = p->lchild;
        }
        else
         {
            Pop_SeqStack (S,&p );
            Visit (p->data) ;
            p = p->rchild;
         }
     }
}
```

3) 后序遍历二叉树

算法实现：利用栈来实现二叉树的后序遍历要比先序和中序遍历复杂得多。后序遍历中，当搜索指针指向某一个结点时，不能马上进行访问，而要先遍历左子树，所以此结点应先进栈保存，当遍历完它的左子树后，再次回到该结点，还不能访问它，还需先遍历其右子树，所以该结点必须再次进栈，只有等它的右子树遍历完后，再次退栈时，才能访问该结点。为了区分同一结点的两次进栈，引入一个栈次数的标志，元素第 1 次进栈标志为 0，第 2 次进栈标志为 1，当退出的元素标志为 1 时，访问结点。

设根指针为 p，可能有以下两种情况。

(1) 若 p!=NULL，则 p 及标志 flag(=0)入栈，遍历其左子树。

(2) 若 p==NULL，则返回。此时，

① 若栈空，则整个遍历结束；

② 否则，表明栈顶结点的左子树或右子树已遍历结束。此时，若栈顶结点的 flag=0，则修改为 1，并遍历其右子树；否则，访问栈顶结点并退栈，再转至(1)。

后序遍历非递归算法如下：

```
typedef struct
  {
    bnode *node;
    int flag;
  } DataType;
void PostOrder (BiTree * t) /* 非递归后序遍历二叉树 t,对每个元素调用 Visit 函数 */
{
  PSeqStack S;
  DataType Sq;
  bnode * p = t;
  S = Init_SeqStack( );
  while ( p ||!Empty_SeqStack (S ))
  {
    if ( p)
      {
        Sq.flag = 0;
        Sq.node = p;
        Push_SeqStack (S, Sq);
        p = p->lchild; }
    else
      {
        Pop_SeqStack (S,&Sq);
        p = Sq.node;
      if (Sq.flag == 0)
        {
          Sq.flag = 1;
          Push_SeqStack (S,Sq);
          p= p->rchild; }
        else
          {
            Visit (p->data );
            p = NULL; }
```

                }
            }
        }

3. 二叉树的层次遍历

所谓二叉树的层次遍历,就是指从二叉树的第 1 层(根结点)开始,从上到下逐层遍历,同一层中,则按照从左到右的顺序对结点逐个访问。对于图 3-12 所示的二叉树,按层次遍历所得到的结果序列为 ABCDEFG。

按层次遍历二叉树的算法描述:使用一个队列结构完成这项操作。所谓记录访问结点就是入队操作;取出记录的结点就是出队操作。

(1) 访问根结点,并将根结点入队。

(2) 当队列不空时,重复下列操作:

① 从队列退出一个结点;

② 若其有左孩子,则访问左孩子,并将其左孩子入队;

③ 若其有右孩子,则访问右孩子,并将其右孩子入队。

下面的层次遍历算法中,二叉树以二叉链表存放,一维数组 Queue[MAXNODE]用以实现队列,变量 front 和 rear 分别表示当前队首元素和队尾元素在数组中的位置。

```
void LevelOrder(BiTree * bt)
/* 层次遍历二叉树 bt */
{
    BiTree * queue[MAXNODE];
    int front, rear;
    if (bt == NULL) return;
    front = -1;
    rear = 0;
    queue[rear] = bt;
    while(front!= rear)
    {
        front++;
        Visit(queue[front] -> data);            /* 访问队首结点的数据域 */
        if (queue[front] -> lchild!= NULL)      /* 将队首结点的左孩子结点入队列 */
        {
            rear++;
            queue[rear] = queue[front] -> lchild;
        }
        if (queue[front] -> rchild!= NULL)      /* 将队首结点的右孩子结点入队列 */
        {
            rear++;
            queue[rear] = queue[front] -> rchild;
        }
    }
}
```

二叉树遍历算法的时间和空间复杂度分析:由于遍历二叉树算法中的基本操作是访问结点,所以不论按哪种次序进行遍历,对含有 n 个结点的二叉树,其时间复杂度均为 O(n)。所需辅助空间为遍历过程中栈的最大容量,即树的深度,最坏情况下为 n,则空间复杂度也为 O(n)。

3.3.3 二叉树遍历算法的应用

二叉树的遍历应用很广泛,本书主要通过几个例子来说明二叉树遍历的典型应用。

1. 编写求二叉树结点个数的算法

算法 1:在中序(或先序、后序)遍历算法中对遍历到的结点进行计数(count 应定义成全局变量,初值为 0)。

```
void InOrder ( BiTree * t )/* 将二叉树 t 中的结点数累加到全局变量 count 中,count 的初值为 0 */
{
    if (t)
      { InOrder ( t -> lchild );
        count = count + 1;
        InOrder ( t -> rchild );
      }
}
```

算法 2:将一棵二叉树看成由树根、左子树和右子树 3 个部分组成,所以总的结点数是这 3 部分结点数之和,树根的结点数或者是 1 或者是 0(为空时),而求左右子树结点数的方法和求整棵二叉树结点数的方法相同,可用递归方法。

```
int Count ( BiTree * t )
{
    int lcount, rcount;
    if (t == NULL) return 0;
    lcount = Count(t -> lchild);
    rcount = Count(t -> rchild);
    return lcount + rcount + 1; }
```

2. 设计算法求二叉树的高度

算法 1:使用全局变量。

```
void High( BiTree * bt )
{/* 求二叉树 bt 的高度并存储到全局变量 h 中,h 的初值为 0 */
    int h;
    if(bt == NULL) h = 0;         /* bt 为空时,高度为 0 */
    else{
        High(bt -> lchild);      /* 求左子树的高度并存储到全局变量 h 中 */
        hl = h;
        High(bt -> rchild);      /* 求右子树的高度并存储到全局变量 h 中 */
        h = (hl > h? hl:h) + 1;  /* 若二叉树不空,其高度应是其左右子树高度的最大值再加 1 */
        }
}
```

算法 2:使用带指针形参。

```
void High( BiTree * bt, int * h )
{/* 求二叉树 bt 的高度并存储到 h 所指向的内存单元 */
    int hl, hr;
    if(bt == NULL) * h = 0;       /* bt 为空时,高度为 0 */
    else{
```

```
          High(bt->lchild,&hl);    /*求左子树的高度并存储到局部变量hl中*/
          High(bt->rchild,&hr);    /*求右子树的高度并存储到局部变量hr中*/
          *h = (hl>hr? hl:hr) + 1;
                           /*若二叉树不空,其高度应是其左右子树高度的最大值再加1*/
        }
}
```

算法3：通过函数值返回结点数。

```
int High( BiTree *bt )
{/*求二叉树bt的高度并通过函数值返回*/
    int hl,hr,h;
    if(bt == NULL) h = 0;          /*bt为空时,高度为0*/
    else{
        hl = High(bt->lchild);  /*求左子树的高度并暂时存储到局部变量hl中*/
        hr = High(bt->rchild);  /*求右子树的高度并暂时存储到局部变量hr中*/
        h = (hl>hr? hl:hr) + 1;  /*若二叉树不空,其高度应是其左右子树高度的最大值再加1*/
        }
    return h;
}
```

3. 创建二叉树的二叉链表存储结构

由二叉树的先序、中序、后序序列中的任何一个序列是不能唯一确定一棵二叉树的,原因是不能确定左右子树的大小或者说不知其子树结束的位置。针对这种情况,做如下处理。将二叉树中每个结点的空指针处再引出一个"孩子"结点,其值为特定值,如用0标识其指针为空。例如,要建立如图3-12所示的二叉树,其先序输入序列应该是ABD0G00CE00F00。

根据二叉树的递归定义,先生成二叉树的根结点,将元素值赋值给结点的数据域,然后递归创建左子树和右子树。

```
void CreateBinTree(BiTree *T)
{/*以加入结点的先序序列输入,构造二叉链表*/
  char ch;
  scanf("\n%c",&ch);
  if (ch == '0') *T = NULL;                      /*读入0时,将相应结点置空*/
  else { *T = (BinTNode *)malloc(sizeof(bnode));  /*生成结点空间*/
    T->data = ch;
    CreateBinTree(T->lchild);                    /*构造二叉树的左子树*/
    CreateBinTree(T->rchild);                    /*构造二叉树的右子树*/
    }
}
void InOrderOut(BiTree *T)
{/*中序遍历输出二叉树T的结点值*/
  if (T)
  {   InOrderOut(T->lchild);                     /*中序遍历二叉树的左子树*/
      printf("%3c",T->data);                     /*访问结点的数据*/
      InOrderOut(T->rchild);                     /*中序遍历二叉树的右子树*/
  }
}
main()
{
```

```
    BiTree * bt;
    CreateBinTree(bt);
    InOrderOut(bt);
}
```

4. 查找数据元素

下面的算法 Search(bt,x)实现了在非空二叉树 bt 中查找数据元素 x。若查找成功,则返回该结点的指针;若查找失败,则返回空指针。

```
BiTree Search(BiTree * bt, int x)
{/* 先序查找,在以 bt 为根的二叉树中值为 x 的结点是否存在 */
    BiTree * temp;
    if(bt == NULL) return NULL;
    if(x == bt -> data) return bt;
    temp = search(bt -> lchild, x);        /* 在 bt -> lchild 为根的二叉树中查找数据 x */
    if(temp!= NULL) return temp;
    else return search(bt -> rchild, x);    /* 在 bt -> rchild 为根的二叉树中查找数据 x */
}
```

5. 设计算法求二叉树每层结点的个数

算法思想:先序或者中序遍历时,都是从一个结点向它的左孩子或者右孩子移动,如果当前结点位于 L 层,则它的左孩子或者右孩子肯定是在 L+1 层。在遍历算法中给当前访问到的结点增设一个指示该结点所位于的层次变量 L,设二叉树高度为 H,定义一个全局数组 num[1…H],初始值为 0,num[i]表示第 i 层上的结点个数。

```
void Levcount (BiTree * t, int L)
{    if ( t)
    {
      Visit (t -> data); num[L]++;
      Levcount (t -> lchild, L + 1);
      Levcount (t -> rchild, L + 1);
    }
}
```

3.4 树和森林

树、森林和二叉树本身都是树的一种,它们之间都可以相互转换,本节将讨论树和森林的存储结构,并建立森林与二叉树的对应关系。

3.4.1 树和森林的存储结构

1. 树的存储结构

在大量的应用中,人们曾使用多种形式的存储结构来表示树。这里介绍 3 种常用的链表结构,分别是双亲表示法、孩子表示法和孩子兄弟表示法。

1) 双亲表示法

由树的定义可知,树中根结点无双亲,其他任何一个结点都只有唯一的双亲。根据这一特性,可以以一组连续的空间存储树的结点,通过保存每个结点的双亲结点位置,表示树中结点之间的结构关系,树的这种存储方法称为双亲表示法。

双亲表示法的存储结构定义可以描述为

```
#define MaxNodeNum 100                  /*树中结点的最大个数*/
typedef struct {                        /*结点结构*/
    DataType data;
    int parent;
} Parentlist;
typedef struct {                        /*树结构*/
    Parentlist elem[MaxNodeNum];
    int r, n;                           /*双亲结点的位置和结点个数*/
} ParentTree;
```

图 3-13 所示的是一棵树及其双亲表示的存储结构。图 3-13 中用 parent 域的值为 -1 表示该结点无双亲结点,即该结点是一个根结点。

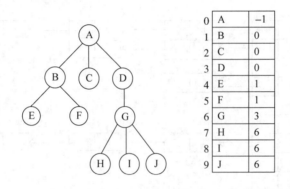

图 3-13 树的双亲表示法

树的双亲表示法对于实现 Parent(T,x)操作和 Root(T)操作很方便,但若求某结点的孩子结点,即实现 Child(T,x,i)操作时,则需要查询整个数组。此外,这种存储方式不能反映各兄弟结点之间的关系,所以实现 RightSibling(T,x)操作也比较困难。实际中,如果需要实现这些操作,可在结点结构中增设存放第一个孩子的域和存放右兄弟的域,就能较方便地实现上述操作。

2) 孩子表示法

由于每个结点可能有多棵子树,可以考虑使用多重链表,即每个结点有多个指针域,其中每个指针指向一棵子树的根结点,这种方法称为多重链表表示法。不过树的每个结点的度,也就是它的孩子个数是不同的,所以可以设计两种方案来解决。

方案 1：根据树的度 d 为每个结点设置 d 个指针域,多重链表中的结点是同构的。由于树中很多结点的度小于 d,所以链表中有很多空链域,造成存储空间浪费。不难推出,在一棵有 n 个结点,度为 d 的树中必有 n(d-1)+1 个空链域。不过,若树的各结点度相差很小时,就意味着开辟的空间都利用了,这时缺点反而变成了优点。其结构如图 3-14 所示。

方案 2：每个结点指针域的个数等于该结点的度,专门取一个位置来存储结点指针域的个数。在结点中设置 degree 域,指出结点的度。其结构如图 3-15 所示。

图 3-14 方案 1 结构图

图 3-15 方案 2 结构图

这种方法克服了浪费空间的缺点,对空间的利用率很高,但是各个结点的链表是不相同的结构,加上要维护结点的度的数值,运算上就会带来时间的损耗。

那么有没有更好的方法呢?既可以减少空指针的浪费,又能使结点结构相同。那就是用孩子表示法。具体办法是,把每个结点的孩子排列起来,以单链表做存储结构,则 n 个结点有 n 个孩子链表,如果是叶子结点则此单链表为空。然后 n 个头指针又组成一个线性表,采用顺序存储结构,存放进一个一维数组中。针对图 3-13 所示的树,其孩子表示法如图 3-16 所示。

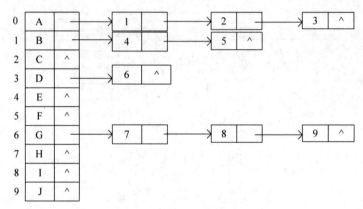

图 3-16 树的孩子表示法

树的孩子表示法使得查找已知结点的孩子结点非常容易。通过查找某结点的链表,可以找到该结点的每个孩子。但是查找双亲结点不方便,为此可以将双亲表示法与孩子表示法结合起来使用,图 3-17 就是将两者结合起来的带双亲的孩子链表。

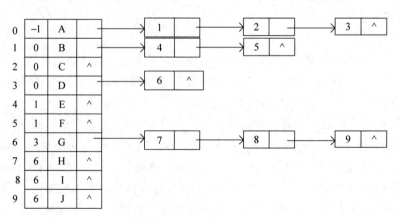

图 3-17 带双亲的孩子链表

树的孩子表示法的类型定义如下：

```
#define MAXNODE 100              /*树中结点的最大个数*/
struct ChildNode{                /*孩子结点*/
int childcode;
struct ChildNode * nextchild;
}
typedef struct {
elemtype data;
struct ChildNode * firstchild;   /*孩子链表头指针*/
}NodeType;
NodeType t[MAXNODE];
```

3) 孩子兄弟表示法

这种表示法又称为二叉树表示法，或二叉链表表示法。即以二叉链表作为树的存储结构，链表中结点的两个域分别指向该结点的第一个孩子和下一个兄弟，分别命名为 firstchild 和 nextsibling 域。

树的孩子兄弟表示法的类型定义如下：

```
typedef struct tnode {
    DataType data;
    struct tnode * firstchild, * nextsibling;
} Tnode;
```

图 3-13 所示的树对应的孩子兄弟表示如图 3-18 所示。利用树的孩子兄弟链表这种存储结构便于实现各种树的操作。例如，找某结点的第 i 个孩子，则只要先从左指针域中找到

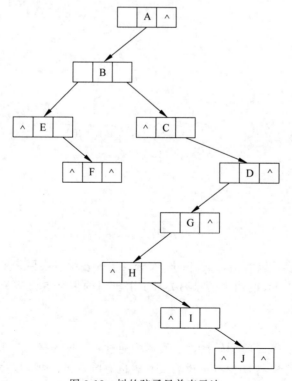

图 3-18 树的孩子兄弟表示法

第 1 个孩子结点,然后沿着孩子结点的 nextsibling 域连续走 i—1 步便可找到第 i 个孩子。如增加一个 parent 域,也能方便实现求双亲的操作。

2. 森林的存储结构

森林的存储方式也采用二叉链表的形式。森林实际上是多棵树结构的集合,而且在树的孩子兄弟表示法中表示每棵树的根结点的右指针必然为空。因此采用这样的方法,对于第 N+1 棵树将其根结点挂到表示第 N 棵树的根节点的右指针上即可。

3.4.2 树和森林与二叉树之间的转换

从树的孩子兄弟表示法可以看出,如果设定一定规则,就可以用二叉树结构表示树和森林。这样,对树的操作实现就可以借助二叉树存储,利用二叉树上的操作来实现。本节将讨论树和森林与二叉树之间的转换。

1. 树与二叉树的相互转换

1)树转换为二叉树

对于一棵无序树,树中结点的各孩子结点的次序无关紧要,而二叉树中结点的左、右孩子结点是有区别的。为避免发生混淆,约定树中每个结点的孩子结点按从左到右的次序编号。

将一棵树转换成二叉树的方法是:

(1)加线。在兄弟之间加一连线。

(2)抹线。对每个结点,除了其左孩子外,去除其与其余孩子之间的关系。

(3)旋转。以树的根结点为轴心,将整树顺时针转 45°。

图 3-19 展示了树转换为二叉树的过程。经过这种方法转换后,对应的二叉树是唯一的。

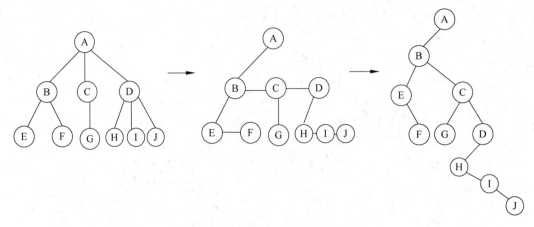

图 3-19 树转为二叉树的过程

由图 3-19 的转换可以看出,二叉树中,左分支上的各结点在原来的树中是父子关系,而右分支上的各结点在原来的树中是兄弟关系。由于树的根结点没有兄弟,所以变换后二叉树的根结点的右孩子必为空。

2)二叉树还原为树

二叉树转换为树,就是将树转换为二叉树的逆过程。树转换为二叉树,二叉树的根结点一定没有右孩子,对于一棵缺少右子树的二叉树也有唯一的一棵树与之对应。将一棵二叉树还原为树的的步骤如下:

(1) 加线。若 p 结点是双亲结点的左孩子,则将 p 的右孩子,右孩子的右孩子……,沿分支找到的所有右孩子,都与 p 的双亲用线连起来。

(2) 抹线。抹掉原二叉树中双亲与右孩子之间的连线。

(3) 调整。将结点按层次排列,形成树结构。

图 3-20 展示了二叉树还原为树的过程。一棵没有右子树的二叉树经过这种方法还原后,对应的树也是唯一的。

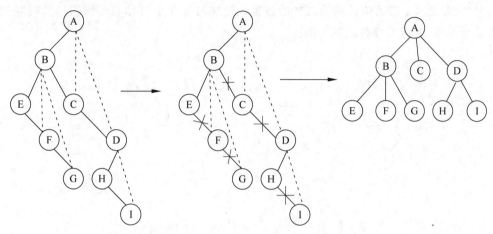

图 3-20　二叉树还原成树的过程

2．森林与二叉树的相互转换

1) 森林转换为二叉树

由森林的概念可知,森林是由若干棵树组成的集合,树可以转换为二叉树,那么森林也可以转换为二叉树。如果将森林中的每棵树转换为对应的二叉树,则再将这些二叉树按照规则转换为一棵二叉树,就实现了森林到二叉树的转换。森林转换为对应的二叉树的步骤如下:

(1) 将森林中各棵树分别转换成二叉树。

(2) 第 1 棵二叉树不动,从第 2 棵二叉树开始,依次把后一棵二叉树的根结点作为前一棵二叉树根结点的右孩子,当所有二叉树连在一起后,所得到的二叉树就是由森林转换得到的二叉树。

森林转换为二叉树的过程如图 3-21 所示。

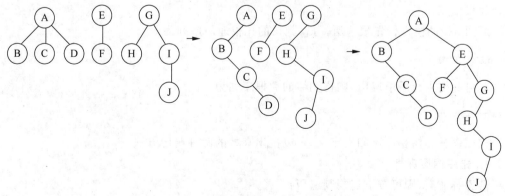

图 3-21　森林转换为二叉树的过程

2) 二叉树还原为森林

将二叉树还原为森林的方法不难构造,具体还原过程如下:

(1) 抹线。将二叉树中根结点与其右孩子连线,及沿右分支搜索到的所有右孩子间连线全部抹掉,使之变成孤立的二叉树。

(2) 还原。将孤立的二叉树还原成树。

(3) 调整。将还原后的树的根结点排列成一排。

图 3-22 展示了二叉树还原为森林的过程。一棵具有左子树和右子树的二叉树经过这种方法还原后,对应的森林是唯一的。

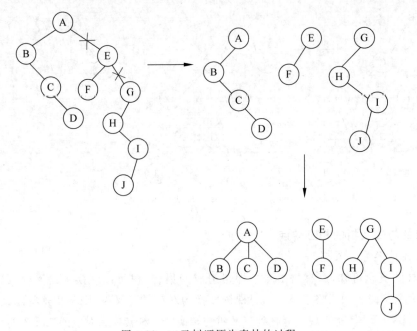

图 3-22　二叉树还原为森林的过程

3.4.3　树和森林的遍历

由树结构的定义可引出树的两种次序的遍历。一种是先根遍历树,即先访问树的根结点,然后依次先根遍历树的每棵子树;另一种是后根遍历,即先依次后根遍历每棵子树,然后访问根结点。

对图 3-1 的树进行先根遍历,可得到树的先根遍历序列为

ABDGHICEJF

若对此树进行后根遍历,则得到树的后根序列为

GHIDBJEFCA

按照森林和树相互递归的定义,可以推出森林的两种遍历方法。

1. 先序遍历森林

若森林非空,则可按下述规则遍历:

(1) 访问森林中的第一棵树的根结点。
(2) 先序遍历第一棵树中根结点的子树森林。
(3) 先序遍历除去第一棵子树之后剩余的树构成的森林。

2. 中序遍历森林

若森林非空,则可按下述规则遍历。
(1) 中序遍历森林中第一棵树中根结点的子树森林。
(2) 访问第一棵子树的根结点。
(3) 中序遍历除去第一棵子树之后剩余的树构成的森林。

对图 3-22 中森林进行先序遍历,可得到森林的先序序列为

ABCDEFGHIJ

若对此森林进行中序遍历,则得到森林的中序序列为

BCDAFEHJIG

由 3.4.2 节森林与二叉树之间转换的规则可知,当森林转换成二叉树时,其第一棵树的子树森林转换成左子树,剩余树的森林转换为右子树,则上述森林的先序和中序遍历即为其对应的二叉树的先序和中序遍历。由此可见,当以二叉链表作为树的存储结构时,树的先根遍历和后根遍历可借用二叉树的先序遍历和中序遍历的算法来实现。

3.5 二叉树的应用

3.5.1 哈夫曼树及其应用

哈夫曼树也称为最优二叉树。它是一种带权路径最短的树,应用非常广泛。本节主要介绍哈夫曼树的定义、哈夫曼编码及哈夫曼编码算法的实现。

1. 哈夫曼树的定义

先介绍几个基本概念和术语。

一棵树中,从一个结点往下可以达到的孩子或子孙结点之间的通路,称为路径。通路中分支的数目称为路径长度。若规定根结点的层数为 1,则从根结点到第 L 层结点的路径长度为 L−1。

若将树中结点赋给一个有着某种含义的数值,则这个数值称为该结点的权。从根结点到该结点之间的路径长度与该结点的权的乘积称为结点的带权路径长度。

树的带权路径长度(Weighted Path Length of tree,WPL)规定为所有叶子结点的带权路径长度之和:

$$WPL = \sum_{i=1}^{n} w_i * l_i \tag{3-1}$$

其中,n 为叶子结点数目,w_i 为第 i 个叶子结点的权值,l_i 为第 i 个叶子结点的路径长度。在一棵二叉树中,若树的带权路径长度达到最小,称这样的二叉树为最优二叉树,也称为哈夫曼树。

【例 3-1】 有 4 个结点，权值分别为 7,5,2,4，构造有 4 个叶子结点的二叉树。由这 4 个叶子结点可以构造出形态不同的二叉树，如图 3-23 所示。

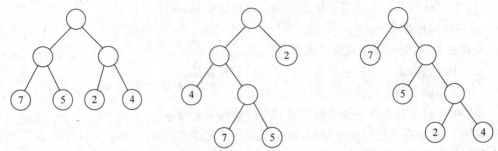

(a) WPL=7×2+5×2+2×2+4×2=36　　(b) WPL=7×3+4×2+5×3+2×1=46　　(c) WPL=7×1+5×2+2×3+4×3=35

图 3-23　具有不同带权路径长度的二叉树

从带权路径长度最小这一角度来看，完全二叉树不一定是最优二叉树。图 3-23(c) 树的 WPL 最小，此树就是哈夫曼树。由 n 个带权叶子结点所构成的二叉树中，满二叉树和完全二叉树不一定是最优二叉树。权值越大的结点离根结点越近的二叉树才是最优二叉树。

2. 哈夫曼树的建立

根据哈夫曼树的定义，一棵二叉树要使其 WPL 值最小，必须使权值越大的叶子结点越靠近根结点，而权值越小的叶子结点越远离根结点。哈夫曼依据这一特点提出了一种构造最优二叉树的方法，其基本思想如下：

(1) 根据给定的 n 个权值 $w_1, w_2, \cdots, w_n$ 构成 n 棵二叉树的森林 $F=\{T_1, T_2, \cdots, T_n\}$。其中，每棵二叉树 T_i 中都只有一个权值为 w_i 的根结点，其左右子树均空。

(2) 在森林 F 中选出两棵根结点权值最小的树（当这样的树不止两棵树时，可以从中任选两棵），将这两棵树合并成一棵新树，为了保证新树仍是二叉树，需要增加一个新结点作为新树的根，并将所选的两棵树的根分别作为新根的左右孩子（谁左、谁右无关紧要），将这两个孩子的权值之和作为新树根的权值。

(3) 对新的森林 F 重复(2)，直到森林 F 中只剩下一棵树为止。这棵树便是哈夫曼树。

例如，假设给定一组权值 {7, 5, 2, 4}，按照哈夫曼树构造的算法，对集合的权重构造哈夫曼树的过程如图 3-24 所示。

构造哈夫曼树时，可以设置一个结构数组 HuffNode 保存哈夫曼树中各结点的信息。根据二叉树的性质可知，具有 n 个叶子结点的哈夫曼树共有 2n−1 个结点，所以数组 HuffNode 的大小设置为 2n−1，数组元素的结构形式如图 3-25 所示。

其中，weight 域保存结点的权值，lchild 和 rchild 域分别保存该结点的左右孩子结点在数组 HuffNode 中的序号，从而建立起结点之间的关系。为了判定一个结点是否已加入到要建立的哈夫曼树中，可以通过当初 parent 的值为 −1，当结点加入到树中时，该结点 parent 的值为其双亲结点在数组 HuffNode 中的序号，就不会是 −1 了。

构造哈夫曼树时，首先将由 n 个权值形成的 n 个叶子结点存放到数组 HuffNode 的前 n 个分量中，然后根据前面介绍的哈夫曼方法的基本思想，不断将两个小子树合并为一个较大的子树，每次构成的新子树的根结点顺序放在 HuffNode 数组中的前 n 个分量的后面。

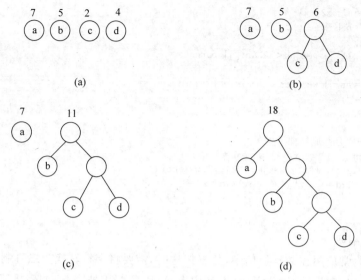

图 3-24　哈夫曼树的构造过程

| weight | lchild | rchild | parent |

图 3-25　数组元素的结构形式

哈夫曼树的构造算法如下：

```
#define MAXVALUE 10000                        /*定义最大权值*/
#define MAXLEAF 30                            /*定义哈夫曼树中叶子结点的最大个数*/
#define MAXNODE MAXLEAF * 2 - 1               /*定义哈夫曼树中结点的最大个数*/
typedef struct
{
    int weight;
    int parent;
    int lchild;
    int rchild;
}HNode, HuffmanTree[MAXNODE];
void CrtHuffmanTree(HuffmanTree ht, int w[], int n)  /*数组w[]传递n个权值*/
{
    int i,j,m1,m2,x1,x2;
    for(i = 0;i < 2 * n - 1;i++){                    /*ht 初始化*/
    ht[i].weight = 0;
    ht[i].parent = - 1;
    ht[i].lchild = - 1;
    ht[i].rchild = - 1;
}
for(i = 0;i < n;i++) ht[i].weight = w[i];            /*赋予n个叶子结点的权值*/
for(i = 0;i < n - 1;i++)                             /*构造哈夫曼树*/
{
    m1 = m2 = MAXVALUE;
    x1 = x2 = 0;
  for(j = 0;j < n + i;j++)                           /*寻找权值最小和次小的两棵树*/
    {
    if(ht[j].weight < m1&&ht[j].parent == - 1)
      {
```

```
            m2 = m1; x2 = x1; x1 = j;
            m1 = ht[j].weight;
        }
        else if (ht[j].weight < m2&&ht[j].parent == -1)
        {
            m2 = ht[j].weight;
            x2 = j;
        }
    }
    /*将两棵子树合并成一棵子树*/
    ht[x1].parent = n + i; ht[x2].parent = n + i;
    ht[n + i].weight = ht[x1].weight + ht[x2].weight;
    ht[n + i].lchild = x1; ht[n + i].rchild = x2;
    }
}
```

3. 哈夫曼编码

哈夫曼编码常应用在数据通信中,数据传送时,需要将字符转换为二进制的编码中。例如,假设传送的电文是 ABDAACDA,电文中有 A、B、C、D 4 种字符,如果规定 A、B、C、D 的编码分别为 00、01、10、11,则上面的电文代码为 0001110000101100,总共 16 个二进制数。传送电文时,总是希望电文代码尽可能短,采用哈夫曼编码构造的电文的总长最短。

通信中,可以采用 0、1 的不同排列来表示不同的字符,称为二进制编码。若每个字符出现的频率不同,可以采用不等长的二进制编码,频率较大的采用位数较少的编码,频率较小的字符采用位数较多的编码,这样可以使字符的整体编码长度最小,这就是最小冗余编码的问题。哈夫曼编码就是一种不等长的二进制编码,且哈夫曼树是一种最优二叉树,它的编码也是一种最优编码。

利用哈夫曼树编码来构造编码方案,就是哈夫曼树的典型应用。具体做法如下:

设需要编码的字符集合为 D={$d_1,d_2,\cdots,d_n$},它们在电文中出现的次数或频率集合为 {$w_1,w_2,\cdots,w_n$},以 $d_1,d_2,\cdots,d_n$ 作为叶结点,$w_1,w_2,\cdots,w_n$ 作为它们的权值,构造一棵哈夫曼树,规定哈夫曼树中的左分支代表 0,右分支代表 1,则从根结点到每个叶结点所经过的路径分支组成的 0 和 1 的序列便为该结点对应字符的编码,称之为哈夫曼编码。这样的哈夫曼树亦成为哈夫曼编码树。

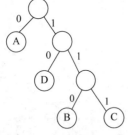

图 3-26 哈夫曼编码树

按照以上构造方法,字符集合为{A,B,C,D},各个字符相应的出现次数为{4,1,1,2},这些字符作为叶子结点构成的哈夫曼树如图 3-26 所示,字符 A 的编码为 0,字符 B 的编码为 110,字符 C 的编码为 111,字符 D 的编码为 10。

哈夫曼编码树中,树的带权路径长度的含义是各个字符的码长与其出现次数的乘积之和,也就是报文的代码总长,所以采用哈夫曼树的编码是一种能够使报文代码总长最短的不定长编码。

设计不等长编码时,必须使任何一个字符的编码都不是另外一个字符编码的前缀。例如,字符 A 的编码为 10,字符 B 的编码是 100,则字符 A 的编码就称为字符 B 编码的前缀。如果一个代码是 10010,在进行译码时,无法确定是将前两位译为 A,还是将前三位译为 B。但是在利用哈夫曼树进行编码时,每个编码是叶子结点的编码,一个字符是不会出现在另一个字符前面的,也就不会出现一个字符的编码是另一个字符编码的前缀编码。任何一个字符的编码都不是另一个字符编码的前缀,这种编码称为前缀编码。

哈夫曼编码的算法实现如下:

前面已经给出了哈夫曼树的构造算法,为实现哈夫曼树,自然需要定义一个编码表的存储结构。定义如下:

```
typedef struct codenode
{ char ch;                              /*存放要表示的符号*/
  char *code;                           /*存放相应的代码*/
}CodeNode
typedef CodeNode HuffmanCode[MAXLEAF];
```

哈夫曼编码的算法思路是在哈夫曼树中,从每个叶子结点开始,一直往上搜索,判断该结点是其双亲结点的左孩子还是右孩子,若是左孩子,则相应位置上的代码为 0,否则是 1,直至搜索到根结点为止。算法如下:

```
void CrtHuffmanCode(HuffmanTree ht,HuffmanCode hc,int n)
    /*从叶子结点到根,逆向搜索求每个叶子结点对应符号的哈夫曼编码*/
{
    char *cd;
    int i,c,p,start;
    cd = (char *)malloc(n * sizeof(char));    /*为当前工作区分配空间*/
    cd[n-1] = '\0';                           /*从右到左逐位存放编码,首先存放结束符*/
    for(i = 0;i < n;i++)                      /*求 n 个叶子结点对应的哈夫曼编码*/
    {
       start = n-1;                           /*编码存放的起始位置*/
       c = i;
       p = ht[i].parent;                      /*从叶子结点开会往上搜索*/
   while(p!=-1)
   {
     --start;
     if(ht[p].lchild == c) cd[start] = '0';   /*左分支标 0*/
       else cd[start] = '1';                  /*右分支标 1*/
       c = p;
       p = ht[p].parent;                      /*向上倒推*/
    }
    hc[i].code = (char *)malloc((n-start) * sizeof(char)); /*为第 i 个编码分配空间*/
    scanf("%c",&(hc[i].ch));                  /*输入相应待编码字符*/
    strcpy(hc[i].code,&cd[start]);            /*将工作区中编码复制到编码表中*/
}
   free(cd);
}
```

3.5.2 二叉排序树

二叉排序树又称二叉查找树、二叉搜索树。它或者是一棵空树,或者是具有下列性质的二叉树:若左子树不空,则左子树上所有结点的值均小于根结点的值;若右子树不空,则右子树上所有结点的值均大于等于根结点的值;左、右子树也分别为二叉排序树。二叉排序树的相关算法参见 4.9.1 节。

例如，图 3-27 所示的二叉排序树。

由给定的数据序列生成二叉排序树的过程是在二叉排序树上插入结点的过程，对于一个数据序列$(R_1, R_2, \cdots, R_n)$：

(1) 设 R_1 为二叉排序树的根。

(2) 若 $R_2 < R_1$，则令 R_2 为 R_1 左子树的根，否则为右子树的根。

(3) 对于 R_i，若 $R_i < R_1$，则进入左子树；否则进入右子树，继续与子树之根比较，直到找到某结点 R_k，若 $R_i < R_k$ 且 R_k 的左子树为空，则令 R_i 为 R_k 左子树的根；若 $R_i \geqslant R_k$ 且 R_k 的右子树为空，则令 R_i 为 R_k 的右子树的根。

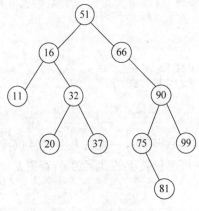

图 3-27　二叉排序树

例如，关键字序列(49,38,65,76,49,13,27,52)的插入过程如图 3-28 所示。首先，插入关键字 49，由于二叉排序树的初始状态为空树，则新生成的结点(49)应作为它的根结点；之后插入关键字 38，由于此时的二叉树不空，且 38<49，则根据二叉排序树的定义，应插入在它的左子树上，而此时的左子树为空树，则生成的结点(38)应为左子树的根结点。同理，第 3 个关键字应插入到它的右子树上，并作为右子树的根结点，下一个关键字 76>49，且 76>65，则应插入成为(65)的右子树根结点……。以此类推，最后得到如图 3-28(i)所示的二叉排序树。

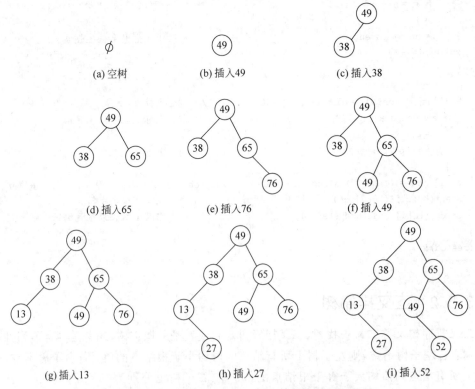

图 3-28　由关键字生序列生成二叉排序树的过程

3.6 图

图(Graph)是一种比线性表和树更为复杂的非线性数据结构。图中元素的关系既不像线性表中的元素至多只有一个直接前趋和一个直接后继,也不像树形结构中的元素具有明显的层次关系。图中元素之间的关系可以是任意的,每个元素(也称为顶点)可以具有多个直接前驱和后继,所以图可以表达数据元素之间广泛存在着的更为复杂的关系。图在语言学、逻辑学、数学、物理、化学、通信和计算机科学等领域中得到了广泛的应用。

3.6.1 图的基本概念

1. 图的定义

图(G)是一种非线性数据结构,它由两个集合 V(G)和 E(G)组成,形式上记为 G=(V,E)。其中,V(G)是顶点(Vertex)的非空有限集合,E(G)是 V(G)中任意两个顶点之间的关系集合,又称为边(Edge)的有限集合。

当 G 中的每条边有方向时,称 G 为有向图。有向边使用一对尖括号(< >)将两个顶点组成的有序对括起来,记为<起始顶点,终止顶点>。有向边又称为弧,因此弧的起始顶点就称为弧尾,终止顶点称为弧头。图 3-29 给出了一个有向图的示例,该图的顶点集和边集分别为

$V(G_1) = \{V_1, V_2, V_3, V_4\}$

$E(G_1) = \{<V_1, V_2>, <V_1, V_3>, <V_3, V_4>, <V_4, V_1>\}$

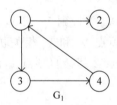 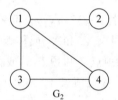

图 3-29 有向图示例　　图 3-30 无向图示例

若 G 中的每条边是无方向时,称 G 为无向图。这时,两个顶点之间最多只存在一条边。无向图的一条边使用一对圆括号(( ))将两个顶点组成的无序对括起来,记为(顶点 1,顶点 2)或(顶点 2,顶点 1)。图 3-30 给出了一个无向图的示例。该图的顶点集和边集分别为

$V(G_2) = \{V_1, V_2, V_3, V_4\}$

$E(G_2) = \{(V_1, V_2), (V_1, V_3), (V_1, V_4), (V_3, V_4)\}$

$\quad\quad\;\; = \{(V_2, V_1), (V_3, V_1), (V_4, V_1), (V_4, V_3)\}$

2. 基本术语

1) 完全图、稀疏图和稠密图

下面的讨论中,不考虑顶点到其自身的边,也不允许一条边在图中重复出现。在以上两条约束下,边和顶点之间存在以下关系:

(1) 对一个无向图,它的顶点数 n 和边数 e 满足 $0 \leqslant e \leqslant n(n-1)/2$ 的关系。如果 $e = n(n-1)/2$,则该无向图称为完全无向图。

(2) 对一个有向图,它的顶点数 n 和边数 e 满足 $0 \leqslant e \leqslant n(n-1)$ 的关系。如果 $e=n(n-1)$,则称该有向图为完全有向图。

(3) 如果 $e<n\lg n$,则该图为稀疏图,否则为稠密图。

2) 子图

如果两个同类型的图 $G_1=(V_1,E_1)$ 和 $G_2=(V_2,E_2)$ 存在关系 $V_1 \subseteq V_2, E_1 \subseteq E_2$,则称 G_1 是 G_2 的子图,如图 3-31 所示。

图 3-31 图与子图

3) 邻接点

无向图 G 中,若边$(V_i,V_j) \in E(G)$,则称顶点 V_i 和 V_j 相互邻接,两个顶点互为邻接点,并称边(V_i,V_j)关联于顶点 V_i 和 V_j 或称边(V_i,V_j)与顶点 V_i 和 V_j 相关联。例如,在图 3-30 中的顶点 1 与顶点 2、顶点 3 和顶点 4 互为邻接点,关联于顶点 1 的边是(V_1,V_2)、(V_1,V_3)和(V_1,V_4)。

有向图 G 中,若弧$<V_i,V_j> \in E(G)$,则称顶点 V_i 邻接到 V_j 或 V_j 邻接自 V_i,并称弧$<V_i,V_j>$关联于顶点 V_i 和 V_j 或称弧$<V_i,V_j>$与顶点 V_i 和 V_j 相关联。例如,在图 3-29 中的顶点 1 邻接到顶点 2 和顶点 3,或称顶点 2 或顶点 3 邻接自顶点 1,而顶点 4 邻接到顶点 1,或称顶点 1 邻接自顶点 4。

4) 度、入度和出度

无向图中关联于某一顶点 V_i 的边的数目称为 V_i 的度,记为 $D(V_i)$。例如,图 3-30 中的顶点 1 的度为 3。有向图中,把以顶点 V_i 为终点的边的数目称为 V_i 的入度,记为 $ID(V_i)$;把以顶点 V_i 为起点的边的数目称为 V_i 的出度,记为 $OD(V_i)$;把顶点 V_i 的度定义为该顶点的入度和出度之和。例如,图 3-29 中顶点 1 的入度为 1,出度为 2,度为 3。

如果图 G 中有 n 个顶点,e 条边,且每个顶点的度为 $D(V_i)(1 \leqslant i \leqslant n)$,则存在以下关系:

$$e = \sum_{i=1}^{n} D(v_i)/2 \qquad (3-2)$$

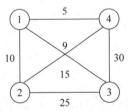

图 3-32 网(带权图)

5) 权与网

一个图中,如果图的边或弧具有一个与它相关的数时,这个数就称为该边或弧的权,这个数常用来表示一个顶点到另一个顶点的距离或耗费。如果图中的每一条边都具有权时,这个带权图称为网络,简称网,如图 3-32 所示。

6) 路径与回路

一个图中,若从顶点 V_1 出发,沿着一些边经过顶点 V_1,V_2,…,V_{n-1} 到达顶点 V_n,则称顶点序列(V_1,V_2,…,V_{n-1},V_n)为从 V_1 到 V_n 的一条路径。例如,图 3-30 中(V_4,V_3,V_1)是一条路径。而在图 3-29 中,(V_4,V_3,V_1)就不是一条路径。

将无权图沿路径所经过的边数,称为该路径的长度。而对有权图,取沿路径各边的权之和作为此路径的长度。图 3-31 所示的 G_3 中顶点 1 到顶点 3 的路径长度为 2。

若路径中的顶点不重复出现,则这条路径称为简单路径。起点和终点相同并且路径长度不小于 2 的简单路径称为简单回路或简单环。例如,图 3-30 的无向图中顶点序列(V_4,V_3,V_1)是一条简单路径,而(V_4,V_3,V_1,V_4)是一个简单环。

7) 图的连通性

一个有向图中,若存在一个顶点 V,从该顶点有路径可到达图中其他所有顶点,则称这个有向图为有根图,V 称为该图的根。例如,图 3-29 就是一个有根图,该图的根是 V_1、V_3 和 V_4。

无向图 G 中,若顶点 V_i 和 V_j($i \neq j$)有路径相通,则称 V_i 和 V_j 连通。如果 V(G)中的任意两个顶点都连通,则称 G 是连通图,否则为非连通图,如图 3-33(a)所示。

无向图 G 中的极大连通子图称为 G 的连通分量。对任何连通图而言,连通分量就是其自身,对非连通图可有多个连通分量,如图 3-33(b)所示。

有向图 G 中,若从 V_i 到 V_j($i \neq j$)、从 V_j 到 V_i 都存在路径,则称 V_i 和 V_j 强连通。若有向图 V(G)中的任意两个顶点都是强连通的,则称该图为强连通图。有向图中的极大连通子图称作有向图的强连通分量。例如,图 3-29 中的顶点 V_1、V_3 和 V_4 是强连通的,但该有向图不是一个强连通图。

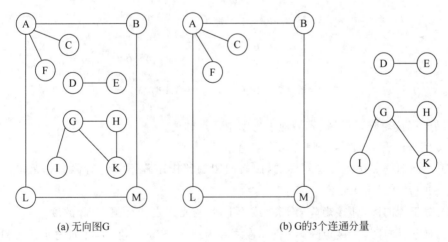

(a) 无向图G (b) G的3个连通分量

图 3-33 无向图及其连通分量

3.6.2 图的存储方法

由于图的结构复杂,任意两个顶点之间都可能存在联系,所以无法以数据元素在存储区中的物理位置来表示元素之间的关系,但仍可以借助一个二维数组中各单元的数据取值或用多重链表来表示元素间的关系。无论采用什么存储方法,都需要存储图中各顶点本身的信息和存储顶点与顶点之间的关系。事先对图中的每个顶点进行顺序编号以后,各个顶点的数据信息即可保存在一个一维数组中,且顶点的编号与一维数组下标一一对应。因此,研究图的存储方法,主要是解决如何实现各个顶点之间关系的表示问题。

图的存储方法很多,常用的有邻接矩阵存储方法、邻接表存储方法、十字链表存储方法和多重邻接表存储方法。选择存储方法的依据取决于具体的应用和所要施加的运算。这里仅介绍邻接矩阵存储方法和邻接表存储方法。

1. 邻接矩阵存储方法

根据图的定义可知,一个图的逻辑结构分两部分:一部分是组成图的顶点的集合;另一部分是顶点之间的联系,即边或弧的集合。因此,计算机中存储图需要解决这两部分的存储表示。

邻接矩阵存储方法中,使用一个一维数组来存放图中每个顶点的数据信息,而利用一个二维数组(又称为邻接矩阵)来表示图中各顶点之间的关系。对一个有 n 个顶点的图 G 而言,将使用一个 n×n 的矩阵来表示其顶点间的关系,矩阵的每一行和每一列都顺序对应每一个顶点。矩阵中的元素 $A[i,j]$ 可按以下规则取值:

$$A[i,j]=\begin{cases}1, & 若(v_i,v_j)或<v_i,v_j>\in E(G)\\ 0, & 若(v_i,v_j)或<v_i,v_j>\notin E(G)\end{cases} \quad 0\leqslant i,j\leqslant n-1 \quad (3-3)$$

一般情况下,大家不关心图中顶点的情况,若顶点编号为 1~vtxnum,设弧上或边上无权值,则使用 C 语言可以将图的存储结构简化为一个二维数组,如下所示。

```
int  adjmatrix[vtxnum][vtxnum];
```

如图 3-30 中的 G_2 和图 3-31 中的 G_3,其邻接矩阵分别如图 3-34 中 A_1、A_2 所示。

$$A_1=\begin{bmatrix}0 & 1 & 1 & 1\\ 1 & 0 & 0 & 0\\ 1 & 0 & 0 & 1\\ 1 & 0 & 1 & 0\end{bmatrix} \quad A_2=\begin{bmatrix}0 & 1 & 0\\ 1 & 0 & 1\\ 0 & 0 & 0\end{bmatrix}$$

图 3-34 图 G_2 和 G_3 的邻接矩阵

借助于邻接矩阵,可以很容易地求出图中顶点的度。

从上例可以看出,邻接矩阵有如下结论:

(1) 无向图的邻接矩阵是对称的,而有向图的邻接矩阵不一定对称。对无向图可考虑只存下三角(或上三角)元素。

(2) 对于无向图,邻接矩阵第 i 行(或第 i 列)的元素之和是顶点 V_i 的度。

(3) 对于有向图,邻接矩阵第 i 行元素之和为顶点 V_i 的出度;第 i 列的元素之和为顶点 V_i 的入度。

对于网络,邻接矩阵元素 $A[i,j]$ 可按以下规则取值:

$$A[i,j]=\begin{cases}W_{ij}, & 若(v_i,v_j)或<v_i,v_j>\in E(G)\\ 0 或 \infty, & 若(v_i,v_j)或v_i,v_j>\notin E(G)\end{cases} \quad 0\leqslant i,j\leqslant n-1 \quad (3-4)$$

其中,W_{ij} 是边(V_i,V_j)或弧$<V_i,V_j>$上的权值。

当一个图用邻接矩阵表示时,使用 C 语言编写算法可用以下数据类型说明:

```
#define n                                  /* 图的顶点数 */
#define e                                  /* 图的边数 */
typedef char vextype;                      /* 顶点的数据类型 */
typedef float adjtype;                     /* 顶点权值的数据类型 */
typedef struct {
    vextype vexs[n];                       /* 顶点数组 */
    adjtype arcs[n][n];                    /* 邻接矩阵 */
} graph;
```

下面给出了一个无向网络邻接矩阵利用上述类型说明的建立算法。

```
CREATGRAPH(graph * g)
{/* 建立无向网络 */
    int i, j, k;
    float w;
    for(i = 0; i < n; i++)
      g -> vexs[i] = getchar( );           /* 读入顶点信息,建立顶点表 */
    for(i = 0; i < n; i++)
      for(j = 0; j < n; j++)
        g -> arcs[i][j] = 0;               /* 邻接矩阵初始化 */
    for(k = 0; k < e; k++) {
      scanf("%d%d%f", &i, &j, &w);         /* 读入边($V_i$, $V_j$)上的权 w */
      g -> arcs[i][j] = w;                 /* 写入邻接矩阵 */
      g -> arcs[j][i] = w;}
}
```

如果要建立无向图,可在以上算法中改变 w 的类型,并使输入值为 1 即可;如果要建立有向网络,只需将写入矩阵的两个语句中的后一个语句去除即可。以上算法中,如果邻接矩阵是一个稀疏矩阵,则存在存储空间浪费现象。

该算法的执行时间是 $O(n+n^2+e)$。通常 $e \ll n^2$,所以算法的时间复杂度是 $O(n^2)$。

2. 邻接表存储方法

邻接表存储方法是一种顺序存储与链式存储相结合的存储方法。它包括两个部分,一部分是链表;另一部分是向量。这种方法只考虑非零元素,所以在图中顶点很多而边很少时,可以节省存储空间。

邻接表中,对于每个顶点 V_i,使用一个具有两个域的结构体数组来存储,这个数组称为顶点表。其中一个域称作顶点域(vertex),用来存放顶点本身的数据信息;而另一个域称作指针域(link),用来存放依附于该顶点的边所组成的单链表的表头结点的存储位置。邻接于 V_i 的顶点 V_j 链接成的单链表称为 V_i 的邻接链表。邻接链表中的每个结点最多由 3 个域构成,一是邻接点域(adjvex),用来存放与 V_i 相邻接的顶点 V_j 的序号 j(可以是顶点 V_j 在顶点表中所占数组单元的下标);二是顶点 V_i 与顶点 V_j 之间边(弧)的权值(data),如果是无权图,则该项内容省略;三是链域(next),用来将邻接链表中的结点链接在一起。

邻接表的存储结构可以用 C 语言描述如下:

```
#define VTXUNM n                           /* n 为图中顶点个数的最大可能值 */
#define ETXUNM e                           /* e 为图中边数的最大可能值 */
typedef char vextype;                      /* 定义顶点数据信息类型 */
struct arcnode {                           /* 邻接链表结点 */
```

```
    int adjvex;                          /* 邻接点域 */
    float data;                          /* 权值(无权图不含此项) */
    struct arcnode * nextarc;            /* 链域 */
};
typedef struct arcnode ARCNODE;
struct headnode {
    vextype vexdata;                     /* 顶点域 */
    ARCNODE * firstarc;                  /* 指针域 */
}adjlist[VTXUNM];                        /* 顶点表 */
```

对于无向图,V_i 的邻接链表中每个结点都对应与 V_i 相关联的一条边,第 i 个单链表的结点个数就是此结点的度,所以将无向图的邻接链表称为边表。对于有向图,V_i 的邻接链表中每个结点都对应于以 V_i 为起始点射出的一条边,其邻接表中第 i 个单链表的结点个数就是此结点的出度,所以有向图的邻接链表也称为出边表。有向图还有一种逆邻接表表示法,这种方法的 V_i 邻接链表中的每个结点对应于以 V_i 为终点的一条边,其邻接表中第 i 个单链表的结点个数就是此结点的入度,因而称这种邻接链表为入边表。

对于图 3-35(a)的有向图和图 3-36(a)的无向图,其邻接表存储结构分别如图 3-35(b)和图 3-36(b)所示。

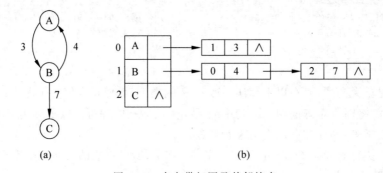

图 3-35 有向带权图及其邻接表

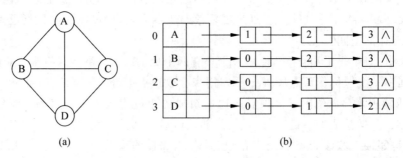

图 3-36 无向图及其邻接表

邻接表上容易找到任一顶点的第一个邻接点和下一个邻接点,但要判定任意两个顶点(V_i 和 V_j)之间是否有边或弧相连,则需搜索第 i 个或第 j 个链表,因此不及邻接矩阵方便。

无论是无向图还是有向图,其邻接表的建立都比较简单,下面给出无向图邻接表的建立算法。

```
CREATADJLIST(struct headnode ga[ ])
```

```
{                    /* 建立无向图的邻接表 */
    int i, j, k;
    ARCNODE *s;
    for(i = 0; i < VTXUNM; i++)
    {
        ga[i].vexdata = getchar( );      /* 读入顶点信息和边表头指针初始化 */
        ga[i].firstarc = NULL;}
    for(k = 0; k < ETXUNM; k++)
    {    /* 建立边表 */
        scanf("%d%d", &i, &j);           /* 读入边($V_i$, $V_j$)的顶点序号 */
        s = malloc(sizeof(ARCNODE));     /* 生成邻接点序号为 j 的边表结点 *s */
        s -> adjvex = j;
        s -> nextarc = ga[i].firstarc;
        ga[i].firstarc = s;              /* 将*s 插入顶点 $V_i$ 的边表头部 */
        s = malloc(sizeof(ARCNODE));     /* 生成邻接点序号为 i 的边表结点 *s */
        s -> adjvex = i;
        s -> nextarc = ga[j].firstarc;
        ga[j].firstarc = s;}             /* 将*s 插入顶点 $V_j$ 的边表头部 */
}
```

如果要建立有向图的邻接表,则只需去除上述算法中"生成邻接点序号为 i 的边表结点 *s"部分,仅仅保留"生成邻接点序号为 j 的边表结点 *s"那一段语句组即可。若要建立网络的邻接表,只要在边表的每个结点中增加一个存储边上权值的数据域即可。该算法的执行时间是 $O(n+e)$。

邻接矩阵和邻接表是图中最常用的存储结构,它们各有所长,具体体现在以下几点:

(1) 一个图的邻接矩阵表示是唯一的,而其邻接表表示不唯一,这是因为邻接链表中的结点的链接次序取决于建立邻接表的算法和边的输入次序。

(2) 邻接矩阵表示中判定(V_i, V_j)或<V_i, V_j>是否是图中的一条边,只需判定矩阵中的第 i 行第 j 列的元素是否为零即可。而在邻接表中,需要扫描 V_i 对应的邻接链表,最坏情况下需要的执行时间为 $O(n)$。

(3) 求图中边的数目时,使用邻接矩阵必须检测完整个矩阵之后才能确定,所消耗的时间为 $O(n^2)$;而在邻接表中,只需对每个边表中的结点个数计数便可确定。当 $e \ll n^2$ 时,使用邻接表计算边的数目可以节省计算时间。

具体应用中选择哪种存储方法,主要考虑算法本身的特点和空间的存储密度来确定。

3.6.3 图的遍历

和树的遍历类似,从图中某一顶点出发访问图中其余的顶点,使每个顶点都被访问且仅被访问一次,这个过程就叫做图的遍历(traversing graph)。图的遍历算法是求解图的连通性、拓扑排序和关键路径等算法的基础。

图中的任一顶点都可能和其他顶点相邻接,所以图的遍历比树的遍历复杂得多。图中访问某个顶点之后,可能又会沿着某条路径回到该顶点上。为了避免对同一顶点的重复访问,在遍历图的过程,必须记下每个已访问过的顶点。为此,需要使用一个辅助数组 visited[n] (n 为顶点数)来对顶点进行标识,它的初值设为 0,如果顶点 V_i 被访问,则将 visited[i]置为 1,或者置为被访问时的次序号,否则保持为 0。

常用的图的遍历方法有深度优先搜索遍历和广度优先搜索遍历。下面以无向图为例进行讨论,有向图的情况与此类似。

1. 深度优先搜索遍历

对于一幅图,按深度优先搜索遍历先后顺序得到的顶点序列称为该图的深度优先搜索(Depth-First Search, DFS)遍历序列,简称为 DFS 序列。图的深度优先搜索遍历类似于树的先序遍历,是树先序遍历的推广。一个图的 DFS 序列不一定唯一,它与算法、图的存储结构和初始出发点有关。当确定了有多个邻接点,并按邻接点的序号从小到大进行选择和指定初始出发点时,邻接矩阵作为存储结构得到的 DFS 序列是唯一的。使用邻接表作为存储结构时,由于图的邻接表表示不唯一,所以 DFSL 算法得到的 DFS 序列也不唯一,它取决于邻接表中边表结点的链接次序。

假设初始状态是图中所有顶点都未被访问,深度优先搜索的基本思想是:

(1) 首先访问图 G 的指定起始点 V_0,并进行标记。

(2) 从 V_0 出发,访问一个与 V_0 邻接的顶点 V_1,对 V_1 进行标记后,再从 V_1 出发,访问与 V_1 邻接且未被访问过的顶点 V_2,并进行标记。从 V_2 出发,重复上述过程,直到遇到一个所有与之邻接的顶点均被访问过的顶点为止。

(3) 沿着上述访问的次序,反向回退到尚有未被访问过的邻接点的顶点,从该顶点出发,重复步骤(2)、(3),直到所有被访问过的顶点的邻接点都已被访问过为止;若图中尚有顶点未被访问过(非连通的情况下),则另选图中的一个未被访问的顶点作为出发点,重复上述过程,直到图中所有顶点都被访问为止。

这种方法的特点是访问顶点的过程尽可能向纵深方向搜索,所以称为深度优先搜索遍历。显然,这种搜索方法具有递归的性质。设计具体算法时,首先要确定图的存储结构,下面以邻接表为例,讨论深度优先搜索法。

连通图 G(如图 3-37(a)所示)的邻接表表示如图 3-37(b)所示,以顶点 V_1 为起始点,按深度优先搜索遍历图中所有顶点,写出顶点的遍历序列。

求解过程是先访问 V_1,再访问与 V_1 邻接的 V_2,再访问 V_2 的第一个邻接点,因 V_1 已被访问过,则访问 V_2 的下一个邻接点 V_4,然后依次访问 V_8,V_5。这时,与 V_5 相邻接的顶点均已被访问,于是反向回到 V_8 去访问与 V_8 相邻接且尚未被访问的 V_6,接着访问 V_3,V_7,至此,全部顶点均被访问。相应的访问序列为 $V_1 \rightarrow V_2 \rightarrow V_4 \rightarrow V_8 \rightarrow V_5 \rightarrow V_6 \rightarrow V_3 \rightarrow V_7$。

下面给出以邻接表作为存储结构的深度优先搜索递归算法 DFSL。

```
#define VTXUNM n                    /* n 为图中顶点个数的最大可能值 */
typedef char vextype;               /* 定义顶点数据信息类型 */
struct arcnode {
    int adjvex;
    float data;
    struct arcnode * nextarc;
};
typedef struct arcnode ARCNODE;
struct headnode {
    vextype vexdata;
    ARCNODE * firstarc;
};
```

```
struct headnode G[VTXUNM + 1];
int visited[VTXUNM + 1];
void DFSL(struct headnode G[], int v) {
    ARCNODE * p;
    printf("%c->", G[v].vexdata);
    visited[v] = 1;
    p = G[v].firstarc;
    while (p!= NULL) {                          /* 当邻接点存在时 */
        if (visited[p->adjvex] == 0)
            DFSL(G, p->adjvex);
        p = p->nextarc;                         /* 找下一邻接点 */
    }
}
void traver(struct headnode G[]) {
    int v;
    for(v = 1;v <= VTXUNM;v++)
        visited[v] = 0;
    for(v = 1; v <= VTXUNM;v++)
        if(visited[v] == 0)DFSL(G, v);
}
```

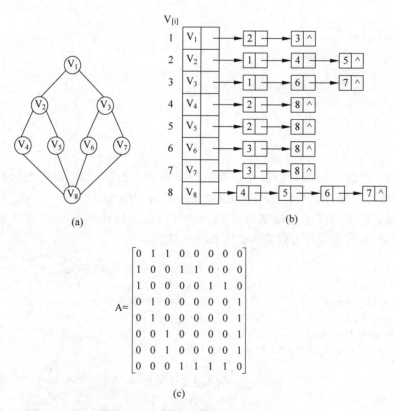

图 3-37 连通图 G、邻接表及其邻接矩阵

如果采用深度优先搜索的非递归算法 DFSL,则程序如下:

♯define VTXUNM n

```c
void traver_DFSL(struct headnode G[],int v) {
    int stack[VTXUNM];
    int top = -1;
    int i;
    ARCNODE *p;
    printf("%c->", G[v].vexdata);
    visited[v] = 1;
    top++;
    stack[top] = v;                              /* 访问过的顶点进栈 */
    p = G[v].firstarc;
    while ((top!= -1)||(p!= NULL)) {
        while(p!= NULL) {
            if (visited[p->adjvex] == 1)
                p = p->nextarc;
            else {
                printf("%c->", G[p->adjvex].vexdata);
                visited[p->adjvex] = 1;
                top++;
                stack[top] = p->adjvex;
                p = G[p->adjvex].firstarc;
            }
        }
        if(top!= -1) {
            v = stack[top];
            top--;
            p = G[v].firstarc;
            p = p->nextarc;
        }
    }
}
```

因为搜索 n 个顶点的所有邻接点需要对边表各结点扫描一遍,而边表结点的数目为 2e,所以算法的时间复杂度为 $O(2e+n)$,空间复杂度为 $O(n)$。

选择邻接矩阵作为图的存储结构时,图 3-37(a) 所示的连通图 G 的邻接矩阵表示如图 3-37(c) 所示,其深度优先搜索遍历算法 DFSA 描述如下:

```c
#define VTXUNM n                    /* n 为图中顶点个数的最大可能值 */
typedef char vextype;               /* 顶点的数据类型 */
typedef int adjtype;                /* 顶点权值的数据类型 */
typedef struct {
  vextype vexs[VTXUNM];             /* 顶点数组 */
  adjtype arcs[VTXUNM][VTXUNM];     /* 邻接矩阵 */
} graph;
graph g;                            /* g 为全局变量 */
int visited[VTXUNM];
void DFSA (int i) {                 /* 从 V_i 出发深度优先搜索图 g,g 用邻接矩阵表示 */
  int j;
  printf("node: %c\n", g.vexs[i]);  /* 访问出发点 V_i */
  visited[i] = 1;                   /* 标记 V_i 已被访问 */
  for(j=0; j<n; j++)                /* 依次搜索 V_i 的邻接点 */
```

```
        if ((g.arcs[i][j] == 1)&&(visited[j] == 0))
            DFSA(j);      /* 若 $V_i$ 的邻接点 $V_j$ 未被访问过,则从 $V_j$ 出发进行深度优先搜索遍历 */
}                                  /* DFSA */
```

上述算法中,每进行一次 DFSA(i)的调用,for 循环中 v 的变化范围都是 $0 \sim n-1$,而 DFSA(i)要被调用 n 次,所以算法的时间复杂度为 $O(n^2)$。因为是递归调用,需要使用一个长度为 $n-1$ 的工作栈和长度为 n 的辅助数组,所以算法的空间复杂度为 $O(n)$。

2. 广度优先搜索遍历

对于一个图,按广度优先搜索遍历先后顺序得到的顶点序列称为该图的广度优先搜索(Breadth-First Search,BFS)遍历序列,简称为 BFS 序列。图的广度优先搜索遍历类似于树的按层次遍历。一个图的 BFS 序列不是唯一的,它与算法、图的存储结构和初始出发点有关。当确定了有多个邻接点时,按邻接点的序号从小到大进行选择和指定初始出发点后,以邻接矩阵作为存储结构得到的 BFS 序列是唯一的,而以邻接表作为存储结构得到的 BFS 序列并不唯一,它取决于邻接表中边表结点的链接次序。

假设初始状态是图中所有顶点都未被访问,BFS 方法从图中某一顶点 V_0 出发,先访问 V_0,然后访问 V_0 的各个未被访问过的邻接点,再分别从这些邻接点出发广度优先搜索遍历图,以此类推,直至图中所有已被访问的顶点的邻接点都被访问到。如果是非连通图,则选择一个未曾被访问的顶点作为起始点,重复以上过程,直到图中所有顶点都被访问为止。

具体遍历步骤如下:

(1) 访问 V_0。

(2) 从 V_0 出发,依次访问 V_0 的未被访问过的邻接点 $V_1, V_2, \cdots, V_t$。然后依次从 V_1, $V_2, \cdots, V_t$ 出发,访问各自未被访问过的邻接点。

(3) 重复步骤(2),直到所有顶点的邻接点均被访问过为止。

在这种方法的遍历过程中,先被访问的顶点,其邻接点也先被访问,具有先进先出的特性,实现算法时,使用一个队列来保存每次已访问过的顶点,然后将队头顶点出列,去访问与它邻接的所有顶点,重复上述过程,直至队空。为了避免重复访问一个顶点,使用一个辅助数组 visited[n]来标记顶点的访问情况。

针对图 3-37 所示的连通图 G、邻接表及其邻接矩阵存储结构表示,假设从顶点 V_1 出发,按广度优先搜索法先访问 V_1,然后访问 V_1 的邻接点 V_2 和 V_3,再依次访问 V_2 和 V_3 的未被访问的邻接点 V_4、V_5、V_6 及 V_7,最后访问 V_4 的邻接点 V_8。遍历序列描述如下:

$$V_1 \rightarrow V_2 \rightarrow V_3 \rightarrow V_4 \rightarrow V_5 \rightarrow V_6 \rightarrow V_7 \rightarrow V_8$$

下面给出以邻接矩阵为存储结构时的广度优先搜索遍历算法 BFSA。

```
#define VTXUNM n
graph g;                           /* g 为全局变量 */
int visited[VTXUNM];
void BFSA(int k)
{                                  /* 从 $V_k$ 出发广度优先搜索遍历图 g,g 用邻接矩阵表示 */
    int queue[VTXUNM];
    int rear = VTXUNM - 1; front = VTXUNM - 1;   /* queue 置为空队 */
    int i, j;
    printf(" %c\n", g.vexs[k]);    /* 访问出发点 $V_k$ */
    visited[k] = 1;                /* 标记 $V_k$ 已被访问 */
```

```
        rear++;
        queue[rear] = k;                    /* 访问过的顶点序号入队 */
        while(front!= rear)
        {                                    /* 队非空时执行下列操作 */
            front++;
            i = queue[front]                 /* 队头元素序号出队 */
            for(j = 0; j < n; j++)
                if((g.arcs[i][j] == 1)&&(visited[j]!= 1))
                {
                    printf(" %c\n", g.vexs[j]);          /* 访问 V_i 未被访问的邻接点 V_j */
                    visited[j] = 1;
                    rear++;
                    queue[rear] = j;         /* 访问过的顶点入队 */
                }
        }
    }                                        /* BFSA */
```

当选择邻接表作为图的存储结构时,图 3-37(a)所示的连通图 G 的广度优先搜索遍历算法 BFSL 描述如下:

```
#define VTXUNM n
void BFSL(struct headnode G[], int v)
struct headnode G[VIXUNM + 1];
int Visited[VIXUNM + 1];
{
    int queue[VTXUNM];
    int rear = -1; front = -1;   /* queue 置为空队 */
    int i;
    ARCNODE *p;
    printf("%d->", G[v].vexdata);
    visited[v] = 1;
    rear++;
    queue[rear] = v;             /* 访问过的顶点进队列 */
    while (rear!= front)
    {
        front++;
        v = queue[front];
        p = G[v].firstarc;
        while(p!= NULL) {
            if (visited[p->adjvex] == 0) {
                printf("%d->", G[p->adjvex].vexdata);
                visited[p->adjvex] = 1;
                rear++;
                queue[rear] = p->adjvex;
            }
            p = p->nextarc;
        }
    }
}                                /* BFSL */
```

对于有 n 个顶点和 e 条边的连通图,BFSA 算法的 while 循环和 for 循环都需执行 n 次,所以 BFSA 算法的时间复杂度为 $O(n^2)$,同时 BFSA 算法使用了两个长度均为 n 的队列和辅助标志数组,所以空间复杂度为 O(n);BFSL 算法的外 while 循环要执行 n 次,而内 while 循环执行次数总计是边表结点的总个数 2e,所以 BFSL 算法的时间复杂度为 O(n+2e); 同时,BFSL 算法也使用了两个长度均为 n 的队列和辅助标志数组,所以空间复杂度为 O(n)。

3.6.4 图的应用

1. 生成树和最小生成树

图论中,树是指一个无回路存在的连通图。一个连通图 G 的生成树指的是一个包含了 G 的所有顶点的树。对于一个有 n 个顶点的连通图 G,其生成树包含了 n−1 条边,从而生成树是 G 的一个极小连通的子图。所谓极小指该子图具有连通所需的最小边数,若去掉一条边,该子图就变成了非连通图;若任意增加一条边,该子图就有回路产生。

当给定一个无向连通图 G 后,可以从 G 的任意顶点出发,作一次深度优先搜索或广度优先搜索来访问 G 中的 n 个顶点,并将顺次访问的两个顶点之间的路径记录下来。这样,G 中的 n 个顶点和从初始点出发顺次访问余下的 n−1 个顶点所经过的 n−1 条边就构成了 G 的极小连通子图,也就是 G 的一棵生成树。

通常,将深度优先搜索得到的生成树称为深度优先搜索生成树,简称为 DFS 生成树;而将广度优先搜索得到的生成树称为广度优先搜索生成树,简称为 BFS 生成树。

对于前面所给的 DFSA 和 BFSA 算法,只需在 if 语句中的 DFSA 调用语句前或 if 语句中加入将(v_i, v_j)打印出来的语句,即构成相应的生成树算法。

连通图的生成树不是唯一的,它取决于遍历方法和遍历的起始顶点。遍历方法确定后,从不同的顶点出发进行遍历,可以得到不同的生成树。对于非连通图,每个连通分量中的顶点集和遍历时走过的边一起构成一棵生成树,这些连通分量的生成树组成非连通图的生成森林。算法实现时,可通过多次调用由 DFSA 或 BFSA 构成的生成树算法求出非连通图中各连通分量对应的生成树,这些生成树构成了非连通图的生成森林。使用 DFSA 构成的生成树算法和 BFSA 构成的生成树算法,对图 3-37(a)所示连通图 G 从顶点 1 开始进行遍历得到的深度优先生成树和广度优先生成树分别如图 3-38(a)、(b)所示。

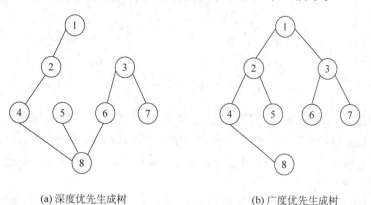

(a) 深度优先生成树　　　　　　(b) 广度优先生成树

图 3-38　G 从 V_1 出发的两种生成树

图 3-39 所示为 G(图 3-33(a))的深度优先生成森林,它由 3 棵深度优先生成树组成。

对一个连通网络构造生成树时,可以得到一个带权的生成树。把生成树各边的权值总

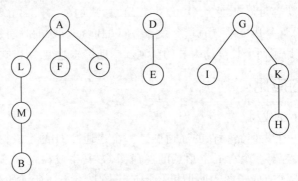

图 3-39　图 G 的深度优先生成森林

和作为生成树的权,而具有最小权值的生成树构成了连通网络的最小生成树。也就是说,构造最小生成树就是在给定 n 个顶点所对应的权矩阵(代价矩阵)的条件下,给出代价最小的生成树。

最小生成树的构造有实际应用价值。例如,要在 n 个城市之间建立通信网络,则连通 n 个城市只需 n−1 条线路。若以 n 个城市作图的顶点,n−1 条线路作图的边,则该图的生成树就是可行的建造方案。而不同城市之间建立通信线路需要一定的花费(相当于边上的权),所以对 n 个顶点的连通网可以建立许多不同的生成树,每棵生成树都可以是一个通信网,当然希望选择一个总耗费最小的生成树,即最小代价生成树。

例如,图 3-40(a)是个连通网,它的最小生成树如图 3-40(b)所示。

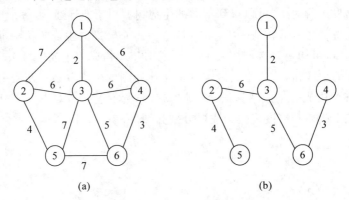

图 3-40　连通网及其最小生成树

构造最小生成树的算法有多种,大多数算法都利用了最小生成树的一个性质,简称 MST 性质。MST 性质指出,假设 G=(V,E)是一个连通网络,U 是 V 中的一个真子集,若存在顶点 u∈U 和顶点 v∈V−U 的边(u,v)是一条具有最小权的边,则必存在 G 的一棵最小生成树包括这条边(u,v)。

MST 性质可用反证法加以证明,假设 G 中的任何一棵最小生成树 T 都不包含(u,v),其中 u∈U 和 v∈V−U。由于 T 是最小生成树,所以必然有一条边(u′,v′)(其中 u′∈U 和 v′∈V−U)连接两个顶点集 U 和 V−U。当(u,v)加入到 T 中时,T 中必然存在一条包含了(u,v)的回路,如图 3-41 所示。如果在 T 中保留(u,v),去掉(u′,v′),则得到另一棵生成树 T′。因为(u,v)的权小于(u′,v′)的权,故 T′的权小于 T 的权,这与假设矛盾,因此

MST 性质得证。

下面介绍构造最小生成树的两种常用算法,Prim(普里姆)算法和 Kruskal(克鲁斯卡尔)算法。

1) Prim 算法

设 G(V,E)是有 n 个顶点的连通网络,T=(U,TE)是要构造的生成树,初始时 U={∅},TE={∅}。首先,从 V 中取出一个顶点 u_0 放入生成树的顶点集 U 中作为第一个顶点,此时 T=({u_0},{∅});然后从 u∈U,v∈V-U 的边(u,v)中找一条代价最小的边(u*,v*),将其放入 TE 中并将 v* 放入 U 中,此时 T=({u_0,v*},{(u_0,v*)});继续从 u∈U,v∈V-U 的边(u,v)中找一条代价最小的边(u*,v*),将其放入 TE 中并将 v* 放入 U 中,直到 U=V 为止。这时 T 的 TE 中必有 n-1 条边,构成所要构造的最小生成树。

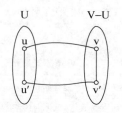

图 3-41 含有(u,v)的回路

显然,Prim 算法的关键是如何找到连接 U 和 V-U 的最短边(代价最小边)来扩充 T。设当前生成树 T 中已有 k 个顶点,则 U 和 V-U 中可能存在的边数最多为 k(n-k)条,在如此多的边中寻找一条代价最小的边是困难的。

注意在相邻的寻找最小代价的边的过程中,有些操作具有重复性,所以可通过将前一次寻找所得到的最小边存储起来,然后与新找到的边进行比较,如果新找到的边比原来已找到的边短,则用新找到的边代替原有的边,否则保持不变。为此设立以下边的存储结构:

```
typedef struct {
    int fromvex, endvex;        /* 边的起点和终点 */
    float length;               /* 边的权值 */
} edge;
edge T[n-1];
float dist[n][n];               /* 连通网络的带权邻接矩阵 */
```

相应的 Prim 算法描述如下:

```
Prim(int i)
{       /* i 给出选取的第一个顶点的下标,最终结果保存在 T[n-1]数组中 */
    int j, k, m, v, min, max = 100000;
    float d;
    edge e;
    v = i;                      /* 将选定顶点送入中间变量 */
   for(j = 0; j <= n-2; j++)
    {   /* 构造第一个顶点 */
        T[j].fromvex = v;
        if(j >= v)
        {
            T[j].endvex = j+1;
            T[j].length = dist[v][j+1];}
        else
        {
            T[j].endvex = j;
            T[j].length = dist[v][j];}
    }
    for(k = 0; k < n-1; k++) {      /* 求第 k 条边 */
```

```
            min = max;
            for(j = k; j < n - 1; j++)        /* 找出最短的边并将最短边的下标记录在 m 中 */
              if(T[j].length < min) {
                min = T[j].length;
                m = j;}
            e = T[m]; T[m] = T[k]; T[k] = e;  /* 将最短的边交换到 T[k]单元 */
            v = T[k].endvex;                  /* v 中存放新找到的最短边在 V-U 中的顶点 */
            for(j = k + 1; j < n - 1; j++)
            {/* 修改所存储的最小边集 */
              d = dist[v][T[j].endvex];
              if(d < T[j].length)
              {
                T[j].length = d;
                T[j].fromvex = v;}
            }
          }
        } /* Prim */
```

以上算法中构造第一个顶点所需的时间是 O(n), 求 k 条边的时间大约是

$$\sum_{k=0}^{n-2}\left(\sum_{j=k}^{n-2}O(1)+\sum_{j=k+1}^{n-2}O(1)\right)\approx 2\sum_{k=0}^{n-2}\sum_{j=k}^{n-2}O(1) \tag{3-5}$$

其中,O(1)表示某一正常数 C,所以上述公式的时间复杂度是 $O(n^2)$。

下面结合图 3-42 所示的例子来观察 Prim 算法的工作过程。设选定的第一个顶点为 2。首先将顶点值 2 写入 T[i].fromvex,并将其余顶点值写入相应的 T[i].endvex,然后从 dist 矩阵中取出第 2 行写入相应的 T[i].length 中,得到图 3-43(a);在该图中找出具有最小权值的边(2,1),将其交换到下标值为 0 的单元中,然后从 dist 矩阵中取出第 1 行的权值与相应的 T[i].length 作比较,若取出的权值小于相应的 T[i].length,则进行替换,否则保持不变。由于边(2,0)和(2,5)的权值大于边(1,0)和(1,5)的权值,进行相应的替换可得到图 3-43(b);在该图中找出具有最小权值的边(2,3),将其交换到下标值为 1 的单元中,然后从 dist 矩阵中取出第 3 行的权值与相应的 T[i].length 作比较,可见边(3,4)的权值小于边(2,4)的权值,故进行相应的替换得到图 3-43(c);在该图中找出具有最小权值的边(1,0),因其已在下标为 2 的单元中,故交换后仍然保持不变,然后从 dist 矩阵中取出第 0 行的权值与相应的 T[i].length 作比较,可见边(0,4)和(0,5)的权值大于边(3,4)和(1,5)的权值,故不进行替换,得到图 3-43(d);在该图中找出具有最小权值的边(1,5),将其交换到下标值为 3 的单元中,然后从 dist 矩阵中取出第 5 行的权值与相应的 T[i].length 作比较;因边(5,4)的权值大于边(3,4)的权值,故不替换,得到图 3-43(e)。至此整个算法结束,得出了如图 3-43(f)所示的最小生成树。

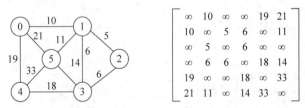

图 3-42 一个网络及其邻接矩阵

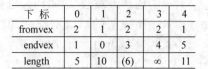

下标	0	1	2	3	4
fromvex	2	2	2	2	2
endvex	0	1	3	4	5
length	∞	(5)	6	∞	∞

(a) 初始化后的T数组

下标	0	1	2	3	4
fromvex	2	1	2	2	1
endvex	1	0	3	4	5
length	5	10	(6)	∞	11

(b) 找出最短边(2,1)调整后的T数组

下标	0	1	2	3	4
fromvex	2	2	1	3	1
endvex	1	3	0	4	5
length	5	6	(10)	18	11

(c) 找出最短边(2,3)并调整后

下标	0	1	2	3	4
fromvex	2	2	1	3	1
endvex	1	3	0	4	5
length	5	6	10	18	(11)

(d) 找出最短边(1,0)并调整后

下标	0	1	2	3	4
fromvex	2	2	1	1	3
endvex	1	3	0	5	4
length	5	6	10	11	18

(e) 找出最短边(1,5)并调整后

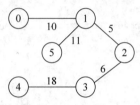

(f) 最小生成树

图 3-43 T 数组变化情况及最小生成树

2) Kruskal 算法

Kruskal 算法是从另一条途径来求网络的最小生成树。设 G=(V，E)是一个有 n 个顶点的连通图，令最小生成树的初值状态为只有 n 个顶点而无任何边的非连通图 T=(V, {∅})，此时图中每个顶点自成一个连通分量。按照权值递增的顺序依次选择 E 中的边，若该边依附于 T 中两个不同的连通分量，则将此边加入 TE 中，否则舍去此边而选择下一条代价最小的边，直到 T 中所有顶点都在同一连通分量上为止。这时的 T 便是 G 的一棵最小生成树。

对于图 3-43 所示的网络，按 Kruskal 算法构造最小生成树的过程如图 3-44 所示。

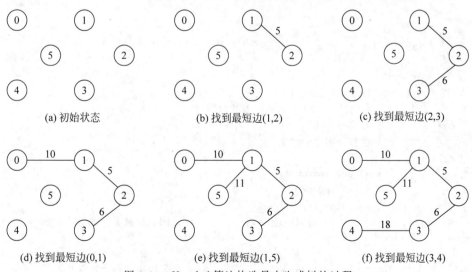

图 3-44 Kruskal 算法构造最小生成树的过程

图3-44(c)中选择最短边(2,3)时,也可以选择边(1,3),这样所构造出的最小生成树是不同的,即最小生成树的形式不唯一,但权值的总和相同。选择了最短边(2,3)之后,在图3-44(d)中首先选择边(1,3),因其顶点在同一分量上,故舍去这条边而选择下一条代价最小的边。在图3-44(f)中也首先选择边(3,5),但因顶点3和5在同一个分量上,故舍去此边而选择下一条代价最小边(3,4)。

Kruskal算法中,每次都要选择所有边中最短的边,若用邻接矩阵实现,则每找一条最短的边就需要对整个邻接矩阵扫描一遍。这样,整个算法复杂度太高,而使用邻接表时,由于每条边都被连接两次,这也使寻找最短边的计算时间加倍,所以采用以下存储结构来对图中的边进行表示:

```
typedef struct {
    int fromvex, endvex;    /* 边的起点和终点 */
    float length;           /* 边的权值 */
    int sign;               /* 该边是否已选择讨的标志信息 */
} edge;
edge T[e];                  /* e为图中的边数 */
int G[n];                   /* 判断该边的两个顶点是不是在同一个分量上的数组,n为顶点数 */
```

Kruskal算法中,如何判定所选择的边是否在同一个分量上,是整个算法的关键和难点。为此,设置一个G数组,利用G数组的每一个单元中存放一个顶点信息的特性,通过判断两个顶点对应单元的信息是否相同来判定所选择的边是否在同一个分量上。具体算法如下:

```
Kruskal(int n, int e)
{           /* n表示图中的顶点数目,e表示图中的边数目 */
    int i, j, k, l, min, t;
    for(i = 0; i <= n - 1; i++)      /* 数组G置初值 */
        G[i] = i;
    for(i = 0; i <= e - 1; i++) {    /* 输入边信息 */
        scanf("%d%d%f", &T[i].fromvex, &T[i].endvex, &T[i].length);
        T[i].sign = 0;}
    j = 0;
    while(j < n - 1)
    {
        min = 1000;
        for(i = 0; i <= e - 1; i++)
            {                         /* 寻找最短边 */
            if(T[i].sign == 0)
              if(T[i].length < min)
                {
                k = T[i].fromvex;
                l = T[i].endvex;
                T[i].sign = 1;}
            if(G[k] == G[l])T[i].sign = 2;    /* 在同一分量上舍去 */
            else {
                j++;
                for(t = 0; t < n; t++)        /* 将最短边的两个顶点并入同一分量 */
                  if(G[t] == l)G[t] = k;}
```

```
            }
        }
    }                           /* Kruskal */
```

如果边的信息是按权值从小到大依次存储到 T 数组中,则 Kruskal 算法的时间复杂度约为 O(e)。一般情况下,Kruskal 算法的时间复杂度约为 $O(e\log_2^e)$,与网中的边数有关,故适合于求边稀疏网络的最小生成树,而 Prim 算法的时间复杂度为 $O(n^2)$,与网中的边数无关,适合于边稠密网络的最小生成树。

2. 最短路径

一个实际的交通网络在计算机中可用图的结构来表示。这类问题中经常考虑的问题有两个,一是两个顶点之间是否存在路径;二是在有多条路径的条件下,哪条路径最短。由于交通网络中的运输路线往往有方向性,因此将以有向网络进行讨论,无向网络的情况与此相似。讨论中,习惯上称路径的开始点为源点(Source),路径的最后一个顶点为终点(Destination),而最短路径意味着沿路径的各边权值之和为最小。求最短路径时,为方便起见,规定邻接矩阵中某一顶点到自身的权值为 0,即当 i=j 时,dist[i][j]=0。

最短路径问题的研究分为两种情况,一是从某个源点到其余各顶点的最短路径;二是每一对顶点之间的最短路径。

1) 从某个源点到其余各顶点的最短路径

迪杰斯特拉(Dijkstra)通过对大量的图中某个源点到其余顶点的最短路径的顶点构成集合和路径长度之间关系的研究发现,若按长度递增的次序来产生源点到其余顶点的最短路径,则当前正要生成的最短路径除终点外,其余顶点的最短路径已生成,即设 A 为源点,U 为已求得的最短路径的终点的集合(初态时为空集),则下一条长度较长的最短路径(设它的终点为 X)或者是弧(A,X)或者是中间只经过 U 集合中的顶点,最后到达 X 的路径。例如,在图 3-45 中要生成从 F 点到其他顶点的最短路径。首先应找到最短的路径 F→B,然后找到最短的路径 F→B→C。这里除终点 C 以外,其余顶点的最短路径 F→B 已生成。

迪杰斯特拉提出的按路径长度递增次序来产生源点到各顶点的最短路径的算法思想是,对有 n 个顶点的有向连通网络 G=(V,E),首先从 V 中取出源点 u_0 放入最短路径顶点集合 U 中,这时的最短路径网络 S=({u_0},{∅});然后从 u∈U 和 v∈V-U 中找一条代价最小的边(u*,v*)加入到 S 中,此时 S=({u_0,v*},{(u_0,v*)})。每往 U 中增加一个顶点,都需要对 V-U 中各顶点的权值进行一次修正。如果加进 v* 作为中间顶点,使得从 u_0 到其他属于 V-U 的顶点 v_i 的路径比不加 v* 时短,则修改 u_0 到 v_i 的权值,即以(u_0,v*)的权值加上(v*,v_i)的权值来代替原(u_0,v_i)的权值,否则不修改 u_0 到 v_i 的权值。接着再从权值修正后的 V-U 中选择最短的边加入 S 中,如此反复,直到 U=V 为止。

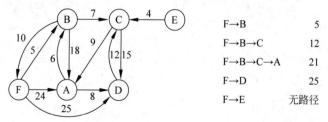

图 3-45 有向网络 G 和 F 到其他顶点的最短距离

对图 3-45 中的有向网络按以上算法思想处理，所求得的从源点 F 到其余顶点的最短路径的过程如图 3-46 所示。其中，单圆圈表示 U 中的顶点，而双圆圈表示 V-U 中的顶点。连接 U 中两个顶点的有向边用实线表示，连接 U 和 V-U 中两个顶点的有向边用虚线表示。圆圈旁的数字为源点到该顶点当前的距离值。

初始时，S 中只有一个源点 F，它到 V-U 中各顶点的路径如图 3-46(a) 所示；选择图 3-46(a) 中最小代价边 (F，B)，同时由于路径 (F，A) 大于 (F，B，A) 和 (F，C) 大于 (F，B，C)，进行相应调整可得到图 3-46(b)；选择图 3-46(b) 中的最小代价边 (B，C)，同时由于 (F，B，A) 大于 (F，B，C，A)，进行相应调整可得到图 3-46(c)；选择图 3-46(c) 中最小代价边 (C，A) 即可得到图 3-46(d)；选择图 3-46(d) 中最小代价边 (F，D) 即可得到图 3-46(e)D；最后选择 (F，E) 即可得到图 3-46(f)。

计算机上实现此算法时，需要设置一个用于存放源点到其他顶点的最短距离数组 D[n]，以便于从其中找出最短路径；因为不仅希望得到最短路径长度，而且也希望能给出最短路径具体经过哪些顶点的信息，所以设置一个路径数组 p[n]，其中 p[i] 表示从源点到达顶点 i 时，顶点 i 的前趋顶点。为了防止对已经生成的最短路径进行重复操作，使用一个标识数组 s[n] 来记录最短路径生成情况，若 s[i]=1 表示源点到顶点 i 的最短路径已产生，而 s[i]=0 表示最短路径还未产生。当顶点 A，B，C，D，E，F 对应标号 0，1，2，3，4，5 时，具体算法描述如下：

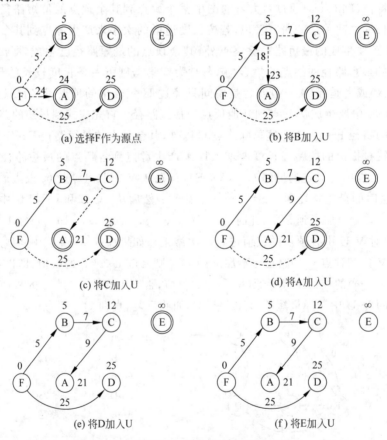

图 3-46　Dijkstra 算法求最短路径示例

```
float D[n];
int p[n], s[n];
Dijkstra(int v, float dist[ ][ ])              /* 求源点 v 到其余顶点的最短路径及长度 */
{   int i, j, k, v₁, min, max = 10000, pre;    /* Max 中的值用以表示 dist 矩阵中的值 ∞ */
    v₁ = v;
    for( i = 0; i < n; i++)                    /* 各数组进行初始化 */
    {   D[i] = dist[v₁][i];
        if( D[i] != max )   p[i] = v₁ + 1;
        else                p[i] = 0;
        s[i] = 0;
    }
    s[v₁] = 1;                                 /* 将源点送 U */
    for( i = 0; i < n; i++)                    /* 求源点到其余顶点的最短距离 */
    {   min = 10001;                           /* min>max,以保证值为∞的顶点也能加入 U */
        for( j = 0; j < n; j++)
            if ( ( !s[j] )&&(D[j]< min ) )     /* 找出到源点具有最短距离的边 */
            {   min = D[j];
                k = j;
            }
        s[k] = 1;                              /* 将找到的顶点 k 送入 U */
        for(j = 0; j < n; j++)
            if ( (!s[j])&&(D[j]> D[k] + dist[k][j]) )   /* 调整 V-U 中各顶点的距离值 */
            {   D[j] = D[k] + dist[k][j];
                p[j] = k + 1;                  /* k 是 j 的前驱 */
            }
    }                                          /* 所有顶点已扩充到 U 中 */
    for( i = 0; i < n; i++)
    {   printf(" % f % d ", D[i], i);
        pre = p[i];
        while ((pre!= 0)&&(pre!= v + 1))
        {   printf ( " < - % d ", pre - 1);
            pre = p[pre - 1];
        }
        printf(" < - % d ", v);
    }
} /* Dijkstra */
```

对图 3-45 中的有向网络 G,以 F 点为源点,执行上述算法时,D、p、s 数组的变化状况如表 3-1 所示。

表 3-1 Dijkstra 算法动态执行情况

循环	U	k	D[0],…,D[5]	p[0],…,p[5]	s[0],…,s[5]
初始化	{F}	——	24 5 max 25 max 0	6 6 0 6 0 6	0 0 0 0 0 1
1	{F,B}	1	23 5 12 25 max 0	2 6 2 6 0 6	0 1 0 0 0 1
2	{F,B,C}	2	21 5 12 25 max 0	3 6 2 6 0 6	0 1 1 0 0 1
3	{F,B,C,A}	0	21 5 12 25 max 0	3 6 2 6 0 6	1 1 1 0 0 1
4	{F,B,C,A,D}	3	21 5 12 25 max 0	3 6 2 6 0 6	1 1 1 1 0 1
5	{F,B,C,A,D,E}	4	21 5 12 25 max 0	3 6 2 6 0 6	1 1 1 1 1 1

打印输出的结果为

```
21      0 ←2 ←1 ←5
5       1 ←5
12      2 ←1 ←5
25      3 ←5
10000   4 ←5
0       5 ←5
```

Dijkstra 算法的时间复杂度为 $O(n^2)$，占用的辅助空间是 $O(n)$。

2) 每一对顶点之间的最短路径

求一个有 n 个顶点的有向网络 G=(V, E)中的每一对顶点之间的最短路径,可以依次把有向网络的每个顶点作为源点,重复执行 n 次 Dijkstra 算法,从而得到每对顶点之间的最短路径。这种方法的时间复杂度为 $O(n^3)$。弗洛伊德(Floyd)于 1962 年提出了解决这一问题的另一种算法,它形式比较简单,易于理解,而时间复杂度同样为 $O(n^3)$。

Floyd 算法根据给定有向网络的邻接矩阵 dist[n][n]求顶点 v_i 到顶点 v_j 的最短路径。这一算法的基本思想是假设 v_i 和 v_j 之间存在一条路径,但这并不一定是最短路径,试着在 v_i 和 v_j 之间增加一个中间顶点 v_k。

若增加 v_k 后的路径(v_i, v_k, v_j) 比(v_i, v_j) 短,则以新的路径代替原路径,并且修改 dist[i][j]的值为新路径的权值;若增加 v_k 后的路径比(v_i, v_j)更长,则维持 dist[i][j]不变。在修改后的 dist 矩阵中,另选一个顶点作为中间顶点,重复以上操作,直到除 v_i 和 v_j 顶点的其余顶点都做过中间顶点为止。对初始的邻接矩阵 dist[n][n],依次以顶点 v_1, v_2, …, v_n 为中间顶点实施以上操作时,将递推地产生出一个矩阵序列 $dist^{(k)}[n][n]$ (k=0, 1, 2, …, n)。这里初始邻接矩阵 dist[n][n]看作 $dist^{(0)}[n][n]$,它给出每一对顶点之间的直接路径的权值;$dist^{(k)}[n][n]$ (1≤k<n)给出了中间顶点的序号小于 k 的最短路径长度,而 $dist^{(n)}[n][n]$ 给出了每一对顶点之间的最短路径长度。为了给出每一对顶点之间最短路径所经过的具体路径,可用一个 path 矩阵来记录具体路径。$path^{(0)}$ 给出了每一对顶点之间的直接路径,$path^{(n)}$ 给出了每一对顶点之间的最短路径,path 矩阵中每个元素 path[i][j]所保存的值是顶点 v_i 到顶点 v_j 时 v_j 的前驱顶点。

为了在算法中始终保持初始邻接矩阵 dist[n][n]中的元素值不变,可以设置一个 A[n][n]矩阵保存每步所求得的所有顶点对之间的当前最短路径长度。这样可给出以下算法:

```
int path[n][n];                        /* 路径矩阵 */
Floyd(float A[ ][n], dist[ ][n])       /* A 是路径长度矩阵, dist 是有向网络 G 的带权邻接矩阵 */
{   int i, j, k, next, max = 10000;
    for (i = 0; i < n; i++)            /* 设置 A 和 path 的初值 */
        for (j = 0; j < n; j++)
        {   if (dist[i][j] != max )  path[i][j] = i + 1;      /* i 是 j 的前驱 */
            else                     path[i][j] = 0;
            A[i][j] = dist[i][j];
        }
    for (k = 0; k < n; k++)            /* 以 0, 1, …, n-1 为中间顶点执行 n 次 */
        for (i = 0; i < n; i++)
```

```
            for (j = 0; j < n; j++)
                if (A[i][j]>(A[i][k] + A[k][j]))
                {   A[i][j] = A[i][k] + A[k][j];/* 修改路径长度 */
                    path[i][j] = path[k][j];   /* 修改路径 */
                }
    for (i = 0; i < n; i++)                /* 输出所有顶点对 i,j 之间最短路径的长度和路径 */
        for (j = 0; j < n; j++)
        {   printf ( " % f % d ", A[i][j], j);
            pre = path[i][j];
            while ((pre!= 0)&&(pre!= i + 1)) {
                printf ("<- % d ", pre - 1);
                pre = path[i][pre - 1];
            }
            printf ("<- % d\n ", i);
        }
} /* Floyd */
```

对图 3-45 中的有向网络 G 执行以上算法，矩阵 A 和 path 的变化状况如下所示。

$$A^{(0)} = \begin{bmatrix} 0 & 6 & \infty & 8 & \infty & \infty \\ 18 & 0 & 7 & \infty & \infty & 10 \\ 9 & \infty & 0 & 15 & \infty & \infty \\ \infty & \infty & 12 & 0 & \infty & \infty \\ \infty & \infty & 4 & \infty & 0 & \infty \\ 24 & 5 & \infty & 25 & \infty & 0 \end{bmatrix} \quad path^{(0)} = \begin{bmatrix} 1 & 1 & 0 & 1 & 0 & 0 \\ 2 & 2 & 2 & 0 & 0 & 2 \\ 3 & 0 & 3 & 3 & 0 & 0 \\ 0 & 0 & 4 & 4 & 0 & 0 \\ 0 & 0 & 5 & 0 & 5 & 0 \\ 6 & 6 & 0 & 6 & 0 & 6 \end{bmatrix}$$

$$A^{(1)} = \begin{bmatrix} 0 & 6 & \infty & 8 & \infty & \infty \\ 18 & 0 & 7 & 26 & \infty & 10 \\ 9 & 15 & 0 & 15 & \infty & \infty \\ \infty & \infty & 12 & 0 & \infty & \infty \\ \infty & \infty & 4 & \infty & 0 & \infty \\ 24 & 5 & \infty & 25 & \infty & 0 \end{bmatrix} \quad path^{(1)} = \begin{bmatrix} 1 & 1 & 0 & 1 & 0 & 0 \\ 2 & 2 & 2 & 1 & 0 & 2 \\ 3 & 1 & 3 & 3 & 0 & 0 \\ 0 & 0 & 4 & 4 & 0 & 0 \\ 0 & 0 & 5 & 0 & 5 & 0 \\ 6 & 6 & 0 & 6 & 0 & 6 \end{bmatrix}$$

$$A^{(2)} = \begin{bmatrix} 0 & 6 & 13 & 8 & \infty & 16 \\ 18 & 0 & 7 & 26 & \infty & 10 \\ 9 & 15 & 0 & 15 & \infty & 25 \\ \infty & \infty & 12 & 0 & \infty & \infty \\ \infty & \infty & 4 & \infty & 0 & \infty \\ 23 & 5 & 12 & 25 & \infty & 0 \end{bmatrix} \quad path^{(2)} = \begin{bmatrix} 1 & 1 & 2 & 1 & 0 & 2 \\ 2 & 2 & 2 & 1 & 0 & 2 \\ 3 & 1 & 3 & 3 & 0 & 2 \\ 0 & 0 & 4 & 4 & 0 & 0 \\ 0 & 0 & 5 & 0 & 5 & 0 \\ 2 & 6 & 2 & 6 & 0 & 6 \end{bmatrix}$$

$$A^{(3)} = \begin{bmatrix} 0 & 6 & 13 & 8 & \infty & 16 \\ 16 & 0 & 7 & 22 & \infty & 10 \\ 9 & 15 & 0 & 15 & \infty & 25 \\ 21 & 27 & 12 & 0 & \infty & 37 \\ 13 & 19 & 4 & 19 & 0 & 29 \\ 21 & 5 & 12 & 25 & \infty & 0 \end{bmatrix} \quad path^{(3)} = \begin{bmatrix} 1 & 1 & 2 & 1 & 0 & 2 \\ 3 & 2 & 2 & 3 & 0 & 2 \\ 3 & 1 & 3 & 3 & 0 & 2 \\ 3 & 1 & 4 & 4 & 0 & 2 \\ 3 & 1 & 5 & 3 & 5 & 2 \\ 3 & 6 & 2 & 6 & 0 & 6 \end{bmatrix}$$

$$A^{(4)} = \begin{bmatrix} 0 & 6 & 13 & 8 & \infty & 16 \\ 16 & 0 & 7 & 22 & \infty & 10 \\ 9 & 15 & 0 & 15 & \infty & 25 \\ 21 & 27 & 12 & 0 & \infty & 37 \\ 13 & 19 & 4 & 19 & 0 & 29 \\ 21 & 5 & 12 & 25 & \infty & 0 \end{bmatrix} \quad path^{(4)} = \begin{bmatrix} 1 & 1 & 2 & 1 & 0 & 2 \\ 3 & 2 & 2 & 3 & 0 & 2 \\ 3 & 1 & 3 & 3 & 0 & 2 \\ 3 & 1 & 4 & 4 & 0 & 2 \\ 3 & 1 & 5 & 3 & 5 & 2 \\ 3 & 6 & 2 & 6 & 0 & 6 \end{bmatrix}$$

由于 $A^{(4)} = A^{(5)} = A^{(6)}$ 和 $path^{(4)} = path^{(5)} = path^{(6)}$,所以表中省略了 $A^{(5)}$、$A^{(6)}$ 和 $path^{(5)}$、$path^{(6)}$,打印输出的结果为

```
0          0 ←0
6          1 ←0
13         2 ←1 ←0
8          3 ←0
10000      4 ←0
16         5 ←1 ←0
...        ...
25         3 ←5
10000      4 ←0
0          5 ←5
```

3. AOV 网与拓扑排序

现实世界中,很多问题都由一系列的有序活动构成。例如,一个工程项目的开展、一种产品的生产过程或大学期间所学专业的系列课程学习。这些活动可以是一个工程项目中的子工程、一种产品生产过程中的零部件生产或专业课程学习中的某一门课程。所有这些按一定顺序展开的活动,可以使用有向图表示。其中,顶点表示活动,顶点之间的有向边表示活动之间的先后关系,这种有向图称为顶点表示活动网络(Activity On Vertex network,AOV 网)。AOV 网中的顶点可以带有权值,该权值可以表示一项活动完成所需要的时间或所需要投入的费用。AOV 网中的有向边表示了活动之间的制约关系。

例如,大学本科专业的学生必须学完一系列的课程才能毕业,其中一部分课程是基础课,无须先修其他课程便可学习;另一部分课程则要求必须学完相关的基础先修课程后,才能进行学习。上述课程和课程之间关系的一个抽象表示示例如表 3-2 所示。该示例也可以用图 3-47 的 AOV 网表示,这里有向边 $< C_i, C_j >$ 表示课程 C_i 是课程 C_j 的先修课程。

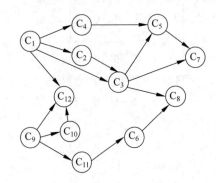

图 3-47　表示课程先后关系的 AOV 网

表 3-2　专业课程设置及其关系

课程代号	课程名称	先修课程	课程代号	课程名称	先修课程
C1	课程 1	无	C7	课程 7	C3,C5
C2	课程 2	C1	C8	课程 8	C3,C6
C3	课程 3	C1,C2	C9	课程 9	无
C4	课程 4	C1	C10	课程 10	C9

续表

课程代号	课程名称	先修课程	课程代号	课程名称	先修课程
C5	课程 5	C3,C4	C11	课程 11	C9
C6	课程 6	C11	C12	课程 12	C1,C9,C10

当限制各个活动只能串行进行时,如果可以将 AOV 网中的所有顶点排列成一个线性序列 v_{i1},v_{i2},…,v_{in};并且这个序列同时满足如果在 AOV 网中从顶点 v_i 到顶点 v_j 存在一条路径,则在线性序列中 v_i 必在 v_j 之前,就称这个线性序列为拓扑序列。把对 AOV 网构造拓扑序列的操作称为拓扑排序。

AOV 网的拓扑排序序列给出了各个活动按顺序完成的一种可行方案,但并非任何 AOV 网的顶点都可排成拓扑序列。当 AOV 网中存在有向环时,就无法得到该网的拓扑序列。对于实际问题,AOV 网中存在的有向环就意味着某些活动是以自己为先决条件,这显然不合理。例如,对于程序的数据流图,AOV 网中存在环就意味着程序存在一个死循环。

任何一个无环的 AOV 网中的所有顶点都可排列在一个拓扑序列里,拓扑排序的基本操作如表 3-2 所示。

(1) 从网中选择一个入度为 0 的顶点并且将其输出。
(2) 从网中删除此顶点及所有由它发出的边。
(3) 重复上述两步,直到网中再没有入度为 0 的顶点为止。

以上操作会产生两种结果,一种结果是网中的全部顶点都被输出,整个拓扑排序完成;另一种结果是网中顶点未被全部输出,剩余顶点的入度均不为 0,此时说明网中存在有向环。

用以上操作对图 3-47 的 AOV 网拓扑排序的过程如图 3-48 所示。这里得到了一种拓扑序列 C_1,C_2,C_3,C_4,C_5,C_7,C_9,C_{10},C_{12},C_{11},C_6,C_8。

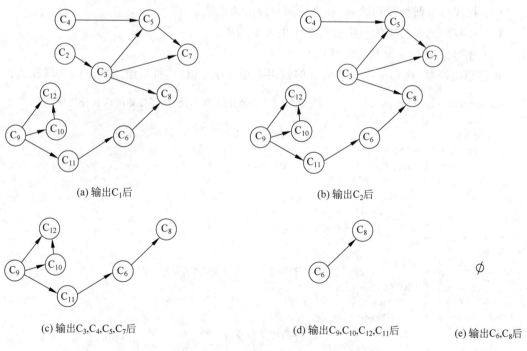

图 3-48 AOV 网拓扑排序过程

从构造拓扑序列的过程中可以看出,许多情况下,入度为 0 的顶点可能有多个,这样就可以给出多种拓扑序列。若按所给出的拓扑序列顺序进行课程学习,可保证在学习任一门课程时,这门课程的先修课程已经学过。

拓扑排序可在有向图的不同存储结构表示方法上实现。下面针对图 3-49(a)所给出的 AOV 网进行讨论。

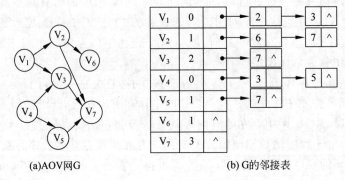

(a)AOV网G　　　　　　　　(b) G的邻接表

图 3-49　AOV 网 G 及其邻接表

邻接矩阵存储结构中,由于某个顶点的入度由这个顶点相对应列上的 1 的个数所确定,而它的出度由顶点所对应行上的 1 的个数所确定,所以在这种存储结构上实现拓扑排序算法的步骤是:

(1) 取 1 作为第一个序号。

(2) 找一个还没有获得序号的全零元素的矩阵列,若没有则停止寻找。此时,如果矩阵中所有列都已获得了序号,则拓扑排序完成;否则,说明该有向图中有环存在。

(3) 把序号值赋给找到的列,并将该列对应的顶点输出。

(4) 将找到列所对应的行中所有为 1 的元素清零。

(5) 序号值增 1,重复执行步骤(2)~(5)。

根据以上步骤,使用一个长度为 n 的数组来存放序号值时,可以给出如下的实现算法:

```
TOPOSORTA(graph * g,int n)    /* 对有 n 个顶点的有向图,使用邻接矩阵求拓扑排序 */
{    int i, j, k, t, v, D[n] = 0;
     v = 1;                   /* 序号变量置 1 */
     for (k = 0; k < n; k++) {
          for (j = 0; j < n; j++)    /* 寻找全零列 */
               if (D[j] = = 0) {
                    t = 1;
                    for (i = 0; i < n; i++)
                         if (g->arcs[i][j] = = 1) {
                              t = 0;
                              break;
                         }                  /* 若第 j 列上有 1,则跳出循环 */
                    if (t = = 1) {
                         m = j;
                         break;
                    }                       /* 找到第 j 列为全 0 列 */
               }
          if ( j!= n ) {
```

```
            D[m] = v;                    /* 将新序号赋给找到的列 */
            printf (" %d\t ", g->vexs[m]); /* 将排序结果输出 */
            for (i = 0; i < n; i++)
                g->arcs[m][i] = 0;       /* 将找到的列的相应行置全 0 */
            v++;                         /* 新序号增 1 */
        }
        else break;
    }
    if( v - 1 < n ) printf (" \n The network has a cycle \n ");
} /* TOPOSORTA */
```

图 3-49 中 G 的邻接矩阵应用以上算法得到的拓扑排序序列为 $V_1, V_2, V_4, V_3, V_5, V_6, V_7$。

利用邻接矩阵进行拓扑排序时,程序虽然简单,但效率不高,算法的时间复杂度约为 $O(n^3)$。而利用邻接表使寻找顶点入度为 0 的操作简化,从而提高拓扑排序算法的效率。

邻接表存储结构中,为了便于检查每个顶点的入度,可在顶点表中增加一个入度域(id)。此时,只需要对由 n 个元素构成的顶点表进行检查就能找出入度为 0 的顶点。为避免对每个入度为 0 的顶点重复访问,可用一个链栈来存储所有入度为 0 的顶点。进行拓扑排序前,只要对顶点表进行一次扫描,便可将所有入度为 0 的顶点都入栈。以后,每次从栈顶取出入度为 0 的顶点,并将其输出即可。

一旦排序过程中出现了新的入度为 0 的顶点,同样又将其入栈。入度为 0 的顶点出栈后,根据顶点的序号找到相应的顶点和以该顶点为起点的出边,再根据出边上的邻接点域的值使相应顶点的入度值减 1,便完成了删除所找到的入度为 0 的顶点的出边的功能。

邻接表存储结构中实现拓扑排序算法的步骤为:
(1) 扫描顶点表,将入度为 0 的顶点入栈。
(2) 当栈非空时执行以下操作:
① 将栈顶顶点 V_i 的序号弹出,并输出之;
② 检查 V_i 的出边表,将每条出边表邻接点域所对应的顶点的入度域值减 1,若该顶点入度为 0,则将其入栈。
(3) 若输出的顶点数小于 n,则输出有回路,否则拓扑排序正常结束。

具体实现时,链栈无须占用额外空间,只需利用顶点表中入度域值为 0 的入度域来存放链栈的指针(即指向下一个存放链栈指针的单元的下标),并用一个栈顶指针 top 指向该链栈的顶部即可。由此给出以下的具体算法:

```
typedef int datetype;
typedef int vextype;
typedef struct node {
    int adjvex;                    /* 邻接点域 */
    struct node * next;            /* 链域 */
} edgenode;                        /* 边表结点 */
    typedef struct {
        vextype vertex;            /* 顶点信息 */
        int id;                    /* 入度域 */
        edgenode * link;           /* 边表头指针 */
    } vexnode;                     /* 顶点表结点 */
vexnode ga[n];
TOPOSORTB(vexnode ga[ ]) {         /* AOV 网的邻接表 */
```

```c
{   int i, j, k, m = 0, top = -1;           /* m 为输出顶点个数计数器,top 为栈指针 */
    edgenode * p;
    for (i = 0; i < n; i++)                  /* 初始化,建立入度为 0 的顶点链栈 */
        if (ga[i].id = = 0) {
            ga[i].id = top;
            top = i;
        }
    while( top!= -1 ) {                      /* 栈非空执行排序操作 */
        j = top;
        top = ga[top].id;                    /* 第 j+1 个顶点退栈 */
        printf (" %d\t ", ga[j].vertex);     /* 输出退栈顶点 */
        m++;                                 /* 输出顶点计数 */
        p = ga[j].link;
        while(p) {                           /* 删去所有以 V_{j+1} 为起点的出边 */
            k = p -> adjvex - 1;
            ga[k].id -- ;                    /* v_{k+1} 入度减 1 */
            if (ga[k].id = = 0) {            /* 将入度为 0 的顶点入栈 */
                ga[k].id = top;
                top = k;
            }
            p = p -> next;                   /* 找 V_{j+1} 的下一条边 */
        }
    }
    if (m < n)                               /* 输出顶点数小于 n,有回路存在 */
        printf (" \n The network has a cycle\n ");
}                                            /* TOPOSORTB */
```

对于图 3-49 中的邻接表执行以上算法时,入度域的变化情况如图 3-50 所示。这时得到的拓扑序列为 V_4,V_5,V_1,V_3,V_2,V_7,V_6。

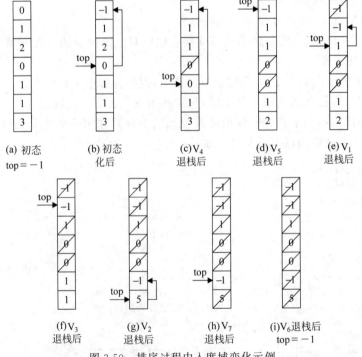

图 3-50 排序过程中入度域变化示例

对一个具有 n 个顶点，e 条边的 AOV 网来说，初始化部分执行时间是 O(n)；排序中，若 AOV 网无回路，则每个顶点入栈和出栈各一次，每个边表结点检查一次，执行时间为 O(n+e)，故总的算法时间复杂度为 O(n+e)。

3.7 小结

本章介绍了两种非线性的数据结构——树和图。

树在存储结构中占据非常重要的地位，在树形结构中树是一种具有层次特征的数据结构，二叉树是一种非常重要、简单、典型的数据结构。二叉树的 5 个性质揭示了二叉树的主要特征。二叉树的存储结构有顺序存储结构和链式存储结构两种。采用顺序存储结构可能会浪费大量的空间，因此常常利用顺序存储结构存储满二叉树和完全二叉树，而一般二叉树大多采用链式存储结构。二叉树的遍历是对二叉树进行各种操作的基础，无论递归算法还是非递归算法都要很好掌握。二叉树的遍历是一种常用的操作。二叉树的遍历分为先序遍历、中序遍历和后序遍历。二叉树的遍历过程就是将二叉树这种非线性结构转换成线性结构。

树和森林的存储有多种方法，和二叉树一样，对树和森林的遍历是对树结构操作的基础，通常有先根和后根两种遍历方法，分别对应于二叉树的先序和中序遍历，所以能利用二叉树的遍历来实现。树、森林和二叉树可以相互转化，树实现起来不是很方便，实际应用中，可以将问题转化为二叉树的相关问题加以实现。

哈夫曼树是 n 个带权叶子结点构成的带权路径长度最短的二叉树。哈夫曼树是二叉树的应用之一，要掌握哈夫曼树的建立方法及哈夫曼编码生成算法，值得注意的是哈夫曼树通常采用静态链式存储结构。

图的存储结构有 4 种，分别是邻接矩阵存储结构、邻接表存储结构、十字链表存储结构和邻接多重表存储结构。其中，最常用的是邻接矩阵存储和邻接表存储。图的遍历分为两种，分别是广度优先遍历和深度优先遍历。图的广度优先遍历类似于树的层次遍历，图的深度优先遍历类似于树的先根遍历。

构造最小生成树的算法主要有两个，分别是普里姆算法和克鲁斯卡尔算法。最短路径与实际关系密切，例如它可表示完成工程的最短工期，通常用图的顶点表示事件，弧表示活动，权值表示活动的持续时间。

树和图是数据结构中的难点，学好树和图的第一步就是要搞清楚树和图中的一些概念，然后多看算法，耐心研究算法，从多方面认真学习树和图。

3.8 习题

1. 单项选择题

(1) 树形结构的特点是任意一个结点(　　)。

    A. 可以有多个直接前驱　　　　　　B. 可以有多个直接后继

    C. 至少有一个前驱　　　　　　　　D. 只有一个后继

(2) 将一棵有 100 个结点的完全二叉树从根这一层开始，每一层从左到右依次对结点进行编号，根结点编号为 1，则编号为 49 的结点的左孩子的编号为(　　)。

    A. 98　　　　　　　B. 99　　　　　　　C. 50　　　　　　　D. 48

(3) 对具有100个结点的二叉树,若用二叉链表存储,则其指针域部分用来指向结点的左、右孩子,一共有(　　)个指针域为空。
   A. 55   B. 99   C. 100   D. 101

(4) 如果 T_1 是由有序树 T 转换来的二叉树,则 T 中结点的后序排列是 T_1 结点的(　　)排列。
   A. 先序   B. 后序   C. 中序   D. 层序

(5) 设有13个值,用它们组成一棵哈夫曼树,则该哈夫曼树中共有(　　)个结点。
   A. 13   B. 12   C. 26   D. 25

(6) 若对一棵有20个结点的完全二叉树按层编号,则编号为5的结点x,它的双亲结点及左孩子结点的编号分别为(　　)。
   A. 2,11   B. 2,10   C. 3,9   D. 3,10

(7) 将一棵有100个结点的完全二叉树从根这一层开始,每一层从左到右依次对结点进行编号,根结点编号为1,则编号最大的非叶结点的编号为(　　)。
   A. 48   B. 49   C. 50   D. 51

(8) 在有n个结点的二叉链表中,值为非空的链域的个数为(　　)。
   A. n−1   B. 2n−1   C. n+1   D. 2n+1

(9) 由64个结点构成的完全二叉树,其深度为(　　)。
   A. 8   B. 7   C. 6   D. 5

(10) 一棵含18个结点的二叉树的高度至少为(　　)。
   A. 3   B. 4   C. 5   D. 6

(11) 在一个无向图中,所有顶点的度之和等于边数的(　　)倍。
   A. 1/2   B. 1   C. 2   D. 4

(12) 在一个有向图中,所有顶点的入度之和等于所有顶点的出度之和的(　　)倍。
   A. 1/2   B. 1   C. 2   D. 4

(13) 设有6个顶点的无向图,该图至少应有(　　)条边,才能确保它是一个连通图。
   A. 5   B. 6   C. 7   D. 8

(14) 具有5个顶点的无向完全图共有(　　)条边。
   A. 5   B. 10   C. 15   D. 20

(15) 对于一个具有n个顶点的无向图,若采用邻接矩阵表示,则该矩阵的大小是(　　)。
   A. n   B. (n−1)×(n−1) C. n−1   D. n×n

(16) 对于一个具有n个顶点和e条边的无向图,若采用邻接表表示,则表头向量的大小是(　　)。
   A. n   B. n+1   C. e+1   D. e

(17) 对于一个具有n个顶点和e条边的无向图,若采用邻接表表示,则所有邻接表中的结点总数是(　　)。
   A. e/2   B. e   C. 2e   D. n+e

(18) 无向图的邻接矩阵是一个(　　)。
   A. 对称矩阵 B. 零矩阵 C. 上三角矩阵 D. 对角矩阵

(19) 在含 n 个顶点和 e 条边的无向图的邻接矩阵中,零元素的个数为(　　)。
　　A. e　　　　　　B. 2e　　　　　　C. n^2-e　　　　D. n^2-2e
(20) 假设一个有 n 个顶点和 e 条弧的有向图用邻接表表示,则删除与某个顶点 v_i 相关的所有弧的时间复杂度是(　　)。
　　A. O(n)　　　　B. O(e)　　　　　C. O(n+e)　　　　D. O(n*e)

2. 填空题

(1) 不考虑顺序的 3 个结点可构成＿＿＿＿种不同形态的树,＿＿＿＿种不同形态的二叉树。

(2) 已知某棵完全二叉树的第 4 层有 5 个结点,则该完全二叉树叶子结点的总数为＿＿＿＿。

(3) 已知一棵完全二叉树的第 5 层有 3 个结点,其叶子结点数是＿＿＿＿。

(4) 已知一棵完全二叉树中共有 768 个结点,则该树中共有＿＿＿＿个叶子结点。

(5) 一棵具有 110 个结点的完全二叉树,若 i=54,则结点 i 的双亲编号是＿＿＿＿;结点 i 的左孩子结点的编号是＿＿＿＿,结点 i 的右孩子结点的编号是＿＿＿＿。

(6) 一棵具有 48 个结点的完全二叉树,若 i=20,则结点 i 的双亲编号是＿＿＿＿;结点 i 的左孩子结点编号是＿＿＿＿,右孩子结点编号是＿＿＿＿。

(7) 一棵树 T 采用二叉链表存储,如果树 T 中某结点为叶子结点,则在二叉链表 BT 中所对应的结点一定＿＿＿＿。

(8) 已知在一棵含有 n 个结点的树中,只有度为 k 的分支结点和度为 0 的叶子结点,则该树中含有的叶子结点的数目为＿＿＿＿。

(9) 在有 n 个叶子结点的哈夫曼树中,总的结点数是＿＿＿＿。

(10) 图是一种非线性数据结构,它由两个集合 V(G) 和 E(G) 组成,V(G) 是＿＿＿＿的非空有限集合,E(G) 是＿＿＿＿的有限集合。

(11) 在无权图 G 的邻接矩阵 A 中,若 (v_i,v_j) 或 $<v_i,v_j>$ 属于图 G 的边集合,则对应元素 A[i][j] 等于＿＿＿＿。

(12) 设某无向图 G 中有 n 个顶点,用邻接矩阵 A 作为该图的存储结构,则顶点 i 和顶点 j 互为邻接点的条件是＿＿＿＿。

(13) 图 G 有 n 个顶点和 e 条边,以邻接表形式存储,进行深度优先搜索的时间复杂度为＿＿＿＿。

(14) 设无向图 G 中有 n 个顶点 e 条边,则用邻接矩阵作为图的存储结构进行深度优先或广度优先遍历时的时间复杂度为＿＿＿＿。

(15) 具有 n 个顶点的无向图,拥有最少的连通分量个数是＿＿＿＿,拥有最多的连通分量个数是＿＿＿＿。

(16) 图的遍历基本方法中＿＿＿＿是一个递归过程。

(17) n 个顶点的有向图最多有＿＿＿＿条弧。

(18) n 个顶点的无向图最多有＿＿＿＿条边。

(19) 在无向图 G 的邻接矩阵 A 中,若 A[i,j] 等于 1,则 A[j,i] 等于＿＿＿＿。

(20) 在一个具有 n 个顶点的无向图中,要连通全部顶点至少需要＿＿＿＿条边。

3. 判断题

(1) (　　)非线性数据结构可以顺序存储,也可以链接存储。

(2)（   ）非线性数据结构只能用链接方式才能表示其中数据元素的相互关系。

(3)（   ）完全二叉树一定是满二叉树。

(4)（   ）平衡二叉树中,任意结点左右子树的高度差(绝对值)不超过1。

(5)（   ）若一棵二叉树的任意一个非叶子结点的度为2,则该二叉树为满二叉树。

(6)（   ）度为1的有序树与度为1的二叉树等价。

(7)（   ）一棵树中的叶子结点数一定等于与其对应的二叉树中的叶子结点数。

(8)（   ）二叉树的先序遍历序列中,任意一个结点均排列在其孩子结点的前面。

(9)（   ）若二叉树的叶子结点数为1,则其先序序列和后序序列一定相反。

(10)（   ）已知一棵二叉树的先序序列和后序序列,就一定能构造出该二叉树。

(11)（   ）邻接表表示法是采用链式存储结构表示图的一种方法。

(12)（   ）用邻接表表示图的方法优于用邻接矩阵表示图的方法。

(13)（   ）在边稀疏的情况下,用邻接表表示图要比用邻接矩阵节省存储空间。

(14)（   ）用邻接矩阵方法存储图比用邻接表方法存储图更容易确定图中任意两个顶点之间是否有边相连。

(15)（   ）在有向图中,逆邻接表表示法是指将原有邻接表所有数据按相反顺序重新排列的一种表示方法。

(16)（   ）在有向图中,采用逆邻接表表示法是为了便于确定顶点的入度。

(17)（   ）无向图的连通分量至少有一个。

(18)（   ）有向图的强连通分量最多有一个。

(19)（   ）简单路径是指图中所有顶点均不相同而形成的一条路径。

(20)（   ）简单回路是指一条起始点和终止点相同的简单路径所构成的回路。

4. 综合题

(1) 如图3-51所示的两棵二叉树,分别给出它们的顺序存储结构。

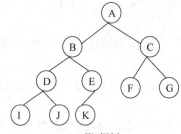

(a) 第1棵树

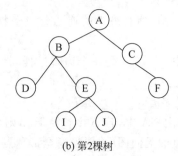

(b) 第2棵树

图3-51 两棵二叉树

(2) 已知一棵二叉树的中序、后序序列分别如下：

中序 D C E F B H G A K J L I M

后序 D F E C H G B K L J M I A

要求①画出该二叉树；②写出该二叉树的先序序列。

(3) 将图 3-52 所示的树转换成二叉树，并写出转换后二叉树的先序、中序、后序遍历结果。

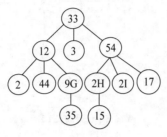

图 3-52 树

(4) 写出图 3-53 中的二叉树先序和后序遍历序列。

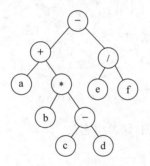

图 3-53 二叉树(1)

(5) 请画出与图 3-54 所示二叉树对应的森林。

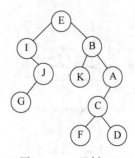

图 3-54 二叉树(2)

(6) 从空树起，依次插入关键字 40、8、90、15、62、95、12、23、56、32，构造一棵二叉排序树。

要求①画出该二叉排序树；②画出删去该树中结点元素值为 90 之后的二叉排序树。

(7) 输入一个正整数序列{100,50,302,450,66,200,30,260},建立一棵二叉排序树,要求①画出该二叉排序树;②画出删除结点 302 后的二叉排序树。

(8) 按给出的一组权值{4,5,7,8,11},建立一个哈夫曼树,并计算出该树的带权路径长度 WPL。

(9) 给出如图 3-55 所示无向图的邻接矩阵和邻接表。

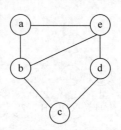

图 3-55　无向图(1)

(10) 求出图 3-56 的一棵最小生成树。

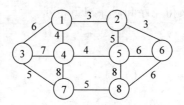

图 3-56　无向图(2)

(11) 如图 3-57 所示的有向图,请给出它的
① 每个顶点的入度和出度;
② 邻接矩阵;
③ 邻接表;
④ 强连通分量。

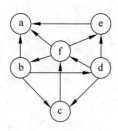

图 3-57　有向图(1)

(12) 给出有向图 3-58 的邻接矩阵、邻接表形式的存储结构,并计算出每个顶点的入度和出度。

(13) 如图 3-59 所示,其顶点按 a、b、c、d、e、f 顺序存放在邻接表的顶点表中,请画出该图的邻接表,使得按此邻接表进行深度优先遍历时得到的顶点序列为 acbefd,进行广度优先遍历时得到的顶点序列为 acbdfe。

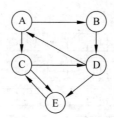

图 3-58　有向图(2)

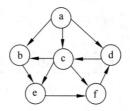

图 3-59　有向图(3)

(14) 已知一组数据序列 D={d_1,d_2,…,d_9},其数据间的关系为 R={(d_1,d_3),(d_1,d_8),(d_2,d_3),(d_2,d_4),(d_2,d_5),(d_3,d_9),(d_5,d_6),(d_8,d_9),(d_9,d_7),(d_4,d_7),(d_4,d_6)}。请画出此数据序列的逻辑结构图,并说明该图属于哪种结构。

(15) 已知数据结构的形式定义为 DS={D,S},其中
　　D={1,2,3,4},　S=={R},　R={<1,2>,<1,3>,<2,3>,<2,4>,<3,4>}
试画出此结构的图形表示。

(16) 已知图 G 的邻接表如图 3-60 所示,顶点 V_1 为出发点,完成以下要求:
① 写出按深度优先搜索的顶点序列。
② 写出按广度优先搜索的顶点序列。

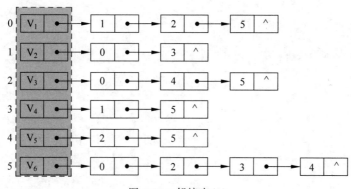

图 3-60　邻接表(1)

(17) 已知某无向图的邻接表存储结构如图 3-60 所示,要求①画出此无向图;②给出无向图的邻接矩阵表示。

(18) 已知一带权连通图 G=(V,E)的邻接表如图 3-61 所示。画出该图,并分别以 BFS 和 DFS 遍历,写出遍历序列,并画出该图的一个最小生成树。示意图 3-62 为表结点的结构

图(以 V_1 为初始点)。

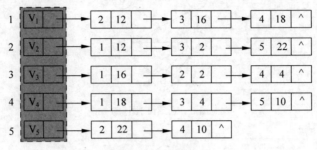

图 3-61 邻接表(2)

顶点号	边上的权值	指针

图 3-62 示意图

第 4 章 排序和查找

CHAPTER 4

在实际生产和生活中,经常要用到排序和查找操作。例如,学生的课程成绩按照高低进行排序;京东商城某种商品按照价格高低进行排序;电子商城网上搜寻某种商品网上书店某些书按照书评的分数进行排序,等等。互联网时代,百度和谷歌等网站通过排序和查找技术也获得了大量的收益。由于排序查找应用范围非常广,我们有必要掌握一些基本的相关算法,包括这些算法的基本思想、算法实现和选择应用。迄今为止,排序查找算法仍然层出不穷,据文献统计已有上百种之多。本章介绍一些常见的经典排序和查找算法,这些算法体现了一些重要的程序设计思想和设计技巧,这对于我们以后解决具体的问题非常必要。

4.1 排序的基本概念

所谓排序就是对给定的数据元素(或称为记录)按照关键字从大到小或从小到大的次序排列的过程。数据元素是排序的基本单位,它由若干个数据项组成,在此每一个数据项都称为一个关键字。其中,能够唯一标识一个数据元素的数据项,称为主关键字,即任一条记录的主关键字都具有唯一性,不能和其他记录的主关键字相同。例如,人口户籍表中的身份证号码。不能唯一标识一个数据元素的数据项,称为次关键字。例如,学籍表包括年龄、性别、籍贯、学号等数据项,其中学号就是主关键字,因为每个学生的学号不同,具有唯一性;年龄、性别、籍贯都属于次关键字,因为不同学生的这 3 个数据项的值有可能相同,因此次关键字一般不能作为区分记录的标志。注意,本章中"数据元素"与"记录"是同义词。

1. 排序的稳定性

待排序的文件中,如果存在多个关键字相同的记录,经过具体的方法排序后,具有相同关键字的记录之间的相对顺序保持不变,称该排序方法稳定;反之,如果具有相同关键字的多个记录经排序后其相对次序发生了变化,则称该排序方法不稳定。稳定性是排序算法的一个重要指标。在处理某些复杂问题,例如多关键字排序时,稳定性是选择算法的重要依据。

2. 排序的分类

如果根据排序时所需要存储器的不同,排序方法可以分为两大类:内部排序和外部排序。如果待排序的记录数较少,整个排序过程可以在内存中完成,称为内部排序。例如,在

C 程序设计中所学的排序方法,绝大多数是通过定义数组,编译时系统申请内存空间,将数据存放在数组中,然后进行排序操作,这属于内部排序。如果待排序的数据量太大,内存无法容纳全部数据,整个排序过程需要借助和外存交换数据才能完成,称为外部排序。例如,在对数据量大以致内存中容纳不下的线性表进行排序时,先将部分数据存放在外存中,另一部分数据放在内存中进行排序,将内存中的部分数据排序完毕后再保存到外存,然后重新将外存中数据调入内存进行排序,这一过程反复执行,直至全部排完顺序为止。内部排序不涉及内外存交换数据的问题,一般来说排序速度较快。本章介绍的内部排序主要包括以下五种:

1) 插入排序

插入排序基本思想是将待排序线性表分为有序序列和无序序列两部分,将无序序列的一个或几个记录插入到有序序列的合适位置,构成一个新的有序序列。这样不断进行此操作,直至无序序列的长度为零为止。

2) 选择排序

选择排序基本思想是从记录的无序序列中选择关键字值最大或者最小的记录,并将其加入有序序列中,构成一个新的有序序列。反复进行此操作,直至无序序列的长度为零。

3) 交换排序

交换排序通过交换无序序列中的记录从而得到其关键字最大或最小的记录,并将其加入有序序列中;然后对新的无序序列重复此操作,以此类推,直至有序序列的长度为整个表长。

4) 归并排序

归并排序通过归并两个或两个以上的记录有序子序列,这样有序子序列的长度逐渐增加,直至有序序列的长度为整个表长为止。

5) 基数排序

基数排序是一种不要需要直接进行关键字比较的排序方法,通过多次采用分配和收集两种策略来实现排序过程。

3. 排序算法的复杂度

时间复杂度方面,排序算法主要的操作包括记录关键字的比较和记录的移动,因此其时间复杂度主要取决于关键字的比较次数和记录的移动次数。空间复杂度方面,排序算法所需要的辅助空间取决于所用的算法本身。如果排序算法所需要的辅助空间并不依赖于问题的规模 n,即辅助空间是 $O(1)$,这样的排序称为就地排序。

待排序列的存储方式主要有 3 种,分别是顺序存储结构;链式存储结构;用顺序存储结构存储数据元素,但同时建立一个辅助表。

本章主要强调内部排序算法的思想和实现。为了简便起见,在此采用顺序存储结构存放所要排序的记录,并假定关键字都是整型,本章示例 C 语言描述如下:

```
#define MAXSIZE  100        //线性表可能的最大长度,例如 100
typedef   int   KeyType;    //假定的关键字类型
typedef   struct
{
    KeyType key;            //关键字
    int otheritem;          //为简便见,假定其他的数据项用整型数据表示
} ElemType;
```

```
typedef struct{
    ElemType R[MAXSIZE + 1];
    int length;                    //线性表长度
} RecordList;
```

需要说明的是本章线性表 L 中的记录存放从 L.R[1]开始,即第 1 个记录存储在 L.R[1]中,存储单元 L.R[0]用作监视哨。本章默认的记录排序顺序为按关键字值从小到大排列。

4.2 插入排序

插入排序是一种常用而又简单的排序方法。其基本思想是将一个线性表分为有序序列和无序序列两部分,待无序序列中的记录按照其关键字值的大小插入到已有序的子序列的适当位置,直到全部记录有序为止。插入排序的过程类似打扑克牌,一边摸牌一边理牌,将每次摸到的牌放到适当的位置,直至全部牌摸完为止。

插入排序算法的一般操作步骤为:

初始时,将表中的第 1 个元素看成一个有序子序列 S1。从第 2 个元素开始,将该元素插入到 S1 中,这样形成一个新的有序子序列 S2;再将第 3 个元素插入到 S2 的适当位置,这样又形成新的有序子序列 S3,……,以此类推,直至所有记录有序为止。

根据无序序列中的元素插入到有序序列的方式,插入排序一般可分为直接插入排序、折半插入排序和希尔排序三种。

4.2.1 直接插入排序

直接插入排序的基本思想为将无序序列中的记录与有序序列中的记录按照关键字的大小,从有序序列的一端开始,逐个进行记录关键字的比较,直至找到其合适插入位置为止。

设待排序的长度为 n 的线性表 L,已划分为有序表和无序表两部分,即 L.R[1]～L.R[i−1]为有序表,L.R[i]～L.R[n]为无序表。将 L.R[i].key 与 L.R[i−1].key 进行比较,如果 L.R[i].key＜L.R[i−1].key,则 L.R[i−1]后移一个位置;然后将 L.R[i].key 与 L.R[i−2].key 进行比较,如果 L.R[i].key＜L.R[i−2].key,则 L.R[i−2]后移一个位置;以此类推,直至找到关键字小于或等于 L.R[i].key 的记录,该记录后一个位置即为 L.R[i]的插入位置。这就完成了直接插入排序的一趟排序过程。可见含有 n 个记录的线性表完成全部排序过程需要进行 n−1 趟排序。

直接插入排序过程中,需要移动记录。因此在算法实现时,需要申请一个存储单元,用来存放当前要排序的记录。

【例 4-1】 设待排序线性表的关键字序列为(20,18,9,25,64,30),写出直接插入排序完整过程。

说明:用[ ]表示已排好的有序子序列,用( )表示监视哨。

初始状态:[20]　18　9　25　64　30
第 1 趟:(18)[18　20]　9　25　64　30
第 2 趟:(9) [9　18　20]　25　64　30
第 3 趟:(25)[9　18　20　25]　64　30

第 4 趟：(64) [9 18 20 25   64] 30
第 5 趟：(30) [9 18 20 25   30 64]

直接插入排序算法如下：

```
void InsertSort(RecordList &L)
{
  int i,j;
  for( i = 2; i <= L.length; i++){
      L.R[0] = L.R[i];                    //将待排序记录存入监视哨
      j = i-1;                            //j 指向有序序列的最后一个元素
      while(L.R[0].key < L.R[j].key){
          L.R[j+1] = L.R[j];              //记录后移
          j--;
      }
      L.R[j+1] = L.R[0];                  //将第 i 个元素插入至恰当位置
  }
}
```

直接插入排序算法分析如下：

(1) 该算法在找插入位置的过程中遇到关键字相同的元素就停止了，因此该算法为稳定排序算法。

(2) 该算法仅利用了一个记录的辅助存储空间。

(3) 当数据表为正序表，即表中的元素已按照关键字从小到大的顺序排列，每次循环只需要记录比较一次，移动记录两次，整个算法数据比较次数和元素移动次数分别为 n−1 和 2(n−1)，此时时间复杂度为 $O(n)$。

(4) 当数据表为逆序表，即表中的元素已按照关键字从大到小的顺序排列，第 i 次循环中需要比较记录 i 次和移动记录 i+1 次，分别为 $\sum_{i=2}^{n} i = \frac{(n+2)(n-1)}{2}$ 和 $\sum_{i=2}^{n} (i+1) = \frac{(n+4)(n-1)}{2}$，因此其时间复杂度为 $O(n^2)$。

(5) 一般情况下，假定各种排列出现的概率相同，取最好情况（正序）与最差情况（逆序）的均值作为其时间复杂度，因此该算法复杂度为 $O(n^2)$。

4.2.2 折半插入排序

排序算法的时间复杂度取决于记录关键字的比较次数与记录的交换次数。因此减少这两个因素中的任意一个都可以提高算法的执行效率。直接插入排序是将无序子表 S2 中的记录插入至有序子表 S1 时，采用顺序查找的方法找到待插入元素的位置。当 S1 的长度很大时，这种搜索插入位置的方式比较耗费时间。由于子表 S1 的有序性，受到折半查找的启发，可以采用类似折半查找的方法找到待插入元素的位置，这就是折半插入排序。

折半插入排序参考算法如下：

```
void BiInsertSort(RecordList &L)
{
int i,j,low,high,mid;
for( i = 2; i <= L.length; i++){
```

```
if( L.R[i].key < L.R[i-1].key ){
    L.R[0] = L.R[i];              //将待排序记录存入监视哨
    low = 1;
    high = i - 1;
    while ( low <= high ){
        mid = (low + high)/2;
        if(L.R[0].key < L.R[mid].key )
            high = mid - 1;
        else
            low = mid + 1;
    }
    for ( j = i - 1; j >= low; j-- )
        L.R[j+1] = L.R[j];         //记录后移
        L.R[j+1] = L.R[0];         //将第 i 个元素插入至恰当位置
}
}
```

折半插入排序的时间复杂度分析：显然与直接插入排序相比，可以减少关键字的比较次数。每插入一个元素，需要比较的次数最多的情况下为折半查找判定树的深度。然而折半查找并没有改变记录的移动次数，其总的时间复杂度仍然为 $O(n^2)$。折半插入排序算法也是一种稳定排序算法。

4.2.3 希尔排序

希尔排序(Shell Sort)又称为缩小增量排序，是对直接插入排序算法的一种改进。该算法由 Donald L. Shell 在 1959 年提出。

直接插入排序在序列基本有序和表长较小时，性能较好。希尔排序利用了直接插入排序的这个特点，先把整个表划分为多个长度较小的子表，对这些子表进行直接插入排序，然后又将这些子表扩展成一个新表，显然新表的有序性增加了。在此基础上，再对新表进行类似的子表划分和排序；多次进行此类操作，直至整个表中的元素全部有序为止。

希尔排序的操作过程如下：首先确定一组增量（又称为步长因子）$d_1, d_2, \cdots, d_k$，其中 $n > d_0 > d_1 > d_2, \cdots, > d_k, d_k = 1$。根据步长 d_i 将整个表分为 d_i 个子表，每个子表中元素的下标间隔为 d_i，对每个子表进行直接插入排序，这样就完成了一趟希尔排序，表的有序性得以改善。然后减小增量 d_i，重复进行。这样总共进行 k 趟排序，整个表就变为有序表了。

【例 4-2】 设待排序线性表的关键字序列为(36,84,75,42,16,28,51,79,33,10,96,8,42,85)，步长依次取为 5、3、1，写出希尔排序的完整过程。

初始状态：36,84,75,42,16,28,51,79,33,10,96,8,42,85

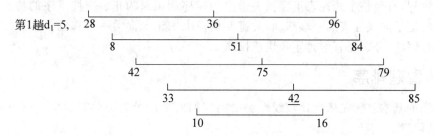

排序结果：28,8,42,33,10,36,51,75,42,16,96,84,79,85

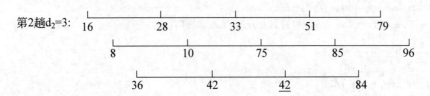

排序结果：16，8，36，28，10，42，33，75，42，51，85，84，79，96

第 3 趟 $d_3=1$，排序结果：8，16，10，28，33，36，42，42，51，75，79，84，85，96

希尔排序参考算法如下：

```
void ShellInsert(RecordList &L,int delta)          //步长因子为 delta 时,完成一趟排序
{
int i,j;
for( i = delta + 1; i <= L.length; i++)
    if(L.R[i].key < L.R[i - delta].key){
        L.R[0] = L.R[i];                            //待插入的记录放入监视哨
        for( j = i - delta; j > 0 && L.R[0].key < L.R[j].key; j = j - delta)
            L.R[j + delta] = L.R[j];                //记录后移
        L.R[j + delta] = L.R[0];                    //插入到适当位置
    }
}
//设置一组步长,完成整个序列的排序
void ShellSort(RecordList &L,int delta[],int k)    //k 为步长因子的个数
{
int i,j;
for( i = 0; i < k; i++)
    ShellInsert(L,delta[i]);
}
```

希尔排序算法性能与步长因子的选取有很大的关系。步长因子和具体的序列有关。目前尚无统一选取最优步长的方法，也没有适合任意情况下的最佳步长因子。目前的文献中，步长因子可以有多种选取方法，有的取奇数，有的取质数。但是不管怎么取，最后一个步长因子必须为 1，才能保证对任意数据表最终排序结果的有序性。

通过例 4-2 可以看出，希尔排序是一种不稳定的排序算法。

4.3 交换排序

交换排序的基本思想是在待排序的线性表中找到逆序的两个关键字，交换它们的位置；然后重复这个过程，直至整个线性表不存在关键字为逆序的记录为止。交换排序的特点是关键字值较小的记录向线性表的一端移动，关键字值较大的记录向另一端移动。本节主要介绍两种交换排序法，分别是冒泡排序和快速排序。

4.3.1 冒泡排序

冒泡排序法的基本思想是依次比较线性表中相邻的两个记录的关键字大小，如果存在逆序，就交换其位置。

设待排序的线性表 L 的长度为 n，即 L.R[1]～L.R[n]。对其进行冒泡排序的具体过程如下：

(1) 第 1 趟，从第 1 个记录开始，依次比较相邻的两个记录的关键字，如果存在逆序，就交换这两个记录的位置，直至最后一个记录。这样，关键字最大(或最小)的记录就交换至 L.R[n]（即其最终位置）。

(2) 第 2 趟，从第 1 个记录开始至第 n−1 个记录，进行类似第 1 趟的过程，这样关键字次大(或次小)的记录就交换至 L.R[n−1]，……如此重复，直至进行 n−1 趟排序后，整个线性表完全有序。

冒泡排序算法参考代码如下：

```
void BubbleSort(RecordList &L)
{
    int i,j;
    i = 1;
    for( i = 1; i < L.length; i++)
        for( j = 1; j <= L.length - i; j++)
            if( L.R[j].key > L.R[j+1].key ){
                L.R[0] = L.R[j];
                L.R[j] = L.R[j+1];
                L.R[j+1] = L.R[0];
            }
}
```

【例 4-3】 设待排序线性表的关键字序列为(36,84,75,42,16,28,42,85)，按照关键字由小到大的顺序排列，写出冒泡排序的完整过程。

初始状态：36,84,75,42,16,28,42,85

一趟冒泡排序过程

第 1 次：36, 84, 75, 42, 16, 28, 42, 85

第 2 次：36, 75, 84, 42, 16, 28, 42, 85

第 3 次：36, 75, 42, 84, 16, 28, 42, 85

第 4 次：36, 75, 42, 16, 84, 28, 42, 85

第 5 次：36, 75, 42, 16, 28, 84, 42, 85

第 6 次：36, 75, 42, 16, 28, 42, 84, 85

第 7 次：36, 75, 42, 16, 28, 42, 84, 85

第 1 趟排序结果：36,75,42,16,28,42,84,85

类似地,

第 2 趟排序结果:36,42,16,28,42,75,84,85
第 3 趟排序结果:36,16,28,42,42,75,84,85
第 4 趟排序结果:16,28,36,42,42,75,84,85
第 5 趟排序结果:16,28,36,42,42,75,84,85
第 6 趟排序结果:16,28,36,42,42,75,84,85
第 7 趟排序结果:16,28,36,42,42,75,84,85

该例题中,第 5 趟排序没有进行记录位置交换。表明此时线性表中不存在逆序记录。在此之后的两趟排序也不存在记录位置交换的情况。因此第 6 趟和第 7 趟排序完全可以不做。这说明冒泡排序算法可以进一步改进。

改进的冒泡排序方法可以设置一个整型变量 flag 记录一趟排序中是否存在记录位置交换的情况。每一趟排序之前将 flag 的值设置为 0,在这趟排序中,如果存在记录位置交换,则将其设置为 1。这样,每一趟排序之后,首先判断 flag 的值。如果其值为 1,继续进行下一趟排序;否则,排序结束。以下是该算法的 C 语言参考实现代码。

改进的冒泡排序算法参考代码如下:

```c
void Modified_BubbleSort(RecordList &L)
{
    int i,j,flag;
    i = 1;
    do{
        flag = 0;
        for( j = 1; j <= L.length - i; j++)
         if( L.R[j].key > L.R[j+1].key ){
            L.R[0] = L.R[j];
            L.R[j] = L.R[j+1];
            L.R[j+1] = L.R[0];
            flag = 1;
          }
        i++;
    }while((i < L.length)&& flag);
}
```

冒泡排序算法分析如下:

(1) 长度为 n 的线性表中的记录为正序的情况下,此时不需要移动数据元素,也不需要交换数据元素,只需一趟排序即可完成整个线性表的排序,此时仅需要 n−1 次记录比较。

(2) 线性表中记录为逆序的情况下,要进行 n−1 趟排序,第 1 趟需要比较 n−1 次,第 2 趟需要比较 n−2 次,第 i 趟需要比较 n−i 次,这样总的比较次数为 $\frac{n(n-1)}{2}$。因此冒泡排序算法的复杂度为 $O(n^2)$。冒泡排序算法的空间复杂度需要一个记录的辅助空间进行记录交换,故为 $O(1)$。

(3) 冒泡排序算法是一种稳定的排序算法。

4.3.2 快速排序

冒泡排序算法中每完成一趟排序,一般情况下只能确定一个记录的最终位置,效率较低。如果一个记录距离其最终排序位置较远,这种算法则需要进行多次的记录比较和移动操作。如何使得移动和比较次数更少一些?快速排序算法是对冒泡排序算法的一种改进,其着力于减少记录比较和移动的次数。

快速排序算法的基本思想:设待排序的线性表 L 的长度为 n,任取其中一个记录 L.R[i],以该记录的关键字 L.R[i].key 为基准,将其余 n−1 个记录划分为两个子表 S1 和 S2,子表 S1 中记录的关键字均小于或等于 L.R[i].key,子表 S2 中记录的关键字均大于 L.R[i].key,整个线性表可以划分为<子表 S1 > L.R[i]<子表 S2 >。这样就完成了快速排序的第一趟排序。然后分别对两个子表重复上述划分过程,再对新产生的子表继续同样的划分,直至每个子表只有一个记录时为止。

快速排序算法一趟排序的实现过程:为了实现线性表 L 的划分,可以设置两个指针 low 和 high。初始状态时 low 指向第 1 个记录,high 指向最后一个记录。即令 low=1,high = L.length。首先选择某个记录的关键字为基准关键字,将其暂存于监视哨 L.R[0] 中。当 low<high 时,执行以下操作:

(1)若 L.R[0].key ≤ R[high].key,则 high = high−1,即将基准关键字与 high 的前一个记录的关键字进行比较,否则 L.R[low] 与 L.R[high] 交换位置。

(2)若 L.R[0].key > R[low].key,则 low = low + 1。即将基准关键字同 low 的后一个记录的关键字进行比较,否则 L.R[low] 与 L.R[high] 交换位置。

(3)重复上述过程,直至 low 与 high 相等为止,算法结束。

【例 4-4】 设待排序线性表的关键字序列为(45,52,16,43,88,6,18,66),按照关键字由小到大的顺序排列,写出快速排序的全过程。

一趟排序示例如下:

初始状态:45, 52, 16, 43, 88, 6, 18, 66

(45) [ ], 52, 16, 43, 88, 6, 18, 66　　将第1个记录作为基准保存到L.R[0]中,形成"空位",
　　　↑　　　　　　　　　　↑　　　　从最右边选出比基准数小的数18移到前面的空位中
　　　low　　　　　　　　　high

(45) 18, 52, 16, 43, 88, 6, [ ], 66　　从最左边找出比L.R[0]大的数移到"空位"中,形成
　　　　　↑　　　　　　　　↑　　　　　新的"空位"
　　　　　low　　　　　　　high

(45) 18, [ ], 16, 43, 88, 6, 52, 66　　从最右边找出比L.R[0]小的数移到"空位"中,形成
　　　　　　↑　　　　　↑　　　　　　新的"空位"
　　　　　　low　　　　high

(45) 18, 6, 16, 43, [ ], 88, 52, 66　　从最左边找出比L.R[0]大的数移到"空位"中,形成
　　　　　　　　　↑　↑　　　　　　　新的"空位"
　　　　　　　　　low high

(45) 18, 6, 16, 43, [ ], 88, 52, 66　　low和high相等,将基准数存放入该"空位"中
　　　　　　　　　↑↑
　　　　　　　　low = high

(45) 18, 6, 16, 43, [45], 88, 52, 66 完成一趟排序

以此类推,可以得到第 2 趟、第 3 趟排序结果。

初始状态:45,52,16,43,88,6,18,66

第 1 趟:18,6,16,43,[45],88,52,66

第 2 趟:16,6,18,43,45,66,52,88

第 3 趟:6,16,18,43,45,52,66,88

由快速排序算法的具体操作过程可知,每一趟排序的执行过程类似,因此可以采用递归的方法来实现该算法。该算法包括两个部分,第一部分是线性表的子表划分算法;第二部分递归调用子表划分算法,即快速排序算法。以下是该算法的 C 语言描述代码:

线性表划分算法如下:

```c
int Partition(RecordList &L, int low, int high)
{
 L.R[0] = L.R[low];                              //将 L.R[low]暂时存放在 L.R[0]中
 while( low < high){
    while((low < high) && (L.R[high].key >= L.R[0].key ))
        high-- ;
    L.R[low] = L.R[high];                        //交换记录
    while((low < high) && (L.R[low].key < L.R[0].key ))
        low++;
    L.R[high] = L.R[low];                        //交换记录
 }
 L.R[low] = L.R[0];
 return low;
}
```

快速排序算法如下:

```c
void QuickSort(RecordList &L, int low, int high)
{
if( low < high )
{
    int pos = Partition(L, low, high);
    QuickSort(L, low, pos - 1);
    QuickSort(L, pos + 1, high);
}
}
```

快速排序算法的时间复杂度取决于基准记录的选择。如果每个子表排序时所选择的基准记录都是当前子表的中间位置记录,该方法将迅速使原线性表划分为较短且长度较为均匀的子表,此时排序速度最快。如果排序时所选择的基准记录的关键字值为该线性表中记录关键字的最大值或最小值,此时无法达到划分的目的,排序速度减慢。一般情况下,快速排序算法的效率还是较高的,其平均时间复杂度为 $O(n\log_2 n)$。

4.4 选择排序

选择排序(select sort)的基本思想是每一趟排序中,在待排序子表中选出关键字最大或最小的记录并将其放在最终排序位置上。本节介绍两种典型的选择排序算法,分别是简单选择排序算法和堆排序算法。

4.4.1 简单选择排序

简单选择排序算法,又称为直接选择排序算法。其排序执行过程如下。

第 1 趟排序:扫描整个表 L,找到关键字值最小的记录,将该记录同表中第 1 个记录交换位置。

第 2 趟排序:扫描除了第 1 个记录之外的其余记录构成的子表,在该子表中找出关键字值最小的记录,将该记录同原表中第 2 个记录交换位置。

第 3 趟排序:扫描除了第 1 个记录与第 2 个记录之外的记录构成的子表,在该子表中找出关键字值最小的记录,将该记录同原表中第 3 个记录交换位置。

以此类推。共进行 L.length−1 趟排序,即完成整个表的排序工作。

【例 4-5】 设待排序线性表的关键字序列为(45,52,16,45,88,6,18,66),按照关键字由小到大的顺序,写出简单选择排序每一趟执行后的序列状态。

初始状态:45,52,16,45,88,6,18,66
第 1 趟:6,52,16,45,88,45,18,66
第 2 趟:6,16,52,45,88,45,18,66
第 3 趟:6,16,18,45,88,45,52,66
第 4 趟:6,16,18,45,88,45,52,66
第 5 趟:6,16,18,45,45,88,52,66
第 6 趟:6,16,18,45,45,52,88,66
第 7 趟:6,16,18,45,45,52,66,88

简单选择排序算法 C 语言描述如下:

```c
void SelectSort(RecordList &L)
{
    int i,j,k;
    for(i = 1; i < L.length; i++){
        k = i;
        for( j = i + 1; j < L.length; j++)
        {
            if( L.R[j].key < L.R[k].key)
                k = j;
        }
        if(k != i){
            L.R[0] = L.R[i];
            L.R[i] = L.R[k];
            L.R[k] = L.R[0];
        }
    }
}
```

简单选择排序算法分析如下:

(1) 由例 4-5 可以看出,关键字相同的记录在排序过程中交换了次序,因此该算法是一种不稳定排序算法。

(2) 对于长度为 n 的记录表,该算法共进行了 n(n−1)/2 次比较,记录交换次数最多为

n−1 次,因此该算法的时间复杂度为 $O(n^2)$。

由简单选择排序算法的执行过程看,在不同趟的排序过程中存在着记录重复比较的现象。如果在设计算法时能够记录以前选择过程的一些信息,减少重复比较的次数,就可以提高算法的效率。接下来介绍的堆排序就是基于这样一种思想的改进算法。

4.4.2 堆排序

堆排序算法的基本思想是借助于一种称为堆的结构,在选择关键字最小的记录时,不需要进行全部记录的顺序查找,而是利用部分记录已经比较的信息。首先介绍堆的定义。

由 n 个记录所组成的线性表($a_1, a_2, \cdots, a_n$),当且仅当其关键字(k_i 为 a_i 的关键字)满足下列关系时,称之为堆。

$$\begin{cases} k_i \leqslant k_{2i} \\ k_i \leqslant k_{2i+1} \end{cases} \text{(小根堆)} \quad \text{或} \quad \begin{cases} k_i \geqslant k_{2i} \\ k_i \geqslant k_{2i+1} \end{cases} \text{(大根堆)}$$

若将 n 个记录的线性表看成一棵完全二叉树,则堆的定义可以用完全二叉树的有关术语来描述。对于小根堆,每一个结点的关键字值均不大于其左右孩子结点的关键字值;对于大根堆,每一个结点的关键字值均不小于其左右孩子结点的关键字值。图 4-1 和图 4-2 分别为小根堆和大根堆的实例,其中圆圈中的数字为记录的关键字。如果线性表是堆,则堆顶记录必定是线性表中关键字值最大或最小的记录。堆排序就是根据堆的这个特性来进行排序的一种方法。

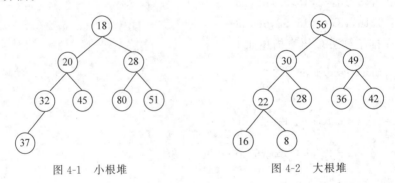

图 4-1 小根堆　　　　　　　图 4-2 大根堆

堆排序算法执行过程为:对于长度为 n 的线性表,首先建立一个大根堆,即选择一个关键字最大的记录,将该记录与线性表中最后一个记录交换位置,完成第一趟排序。然后对除了最后一个记录之外的其余 n−1 记录进行整理,得到一个新的大根堆,交换堆顶记录与第 n−1 个记录的位置,完成第二趟排序。以此类推,直至排序结束。

从堆排序的过程可以看出,每一趟排序中,都会选出当前堆的堆顶元素并确定其最终排序位置,因此堆排序是一种选择排序方法。

堆排序关键需要解决两个问题,一是如何将记录($a_1, a_2, \cdots, a_n$)排列成堆的形式,即初始堆的构建;二是如果($a_1, a_2, \cdots, a_n$)是一个堆,将堆顶记录 a_1 与 a_i 交换位置之后,剩余的记录整理成为一个新堆,这一过程称为筛选。

首先来讨论筛选算法。注意到,当堆顶记录 a_1 与 a_i 交换位置后,原来堆顶的子树并没有变换,仍然保持着堆的特性,只是新的树根可能不再满足堆的性质。堆的筛选算法是将根

结点 a_1 与其左右孩子的关键字值大的做交换,若与其左孩子交换,则根的左子树堆的特性可能被破坏,此时需要交换其左子树的根结点与其左右孩子关键字值较大的记录位置。若与右孩子交换,进行类似的调整。以此类推,直至满足堆的特性为止。图 4-3 给出了一个调整大根堆的实例。

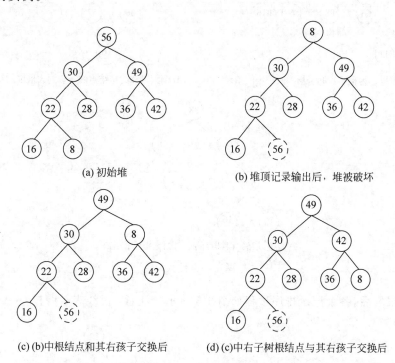

图 4-3 堆的调整过程

在筛选算法的基础上,可以对一个线性表建立一个初始堆。其方法为,首先根据该线性表建立一棵完全二叉树,将每个叶子结点看作一个堆,然后利用前面提到的筛选方法,自底向上逐层把所有子树调整为堆,直到将整棵完全二叉树调整为堆。

【**例 4-6**】 设待排序线性表的关键字序列为(45,52,16,43,88,6,18,66,16),按照关键字由小到大的顺序排列,画出初始堆并图示给出堆排序的整个过程,如图 4-4 所示。

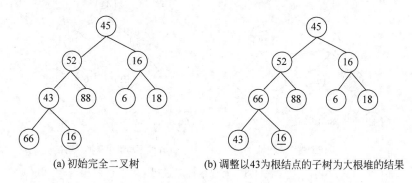

图 4-4 建立大根堆的过程

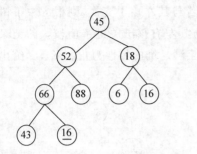
(c) 调整以16为根结点的子树为大根堆的结果

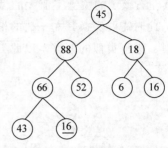
(d) 调整以52为根结点的子树为大根堆的结果

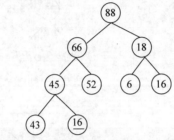
(e) 调整以45为根结点的子树为大根堆的结果

图 4-4 （续）

建立大根堆后，各个记录排序过程如图 4-5 所示。注意：虚线表示剪枝。

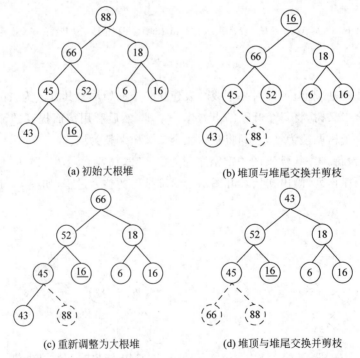

图 4-5 大根堆排序过程

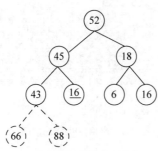
(e) 重新调整为大根堆

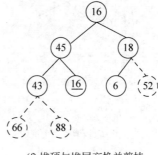
(f) 堆顶与堆尾交换并剪枝

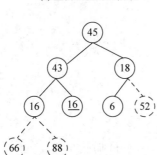
(g) 重新调整为大根堆

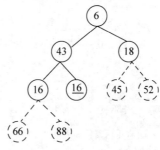
(h) 堆顶与堆尾交换并剪枝

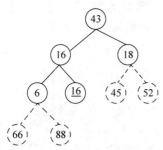
(i) 重新调整为大根堆

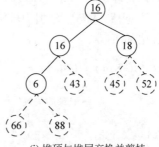
(j) 堆顶与堆尾交换并剪枝

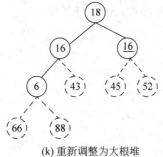
(k) 重新调整为大根堆

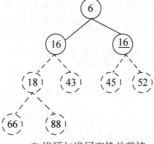
(l) 堆顶与堆尾交换并剪枝

图 4-5 （续）

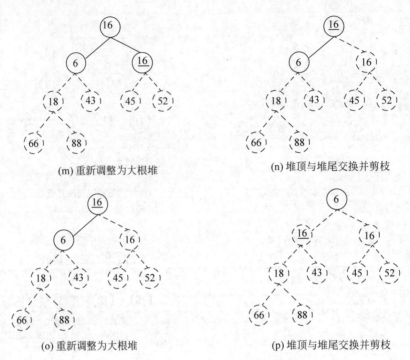

图 4-5 （续）

由此得到的排序序列为：6, 16, 16, 18, 43, 45, 52, 66, 88。
堆排序算法包括 3 部分, 分别为堆筛选算法、建立初始堆、堆排序算法。
堆筛选算法如下：

```
void HeapSift(RecordList &L, int m, int t)   //调整 L.R[m].key,使 L.R[m..t]为一个大根堆
{
    //已知 L.R[m…t]中记录的关键字除了 L.R[m].key 外,均满足大根堆的定义
    int i;
    L.R[0] = L.R[m];
    for(i = 2 * m; i <= t; i = 2 * i){
        if( i < t && L.R[i].key < L.R[i+1].key )
            i++;                              //i 为关键字较大的记录下标
        if(L.R[0].key > L.R[i].key )
            break;
        //若根结点的关键字值大于其左右孩子的关键字值,算法结束

        L.R[m] = L.R[i];                      //否则交换位置
        m = i;
    }
    L.R[m] = L.R[0];                          //插入
}
```

建立初始堆算法如下：

```
void CreatHeap(RecordList &L)
{
```

```
    int i;
    for( i = L.length/2; i >= 1; i-- )
        HeapSift(L,i,L.length);
}
```

堆排序算法如下：

```
void HeapSort(RecordList &L)
{
    int i;
    CreatHeap(L);                    //建立初始堆
    for( i = L.length; i >= 2; i-- )
    {
        L.R[0] = L.R[i];
        L.R[i] = L.R[1];
        L.R[1] = L.R[0];             //以上3个语句完成交换堆顶记录与堆底记录功能
        HeapSift(L,1,…,i-1);         //调整子表 L.R[1,…,i-1]为堆
    }
}
```

堆排序算法性能分析，设线性表的长度为 n，完全二叉树的高度为 k，由完全二叉树的性质可知，$k = \lfloor \log_2^n \rfloor + 1$。从根结点到叶子结点的筛选过程，关键字的比较次数最多为 $2(k-1)$ 次，交换记录的次数最多为 k 次。建立好堆后，调整堆总共进行的关键字比较次数不超过 $\log_2^{(n-1)} + \log_2^{(n-2)} + \cdots + \log_2^2 < n\log_2^n$，而初始建堆需要的记录比较次数不超过 $4n$，因此算法的时间复杂度为 $O(n\log_2^n)$。

4.5 其他排序

除了上述 4 节介绍的典型排序算法以外，归并排序和基数排序也是较常用的排序算法。下面介绍这两种算法。

4.5.1 归并排序

归并排序的基本思想是将两个或者两个以上的有序表合并为一个总的有序表。若基本操作是对两个有序表进行归并排序，则这样的归并操作称为 2 路归并排序。

2 路归并排序的基本思想是设初始线性表含有 n 个记录，可将其看作 n 个有序的子表，每个子表的长度为 1，两两进行归并，这样得到 $\lceil n/2 \rceil$ 个长度为 2 或 1 的子表，然后再两两进行归并，如此重复，直到合成一个有序表为止。

【例 4-7】 设待排序线性表的关键字序列为 (45,52,16,43,88,6, 18,66,39)，按照关键字由小到大的顺序排列，写出归并排序每一趟执行后的序列状态。

初始状态：[45],[52],[16],[43],[88],[06],[18],[66],[39]
1 趟归并：[45,52],[16,43],[06,88],[18,66],[39]
2 趟归并：[16,43,45,52],[06,18,66,88],[39]

3 趟归并：[06,16,18,43,45,52,66,88]，[39]

4 趟归并：[06,16,18,39,43,45,52,66,88]

由例 4-7 可以看出，2 路归并排序需要解决好两个关键问题。一是如何设计算法将两个有序子表合并为一个有序子表；二是如何设计算法完成一趟归并排序。因此设计 2 路归并排序算法可以分为 3 个部分：

(1) 设计两个子表合并的算法。

(2) 设计一趟排序算法。

(3) 设计算法进行多趟排序，从而完成整个表的排序过程。

2 路归并排序算法如下：

```
//两个有序表合并,将有序子表 L.R[s…m]与有序子表 L.R[m+1…n]合并,合并结果存入 aut_L.R 中
void Merge(RecordList &L, RecordList &aux_L, int s, int m, int n){
int i, j, k;
i = s;
j = m + 1;
k = s;
while( i <= m && j <= n )
    if(L.R[i].key < L.R[j].key )
        aux_L.R[k++] = L.R[i++];
    else
        aux_L.R[k++] = L.R[j++];
while( i <= m)
    aux_L.R[k++] = L.R[i++];
while( j <= n )
    aux_L.R[k++] = L.R[j++];
}
//一趟归并算法
void MergePass(RecordList &L, RecordList &aux_L, int len){
int i;
for( i = 1; i + 2 * len - 1 < L.length; i = i + 2 * len)
    Merge(L, aux_L, i, i + len - 1, i + 2 * len - 1);      //对两个长度为 len 的子表进行合并
if(i + len - 1 < L.length )
    Merge(L, aux_L, i, i + len - 1, L.length);
            //长度为 len 的子表,与另一个长度小于 len 的子表合并
else if(i <= L.length )
    while(i <= L.length )                              //最后一个子表无合并子表时的处理
        aux_L.R[i++] = L.R[i++];
}

void MergeSort(RecordList &L, RecordList &aux_L){
int len = 1;
int i;
while( len  < L.length ){
    MergePass(L, aux_L, len);                         //aux_L 中存放归并结果
```

```
        MergePass(aux_L,L,len);                        //L中存放归并结果
        len = len * 2;
        for ( i = 1;i<=L.length; i++)
            L.R[i]= aux_L.R[i];                         //保证归并结果存放在L中
    }
}
```

2路归并排序算法是一种稳定排序算法,其时间复杂度为 $O(n\log_2^n)$。

4.5.2 基数排序

本章前面内容介绍的排序算法都是针对一个关键字进行的,称为单关键字排序。实际很多问题需要排序时,往往不只根据单关键字,而是需要根据多个关键字进行排序。例如某省高考学生成绩排名,假定每个学生的记录包括姓名、总分、语文成绩、数学成绩、英语成绩、理综成绩。排名次时,首先按总分排名,如果总分相同,语文成绩高者排在前面;如果总分相同,语文成绩相同,则数学成绩高者排在前面……。这显然是一个多关键字排序问题。多关键字排序的一般定义为假定含有 n 个记录的线性表 $(R_1,R_2,\cdots,R_n)$,其每个记录 R_i 含有 d 个关键字 $(K_i^0,K_i^1,\cdots,K_i^{d-1})$,该线性表这些关键字有序排列是指对于序列中任意两个记录 R_i 和 $R_j(1\leq i<j\leq n)$ 都满足下列关系:

$$(K_i^0,K_i^1,\cdots,K_i^{d-1})<(K_j^0,K_j^1,\cdots,K_j^{d-1})$$

其中,K^0 称为最主位关键字,K^{d-1} 称为最次位关键字。

实现多关键字排序通常有两种方法。

第1种方法是先对最主位关键字 K^0 进行排序,找到 K^0 相同的记录组成的子表,再对这些子表按照关键字 K^1 进行排序,如果这些子表中存在 K^1 相同的记录,这些记录再分别组成子表,对这些子表按照 K^2 进行排序……,以此类推,直至每个子表的长度不超过1或按照最后一个关键字 K^{d-1} 排序为止。最后将所有子表排序的结果连接在一起构成整个线性表的排序结果。这种方法称为最高位优先(Most Significant Digit first)法,简称 MSD 法。

第2种方法是对整个线性表从最次位关键字 K^{d-1} 开始进行排序,然后对高一位的关键字 K^{d-2} 排序……,以此类推,直至对主关键字 K^0 进行排序,最后得到的序列为一个有序序列。这种方法称为最低位优先(Least Significant Digit first)法,简称 LSD 法。

这两种方法相比较,第1种方法比较直观,但是编程实现比较麻烦;第2种方法更适合编程实现。

基数排序是借助多关键字排序的思想,将字符或者数值型单关键字看作由多个数位或多个字符所组成的多关键字,采用"分配"和"收集"的策略进行排序。具体的排序过程是根据记录关键字值的范围预先分配若干个"盒子"(预先定义的存储结构,可以是顺序存储结构,也可以是链式存储结构),然后根据关键字的部分信息,直接将记录分配至对应的"盒子"中,然后将"盒子"中的所有记录收集起来,得到一趟排序结果。根据记录关键字值的范围,可以确定合适的排序趟数。

【例 4-8】 对于下列一组关键字 273,122,693,744,855,714,328,465,839,981,96,79,给出采用链式基数排序的全过程。

首先将待排序记录按单链表方式存储：

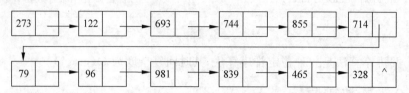

然后根据位的数值大小,在遍历该序列时将其分配至 0~9 的盒子中,然后按照 0~9 的顺序将其"收集"在一起,即得到第 1 趟的排序结果。

第 1 趟按照"个位"分配的结果：

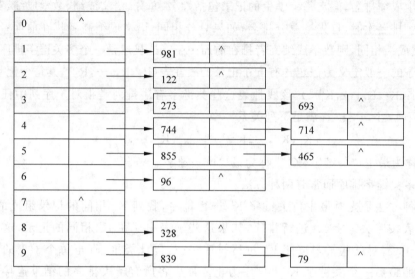

第 1 趟"收集"结果（即排序结果）为 981,122,273,693,744,714,855,465,96,328,839,79。

第 2 趟按照"十位"分配的结果：

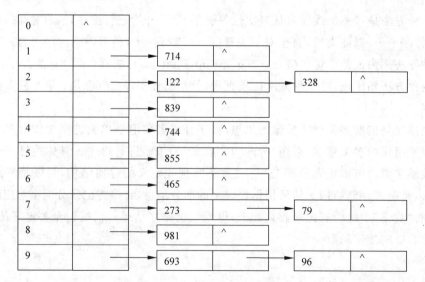

第 2 趟"收集"结果(即排序结果)为 714,122,328,839,744,855,465,273,79,981,693,96。

第 3 趟按照"百位"分配的结果：

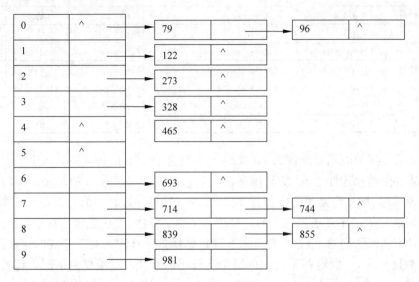

第 3 趟排序"收集"结果(即结果)为 79,96,122,273,328,465,693,714,744,839,855,981。

实现基数排序时，可以通过顺序存储结构和链式存储结构两种方式进行。顺序存储结构所需空间大，而且需要多次移动记录，这样无疑增加了算法的时间复杂度；另外，由于一个盒子可以存放多个记录，并且记录的数目不确定，所以使用单链表来存储一个盒子中的记录比较方便，这种方法称为链式基数排序方法。

链式基数排序做法如下：①将待排记录采用单链表方式存储；②"分配"方法：将记录按照"关键字位"取值分配到不同的链队列中，每个队列中记录的"关键字位"相同；③"收集"方法：按记录的关键字位取值，从小到大将各队列首尾相链成一个链表。这样就完成了一趟链式基数排序。

链式基数排序方法分配和收集记录时不需要移动记录本身，只需要修改记录的指针域。对于含有 n 个记录的线性表，假定每个记录含有 d 个关键字，每个关键字的取值范围为 r 个值，每完成一趟排序，分配记录的时间复杂度为 $O(n)$，收集记录的时间复杂度为 $O(r)$。因此，d 趟排序总的时间复杂度为 $O(d(n+r))$。基数排序算法是稳定的排序算法。

4.6 各种排序方法的比较和选择

本节对本章所介绍的排序方法做一个小结，分别从时间复杂度、稳定性和空间复杂度做比较。具体内容如表 4-1 所示。

(1) 从平均时间复杂度来看，快速排序、堆排序、归并排序和基数排序都是 $O(n\log_2 n)$。其中，以快速排序所需用时为最少。同时可看出，在最坏的情况下，快速排序不如堆排序、归并排序和基数排序效率高。堆排序和归并排序比较，在 n 较大时，归并排序速度较快，但所需辅助空间也大。当待排线性表中的记录按照关键字基本有序排列时，直接插入排序算法的效率最高。

表 4-1 7种常用排序算法性能比较

排序方法	平均时间复杂度	最坏情况时间复杂度	最好情况时间复杂度	稳定性	辅助空间
直接插入排序	$O(n^2)$	$O(n^2)$	$O(n)$	稳定	$O(1)$
冒泡排序	$O(n^2)$	$O(n^2)$	$O(n)$	稳定	$O(1)$
快速排序	$O(n\log_2 n)$	$O(n^2)$	$O(n\log_2 n)$	不稳定	$O(\log_2 n)$
简单选择排序	$O(n^2)$	$O(n^2)$	$O(n^2)$	不稳定	$O(1)$
堆排序	$O(n\log_2 n)$	$O(n\log_2 n)$	$O(n\log_2 n)$	不稳定	$O(1)$
归并排序	$O(n\log_2 n)$	$O(n\log_2 n)$	$O(n\log_2 n)$	稳定	$O(n)$
基数排序	$O(d(n+r))$	$O(d(n+r))$	$O(d(n+r))$	稳定	$O(r)$

(2) 基数排序的时间复杂度为 $O(d(n+r))$,它适合于 n 值较大而关键字较小的序列。

(3) 从方法的稳定性来看,基数排序是稳定且时间复杂度较好的算法。而时间复杂度较低的快速排序、堆排序是不稳定的排序方法。一般,排序过程中的比较在相邻两个记录的关键字之间进行的排序方法是稳定的。对于多关键字排序,算法稳定性很重要。

(4) 对于具体的问题,根据其特点来合理地选择排序算法。对于常规的排序问题,进行排序的次数比较多,一般选择平均时间复杂度较小的算法;对于任何情况下都要求排序效率较高的问题,一般选择最坏情况下时间复杂度较低的算法。对于多关键字排序问题,可以选择多次单关键字进行排序,但从第 2 次开始的排序算法必须是稳定的。

4.7 查找的基本概念

查找是日常生活中一种常见的行为,例如,从字典中查生字,从电话簿中找电话号码,从地图上查找行车路线,上网订票或购物等。在现代信息社会,利用计算机进行查找具有高效、信息量大和不受时空限制等优势,因此电子版的字典、电话簿、地图和搜索引擎等利用计算机自动查找的工具使我们的工作和生活越发便捷。其中字典、电话号码簿都属于查找表,是经常用到的数据结构。如何快速地查找到信息和如何组织信息与查找方法密切相关。

查找表(Search Table):是一组记录(或数据元素)的集合,每个记录的类型相同,都包含一个称作关键字(Key)的数据项及其他相关信息。如果此关键字能够唯一标识一个记录,则称此关键字为主关键字(Primary Key),否则称为次关键字(Secondary Key)。例如,某高校有副教授职称的教师不止一位,则职称属于次关键字,而学生的学号属于主关键字。查找表中各个记录之间的逻辑关系属于松散的集合关系,为了存储,可以理解为线性关系。

查找(Searching):在查找表中寻找其关键字与给定值相同记录的过程。如果找到,则称作查找成功,返回找到记录在查找表中的位置或内容;如果确定查找表中不存在这样的记录,则称作查找失败,返回空值。

根据查找运算是否对查找表进行修改,可以将查找表分为两类。如果只是确定查找成功与否或者在查找成功后只是提取找到记录的相关信息,并不改动查找表,这种查找表称作静态查找表(Static Search Table)。如果可能对查找表进行插入或删除操作,例如查找失败时插入给定的记录,或在查找成功时删除找到的记录,这种查找表称作动态查找表(Dynamic Search Table)。例如,字典属于静态查找表,使用者只会查看,不会修改。而学生背单词时,自定义的生词表是逐条插入建立起来的,则属于动态查找表。

下面分别给出本章查找表中记录的类型定义和关键字的类型定义:

```
typedef int KeyType;          //整型关键字,也可以是实型、字符或字符串等其他类型
typedef struct{
    KeyType key;              //关键字域
    ...                       //其他域
}ElemType;                    //查找表中的记录类型
```

4.8 静态查找表与算法

静态查找表的 ADT 定义:

```
ADT StaticSearchTable{
  数据对象 D: 具有相同特性的记录的集合(线性表),各记录都含有主关键字。
  数据关系 R: 记录同属于一个集合(线性表)。
  基本操作 P:
    Create( &ST, n );         //构造一个有 n 个记录的静态查找表 ST
    Destroy( &ST );           //已知静态查找表 ST,销毁 ST
    Search( ST, key );        //已知静态查找表 ST 和 KeyType 类型的给定值 key,在 ST 中查找 key,
                              //查找成功时,返回记录值或位置;查找失败时,返回特殊值"空"
    Traverse( ST, Visit( ) ); //已知静态查找表 ST 和对记录操作的函数 Visit( ),对 ST 中每个
                              //记录调用 Visit( )一次且仅一次
} ADT StaticSearchTable
```

静态查找表通常采用的顺序存储结构定义如下:

```
typedef struct {
    ElemType * elem;          //存放查找表的数组变量,数据从 elem[1]开始存,elem[0]预留
    int length;               //查找表实际长度
}SSTable;
```

4.8.1 顺序查找

顺序查找的基本思想是:给定值与查找表中每个记录的关键字进行比较,若相等,则查找成功返回记录的位置;如果比较完查找表中所有记录都不相等,则查找失败。

实现时,可以使用两个技巧来简化算法。首先,设置"监视哨";其次,将"监视哨"设置在 elem[0]处,从尾至头进行比较。算法描述如下:

```
int Search_Seq( SSTable ST, KeyType key){
    ST.elem[0].key = key;                              //监视哨存放在 elem[0]
    for( i = ST.length;  key != ST.elem[i].key; i-- ); //从尾至头递减查找
    return i;                          //查找成功,则返回找到记录的下标;查找失败,则返回 0
} // Search_Seq( )
```

为了体会两个技巧对算法的简化,读者可以重新编写算法,尝试不设置监视哨,或将监视哨改在数组尾部,从头至尾进行查找,可以体会到在结束条件判断与返回值的设置两个方面的差异。

衡量查找算法的效率,需要在时、空两方面权衡。时间方面,查找算法的基本运算是比较,由于给定值与查找表内容不确定,导致比较次数不确定。最好情况是比较一次就查找成功,最坏情况是查找失败,通常用给定值与查找表中关键字进行比较次数的平均值来衡量查找算法的时间效率,称作平均查找长度(Average Search Length),简称 ASL。查找有成功与失败之分,通常只关注查找成功时的平均查找长度。

对于包含 n 个记录的查找表,查找成功的平均查找长度是 n 的函数,定义为

$$ASL = \sum_{i=1}^{n} P_i C_i \tag{4-1}$$

其中,P_i 是查找到第 i 个记录的概率,可以理解为查找到第 i 个记录的可能性,n 个记录的查找概率的总和是 1,即 $\sum_{i=1}^{n} P_i = 1$,表示一定能查找成功。C_i 为查找到第 i 个记录时,给定值与关键字已经进行的比较次数。

例如对查找表(a,b,c)从头至尾顺序查找,3 个记录的查找概率 P_i 假设各不相同,分别是 $P_1 = 0.5, P_2 = 0.3, P_3 = 0.2$,查找概率的总和是 1,查找到 a 时,比较次数 C_1 是 1;查找 b 时,经历了与 a 和 b 的 2 次比较,比较次数 C_2 是 2;查找 c 时,经历了与 a、b 和 c 的 3 次比较,C_3 是 3,则 $ASL = P_1 * C_1 + P_2 * C_2 + P_3 * C_3 = 0.5 * 1 + 0.3 * 2 + 0.2 * 3 = 1.7$,可以理解为在查找表(a,b,c)中进行顺序查找,平均需要比较 1.7 次才能找到。

本章讨论的查找都是等概率的,查找表中共有 n 个记录,查找到每个记录的可能性都是相同的,因此 $P_i = 1/n$。

当从尾至头进行顺序查找时,第 n 个记录比较一次,第 n−1 个记录比较两次,第 i 个记录比较 n−i+1 次,第 1 个记录比较 n 次。因此 $C_i = n−i+1$,则

$$ASL = \sum_{i=1}^{n} P_i C_i = (1/n) * (n + (n-1) + \cdots + 2 + 1)$$
$$= (1/n) * (n+1) * n/2 = (n+1)/2 \tag{4-2}$$

可见,顺序查找算法的时间复杂度是 O(n),平均需要比较半个表长才能找到一个记录,举例来说,如果用顺序查找方法查字典,平均需要逐字翻阅半本字典,才能找到一个生词,效率极低。

空间方面,用查找算法占用的辅助空间来衡量,顺序查找算法中仅监视哨占用了存储一个记录的辅助空间,则空间复杂度是 O(1)。

顺序查找的优点是方法简单,查找表不要求有序,而且对存储结构没有要求,缺点是查找效率低。

4.8.2 折半查找

折半查找是一种高效率的查找方法,但有两个前提条件:查找表必须是有序表,而且必须是顺序存储。

有序表是指按某一个关键字的值升序或降序排列的线性表,例如,英语字典是组成单词的字符串按字典序升序的有序表。查字典时就充分利用了字典的有序特性,先预估生词可能的位置,如果生词的首字母是 c 就向前翻,如果首字母是 y 就向后翻,翻到首字母页,再继续与生词下一个字母比较,如果生词的字母小就向前翻,如果大就向后翻,重复直至在当前

页找到生词。折半查找就是利用了这种"预估位置,逐步缩小范围"的查字典思想。

折半查找的基本思想是:首先查找表中间位置记录的关键字与给定值 k 比较,如果相等,则查找成功;否则,如果给定值小,就在前半个表中继续折半查找;如果给定值大,就在后半个表中继续折半查找。如果查找范围长度为 0,则查找失败。

折半查找算法需要设置三个指针,分别指示查找表的下界 low、上界 high 和中间位置 mid,mid $= \lfloor (low + high)/2 \rfloor$。例如,已知数组 elem[1..10]存储有序表记录的关键字,查找 11 和 6 的过程如图 4-6 所示,其中黑体字是中点值,下划线是查找范围。

```
下标      1  2  3  4  5  6   7   8   9   10   low  high  mid
有序表    1  3  5  7  9  11  13  15  17  19   1    10    5     11>elem[5]:右半
找 11     1  3  5  7  9  11  13  15  17  19   6    10    8     11<elem[8]:左半
          1  3  5  7  9  11  13  15  17  19   6    7     6     11=elem[6]:成功
找 6      1  3  5  7  9  11  13  15  17  19   1    10    5     6<elem[5]:左半
          1  3  5  7  9  11  13  15  17  19   1    4     2     6>elem[2]:右半
          1  3  5  7  9  11  13  15  17  19   3    4     3     6>elem[3]:右半
          1  3  5  7  9  11  13  15  17  19   4    4     4     6<elem[4]:左半
          1  3  5  7  9  11  13  15  17  19   4    3           low>high:查找失败
```

图 4-6 折半查找的举例

查找 11 时,第一次 mid 是(1+10)/2=5.5 的下取整 5,elem[5]的 9 与给定值 11 比较,给定值大,第 2 次查找范围在右半边,下界改为 mid+1 是 6,上界不变仍是 10,范围缩小,mid=(6+10)/2=8,elem[8]的 15 与给定值 11 比较,给定值小,第 3 次查找范围在左半边,下界不变是 6,上界改为 mid−1 是 7,mid 是(6+7)/2 的下取整 6,elem[6]的 11 等于给定值,查找成功。

查找 6 时同理,第一次 mid 是 5,elem[5]的 9 > 6,给定值小,第 2 次查找范围在左半边,下界不变是 1,上界改为 mid−1 是 4,mid 是 2,elem[2]的 3 < 6,给定值大,第 3 次查找范围在右半边,下界改为 mid+1 是 3,上界不变是 4,mid 是 3,elem[3]的 5<6,给定值大,第 4 次查找范围在右半边,下界改为 mid+1 是 4,上界不变是 4,elem[4]的 7>6,给定值小,第 5 次范围在左半边,下界不变是 4,上界改为 mid−1 是 3,此时 low>high,查找范围为空,给定值不可能存在,则查找失败。

折半查找的算法描述如下:

```
int Search_Bin(SSTable ST, KeyType key){
    int low = 1, high = ST.length, mid;      //下界从 1 开始
    while( low <= high){                      //查找范围非空时才能进行查找
        mid = (low + high) / 2;               //上下界之和整除以 2
        if( key == ST.elem[mid].key ) return mid;  //查找成功,返回找到记录的下标
        else if(key < ST.elem[mid].key )high = mid−1;  //给定值小,在左侧,上界改为 mid−1
        else low = mid+1;                     //给定值大,在右侧,下界改为 mid+1
    } //end of while
    return 0;                                 // low > high,查找范围为空,查找失败,返回 0
} //Search_Bin( )
```

对每个查找表进行折半查找的过程可以用一棵称作判定树的二叉树来描述。判定树每个结点对应一个记录,结点的值是该记录在查找表中的位置(数组下标),结点所在层数是该

记录折半查找时的比较次数。例如,包含10个记录查找表(可以参考图4-6)的判定树如图4-7所示。

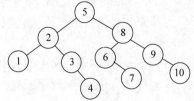

图4-7 折半查找的判定树

判定树的构造过程是:长度是10的查找表进行折半查找,第1个mid是下标5,对应判定树中第1层值为5的结点;小于elem[5]的第2个mid是下标2,对应树中第2层值为2的左子结点,大于elem[5]的第2个mid是下标8,对应树中第2层值为8的右子结点;…以此类推,若比当前结点小的记录,则用下标作其左子,否则作右子。

图4-6查找11是elem[5]→elem[8]→elem[6]共3次比较的过程,对应图4-7判定树中从根开始结点⑤→⑧→⑥的过程。查找成功时,给定值与关键字的比较次数恰为找到结点在判定树上的层次数,比较次数最多为树深$\lfloor \log_2 n \rfloor +1$。

查找6的失败过程是从判定树的结点⑤→②→③→④→空的过程,是从根到空指针的路径,查找失败时的比较次数不会超过$\lfloor \log_2 n \rfloor +1$。

利用判定树能计算出此查找表查找成功时的平均查找长度,针对图4-7对应的长度是10的查找表,判定树中第1层(比较一次的)一个结点,第2层(比较2次的)2个,第3层(比较3次的)4个,第4层(比较4次的)3个。

$$ASL_{succ} = \sum_{i=1}^{10} P_i C_i = (1/10)(1 \times 1 + 2 \times 2 + 3 \times 4 + 4 \times 3) = 2.9$$

结论是,用折半查找在长度为10的表中查找,平均2.9次就能找到。下面来看表长为n的ASL。

n个结点的判定树,各个叶子结点的层次的差值不超过1,因此与n个结点的完全二叉树深度相同,树深度为h,层为j的结点有2^{j-1}个,结点所在层数对应该结点的比较次数C_i,对长度是$n=2^h-1$的查找表,查找成功时的平均查找长度

$$ASL_{succ} = \sum_{i=1}^{n} P_i C_i = (1/n)\sum_{j=1}^{h} j 2^{j-1} \approx \log_2(n+1) - 1$$

对于长度是1000的查找表,用顺序查找平均比较大约500次,用折半查找平均比较大约9次。

折半查找是一种高效率的查找方法,时间性能能达到$O(\log_2 n)$量级,但要求查找表有序且顺序存储。

4.8.3 分块查找

分块查找又称索引顺序查找,需要为查找表建立"目录"作用的索引表。

构造查找表分两步,第一步是分块,首先将待查内容分块,分块的原则是"块内无序,块间升序",即,前一块中所有记录都小于后一块中所有记录。第二步是建索引,为每一块建立一个索引项,每个索引项包括本块最大关键字和本块起始地址两项内容。若干索引项组成索引表,索引表按每个索引项中最大关键字升序,是个有序表。

分块查找时分两步,第一步,在索引表中查找,确定给定值可能存在于哪一块;第二步,在块内找,确定所在块后,再从本块起始地址起至下一块起始地址之前,在块内顺序查找。索引表有序且顺序存储,因此第一步索引表中查找可以用折半查找,如果索引项不多,也可

以用顺序查找；因块内记录无序，第二步只能用顺序查找。

分块查找的平均查找长度也由确定块的 ASL_b 和块内确定记录的 ASL_s 两部分组成。设查找表分为 b 块，每块含 s 个记录，$s = \lceil n/b \rceil$。

顺序查找＋顺序查找：$ASL = ASL_b + ASL_s = (b+1)/2+(s+1)/2 = (b+n/b)/2+1$。

折半查找＋顺序查找：$ASL = ASL_b + ASL_s = \log_2(b+1)-1+(n/b+1)/2$。

当每块含 $\sqrt{n}$ 个记录时 ASL 值最小。由于先确定所在块，缩小了查找范围，分块查找效率高于顺序查找，但不及折半查找。

4.9 动态查找表

可以插入和删除的查找表称为动态查找表。动态查找表是从无到有，由空表逐一插入建立起来的。

4.9.1 二叉搜索树

二叉搜索树(Binary Search Tree)也称二叉排序树，是插入、删除和查找都高效率的一种数据结构。其定义参见 3.5.2 节。

二叉搜索树的反例、整型和字符型二叉搜索树举例如图 4-8 所示。

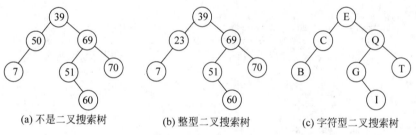

(a) 不是二叉搜索树　　(b) 整型二叉搜索树　　(c) 字符型二叉搜索树

图 4-8　二叉搜索树反例和整型、字符型二叉搜索树举例

二叉搜索树的查找过程是，给定值与根比较，若给定值小，向左与左子树的根比较，若给定值大，向右与右子树的根比较，重复此过程，若相等，则查找成功；若遇到空，则查找失败。

二叉搜索树的递归查找算法如下：

```
BiTree SearchBST(BiTree T, KeyType key ){
//在以 T 为根的二叉搜索树中查找关键字是 key 的记录,查找成功返回结点指针,失败返回空
  if (T!= NULL){ if( key = = T->data.key) return T;    //查找成功,返回结点指针
        else if( key < T->data.key)
             return SearchBST( T->lchild, key ) ;   //给定值小:在左子树中继续递归查找
             else return SearchBST( T->rchild, key ) ;//给定值大:在右子树中继续递归查找
  }else return T;                                    //查找失败
}//end of SearchBST()
```

如果用循环结构替换递归结构，二叉搜索树的递归查找可以转换成为非递归查找算法，非递归算法如下：

```
BiTree SearchBSTWithoutRecursion(BiTree T, KeyType key){
```

```
//在以 T 为根的二叉搜索树中查找关键字是 key 的记录,查找成功返回结点指针,失败返回空
BiTree p = T;
    while( p ){
        if( key = = p->data.key ) return p;        //比较相等:查找成功,返回结点指针
        if( key < p->data.key ) p = p->lchild;      //给定值小:在左子树中继续查找
        else p = p->rchild;                         //给定值大:在右子树中继续查找
    }                                               //end of while
    return NULL;                                    //遇到空:查找失败,返回空
} //end of SearchBSTWithoutRecursion()
```

二叉搜索树的插入是在发现查找失败后进行的。插入过程是,预设双亲、子两个指针,给定值与孩子指针所指结点进行比较,在确定查找失败时,将给定值结点作为双亲指针的孩子,给定值若小于双亲结点的值,就作双亲结点的左孩子,给定值若大于双亲结点的值,就作双亲结点的右孩子。

由于插入需要增设双亲指针,需要对用到的查找算法略作修改。

二叉搜索树用于插入的查找算法如下:

```
Status ModiSearchBST(BiTree T, KeyType key, BiTree&p, BiTree&f ){
/* 在 T 为根的 BST 中查找关键字是 key 的记录,查找成功,p 指向该记录返回 TRUE 状态,确认查找失
败,p 为空返回 FALSE 状态,f 作为 p 的双亲结点,在查找失败时指向插入位置的双亲结点,初值为
空 */
p = T;
    while(p){
        if( key == p->data.key ) return TRUE;                        //查找成功
        else if( key < p->data.key ) { f = p; p = p->lchild;}        //在左子树中继续查找
            else{    f = p; p = p->rchild; }                         //在右子树中继续查找
    }
    return FALSE;                                                    //查找失败
} //end of ModiSearchBST()
```

二叉搜索树在插入算法如下:

```
Status InsertBST(BiTree&T, ElemType e ){
    BiTree f = NULL;
    if(!ModiSearchBST(T, e.key, p, f )){                //查找失败
        s = (BiTree )malloc( sizeof(BiTNode) );         //建立数据是 e 的新结点 s
        s->data = e; s->lchild = NULL;s->rchild = NULL;
        if ( !f ) T = s;                                //空 BST:插入点作根
        else if( e.key < f->data.key )                  //子<双亲:插入点作为左子
                f->lchild = s;
            else f->rchild = s;                         //子>双亲:插入点作为右子
        return TRUE;                                    //返回插入成功状态
    }                                                   //end of 查找失败
    else return FALSE;                                  //查找成功,不必插入(插入失败)
} //end of InsertBST()
```

二叉搜索树在删除结点时,不是把以这个结点为根的子树都删除掉,只是删除一个结点,要确保删除后仍是二叉搜索树,而且尽量不增加树高以免降低查找效率。被删结点可以分为有 0、1 或 2 个孩子共三种情况,设被删结点用指针 p 指示,其双亲用指针 f 指示。

① 删除叶结点:改动最小,只需要把其双亲结点指向该叶的指针域置空,并释放被删

结点空间即可。

② 删除只有一个孩子的结点：让其唯一的孩子替换其位置，与其双亲链接。

可理解为在祖、双亲、孙三代中，删除双亲，"让祖双亲领养唯一的孙子"，如图 4-9 所示，删除结点 51，由 51 的双亲结点 39 作为"祖双亲"链接"孙子"结点 67。

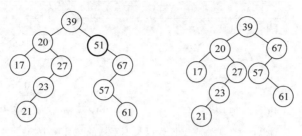

图 4-9　二叉搜索树删除有一个孩子的结点 51 前与后

③ 删除有两个孩子的结点：首先要找到被删结点 p 在 BST 中序遍历下的直接前驱 s。s 需要到 p 的左子树中去找，是 p 左子树中位于最右下角的那个结点，s 的特点是 s 的右子为空。删除时，删 s，用 s 替换 p；用 s 左子接替 s，与 s 双亲结点链接。在图 4-10 中删除 39 的过程是，在 39 为根的左子树中找到最大值 27，删除 27，用 27 替换被删的 39，用 27 的左子 23 与 27 的双亲 20 链接。

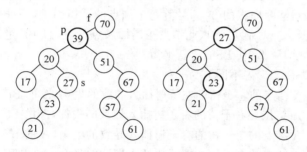

图 4-10　二叉搜索树删除有两个孩子的结点 39 前与后

可以利用二叉搜索树进行排序，排序过程是，用无序序列建立二叉搜索树，再对二叉搜索树进行中序遍历，就可以得到升序序列。

二叉搜索树（简称 BST）的查找效率与 BST 的形态有关，例如，只有右孩子的单支二叉搜索树包含 n 个结点，树深是 n，因每层只有一个结点导致查找退化为顺序查找，查找效率退化为 $O(n)$。为了提高查找效率，降低树深，使树的形态保持平衡状态，引入了一种改进的 BST，称为平衡二叉搜索树，其查找效率可与折半查找相当。

4.9.2　平衡二叉搜索树

平衡二叉搜索树（Balanced Binary Tree）又称 AVL 树，它可以是空树，如果是非空树，则其左、右子树的深度差的绝对值不会超过 1，而且左、右子树也都是平衡二叉树。可以用二叉树中每个结点 x 的平衡因子 BF(Balanced Factor) 来衡量是否平衡。

$$BF(x) = x\text{ 左子树的深度} - x\text{ 右子树的深度}$$

平衡二叉搜索树上所有结点的平衡因子的取值只可能是 −1、0 和 1。如果二叉树中存在 BF 绝对值大于 1 的结点,则此二叉树就不是平衡二叉搜索树。

如果把平衡二叉搜索树理解为一架天平,则允许天平向一边略有倾斜,但幅度不能过大。

每个结点标注了平衡因子的二叉树如图 4-11 所示。

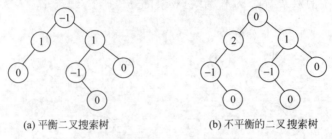

(a) 平衡二叉搜索树　　　　　　(b) 不平衡的二叉搜索树

图 4-11　平衡二叉搜索树与不平衡的二叉树举例

平衡二叉搜索树(平衡二叉排序树)可以是空树,如果是非空树,则其左、右子树的深度差的绝对值不超过 1,且左子树上所有结点的值均小于根结点的值,右子树上所有结点的值均大于等于根结点的值,而且左、右子树也都是平衡二叉搜索树。

如何使构成的二叉搜索树成为平衡树呢?

与 BST 的建立类似,平衡二叉搜索树的建立也是从无到有,从一棵空树开始,将结点逐一插入到叶的过程。不同之处是,每插入一个结点后,还需要判断此次插入是否导致失衡,即需要从插入点开始,从叶向根的方向,计算每个结点的平衡因子,一旦发现有不平衡,即发现某个结点的平衡因子绝对值大于 1(此结点距离插入点最近,且 BF 绝对值超过 1,称为危机结点 A),就需要立即调整,使 BST 重新平衡。

调整的策略按失衡的形态不同分为 4 种。

(1) LL 型:在 A 结点的左子树的左子树插入导致的失衡,A 的 BF 是 2;

(2) RR 型:在 A 结点的右子树的右子树插入导致的失衡,A 的 BF 是 -2;

(3) LR 型:在 A 结点的左子树的右子树插入导致的失衡,A 的 BF 是 2;

(4) RL 型:在 A 结点的右子树的左子树插入导致的失衡,A 的 BF 是 -2;

如图 4-12 所示,左侧为插入后的失衡状态,右侧为调整后的平衡二叉树,图中 h 表示子树的深度。

调整的原则是确保调整后保持 BST 性质和平衡性质。调整规律通常按形态进行旋转,对 LL 和 RR 型失衡作单旋转,对 LR 和 RL 型失衡做双旋转。这里介绍一种更简便的、仅按取值大小就能确定调整位置的策略。调整分 3 步进行:

① 三个结点排序:调整前,从危机结点 A 开始至插入点方向,选择 3 个连续的结点 A、B 和 C,对 3 个结点的 BF 值排序;

② "定座次":调整后,取 BF 值居中者作为根结点,取 BF 值小的作其左孩子,取 BF 值大的作其右孩子;

③ "认领"子树:取 BF 值居中者原来的左子树和右子树,按大小,分别由其现在的左孩子和右孩子负责"认领"。

例如图 4-12(a)的 LL 型:

① 明确连续的三个结点 A、B 和 C,BF(C)<BF(B)<BF(A);

② 取 BF 值居中的 B 作根(C 不变,仍作 B 的左孩子),A 大,作 B 的右孩子;

③ (B 原来的左子树不变)B 原来的右子树小于 A,由 A 左指针链接。

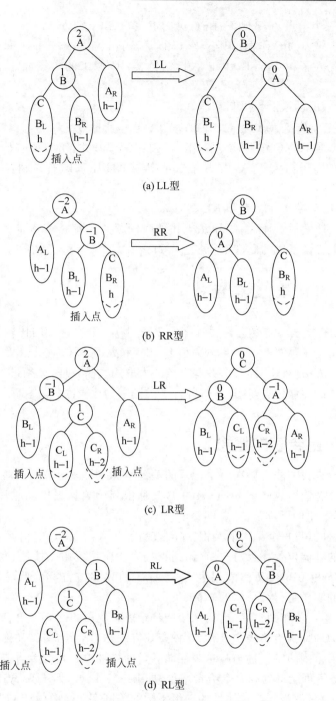

图 4-12 平衡二叉搜索树的四种调整

例如图 4-12(b) 的 RR 型：
① 连续的三个结点 A、B 和 C，BF(A)＜BF(B)＜BF(C)；
② 取 BF 值居中的 B 作根；A 小，作 B 的左孩子（C 不变，仍作 B 的右孩子）；
③ B 原来的左子树大于 A，由 A 右指针链接（B 原来的右子树不变）。

例如图 4-12(c) 的 LR 型：

① 连续的三个结点 A、B 和 C，BF(B)<BF(C)<BF(A)；
② 取 BF 值居中的 C 作根；B 小，作 C 的左孩子；A 大，作 C 的右孩子；
③ C 原来的左子树大于 B，由 B 右指针链接；C 原来的右子树小于 A，由 A 左指针链接。

例如图 4-12(d)的 RL 型：
① 连续的三个结点 A、B 和 C，BF(A)<BF(C)≤BF(B)；
② 取 BF 值居中的 C 作根；A 小，作 C 的左孩子；B 大，作 C 的右孩子。
③ C 原来的左子树大于 A，由 A 右指针链接；C 原来的右子树小于 B，由 B 左指针链接。

LL 型和 RR 型对称，LR 型和 RL 型对称。

在平衡二叉搜索树上插入、删除和查找的时间复杂度都是 $O(\log_2 n)$，这是因为具有 n 个结点的平衡二叉搜索树的高度不会超过 $O(\log_2 n)$。

4.10 哈希表及其查找

前面介绍的查找全部需要进行关键字的比较，其中，顺序查找的比较结果分为相等和不等，折半查找和动态查找的比较结果分为小于、相等和大于三种。查找效率依赖于比较次数。

理想的查找方法应该如同一个井井有条的人取用物品一样，无须进行比较，根据给定值就可以确定记录的存储位置，这样有效降低了关键字的比较次数，提高了查找效率。哈希查找就是这种查找。

4.10.1 哈希表的概念

这种理想的查找方法需要在每个记录的关键字 key 与该记录的存储位置之间建立一个映射 H，H 称为哈希函数(Hash Function)，又称散列函数。查找表通常是一维数组，存储位置 H(key)是数组的下标。

构造查找表时，将每个记录的关键字作自变量，代入函数 H 中，计算出的函数值是该记录在查找表中的存储位置，将该记录存储到查找表相应位置中。按这种方法构造的查找表称为哈希表(Hash Table，又称散列表)。计算出的存储位置称为哈希地址(又称散列地址)，哈希地址的实质是一维数组的下标。

查找时，将给定值作为自变量，代入构造哈希表时使用的同一个哈希函数 H 中，用计算出的函数值作为地址到哈希表中查找，这种查找方法称为哈希查找(又称散列方法)。

关键字取值范围的广泛性与哈希表存储容量的局限性之间的矛盾造成一种不可避免的现象：不同关键字可能得到同一个哈希地址，即 key1≠key2，但 H(key1)=H(key2)，这种现象称为冲突，而具有相同哈希地址的一组不同的关键字(比如 key1 和 key2)称为同义词。通常冲突不可能完全避免，只能尽量减少，这就需要为哈希查找定义一种"好"的哈希函数和一种处理冲突的方法。

4.10.2 几种哈希函数

"好"的哈希函数是指能够尽量减少冲突的函数，这就需要哈希函数能充分发挥每个关键字的特性，使不同关键字能得到不同哈希地址。哈希函数的选取原则除了均匀，还要求函数运算尽量简单。下面介绍几种哈希函数。

1. 除余法

关键字 key 除以 p(≤哈希表长度的质数),用余数作为哈希地址,哈希函数为 H(key) = key ％ p,此方法函数运算简单,是一种常用的哈希函数。除数 p 通常选为质数,或由大质数构成的合数,这样会使哈希地址均匀分布,减少冲突发生。

例如对关键字序列(17,16,18)用除余法构造哈希表,哈希函数 H(key) = key ％ 11,表长为 11。

下标	0	1	2	3	4	5	6	7	8	9	10
关键字							16	17	18		

2. 平方取中法

选取关键字平方值的中间几位作为哈希地址的方法。中间几位既与关键字的高位相关,也与关键字的低位相关,充分体现了关键字每一位的特点,使记录的存储位置分布均匀,尽量减少冲突。具体取多少位可以依据哈希表长度确定。

例如,一组二进制关键字(00001001,00000111,00001010)平方结果(01010001,00110001,01100100)若表长是 4 位二进制,取中间四位为哈希地址(0100,1100,1001)。

3. 折叠法

折叠法适用于如同 ISBN 码(国际标准图书编号)那种关键字位数很多的情况。想象一下,将位数很多的关键字写在细长的纸条上,将关键字分割成位数相同的几段(最后一段的位数可能不足),取这几段的和(舍去进位)作为哈希地址。折叠法可以细分为移位叠加和间界叠加两种。移位叠加是将分割后每个片段的最低位对齐相加;分界叠加是将细长纸条来回折叠,然后对齐相加。

例如,关键字是 ISBN 码 7900643222,当图书馆的藏书不足 10000 册时,可以用折叠法构造 4 位数的哈希函数。移位叠加的 H(key)=3222+0064+79=3365,而分界叠加的 H(key)=3222+4600+79=7901。

4. 数值分析法

对 n 个 d 位数,每一位数的取值分布得可能均匀,也可能不均匀,通过分析取值,结合哈希表规模,选取分布均匀的几位作为哈希地址,避免冲突。

例如,已知一组关键字:

39269
39127
33648
39571
39805

若想构造 3 位数地址的哈希表,通过数值分析可看出,最高两位取值过于集中,则选择最低 3 位作为哈希地址。此方法适用于构造哈希表前已知所有关键字取值的情况。

5. 基数转换法

将关键字先看成另一种进制,再转换为原来的进制数,根据哈希表的规模,取其中几位作为哈希地址。

例如,十进制数 1047_{10},先看成十三进制的数,再转换为十进制数

$$1047_{13} = 1 \times 13^3 + 4 \times 13^1 + 7 \times 13^0 = 2256_{10}$$

若哈希表规模是 3 位地址,则可以选择低 3 位的 256 作为哈希地址。

实际应用中,在确定哈希函数前,最好做个测试,通过实测找出最合适的哈希函数。

4.10.3 处理冲突的方法

冲突能通过选择好的哈希函数尽量减少,但不能完全避免。处理冲突是为发生冲突的记录另外寻找可以存放的"空"位置。处理冲突的策略按新地址的位置是在哈希表内部还是外部分为开放定址法和拉链法两种。

1. 开放定址法

在哈希表内部为冲突记录确定一个有空位的地址。具体做法是在发生冲突的位置增加一个增量来试探下一个位置是否为空。

冲突可能一次解决不了,寻找的新地址可能再次冲突,因此处理冲突需要提供一个地址序列 Hi,将第一次处理冲突得到的新地址称为 H1,依此类推。

开放定址法的一般形式为:

```
Hi = ( H(key) + di ) % m
```

一系列的增量 $1 \leqslant d_i \leqslant m-1$ 称为探测序列,其中 m 是哈希表长度,H(key)是第一次发生冲突的地址,称为基址。

按增量的取值不同,又可以分为 3 类:

(1) 线性探测法: $d_i = 1, 2, 3, \cdots, m-1$。

(2) 二次探测法: $d_i = 1^2, -1^2, 2^2, -2^2, \cdots, \pm k^2 (k \leqslant m/2)$。

(3) 随机探测法: $d_i =$ 随机数序列。

已知关键字序列(17、16、18、27),用除余法构造哈希表,哈希函数 H(key) = key % 11,表长为 11。H(17) = 6,H(16) = 5,H(18) = 7,直接插入哈希表,H(27) = 5,哈希地址 5 的位置已经插入关键字 16,产生冲突。用开放定址法处理冲突的 3 种方法如图 4-13(b)~(d)所示。

用线性探测法解决冲突,H1 = (H(27)+1)%11= 6,哈希地址 6 的位置已经插入关键字 17,仍然冲突,H2 =(H(27)+2)%11=7,下标 7 已插入 18,仍然冲突,H3 =(H(27)+3)%11 = 8,位置为空,将 27 存入下标 8。

用二次探测法解决冲突,H1 = (H(27)+1)%11=6,仍然冲突,H2 = (H(27)-1)%11 = 4,位置为空,将 27 存入下标 4。

用随机探测法解决冲突,若 d1=7,H1 = (H(27)+7)%11 = 1,位置为空,将 27 存入下标 1。

由图 4-13 可以看出,关键字 27 在下标 5 发生冲突时,下标 6 和 7 都已插入关键字,用线性探测法解决冲突,则哈希函数值等于 5、6 和 7 的三组同义词都将共同争夺下标 8 这同一个空位置。这种多组同义词(哈希地址 i,i+1,i+2…)共同争夺同一个后继空位置的现象称为"二次聚集"。线性探测解决同义词冲突时又引发了非同义词的冲突,这势必会降低查

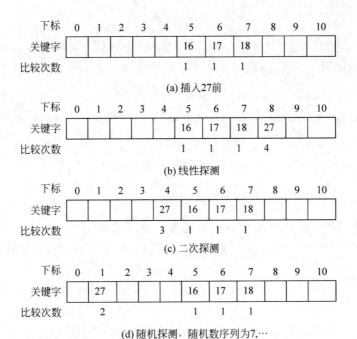

图 4-13　用 3 种开放定址法处理冲突举例

找效率。

线性探测法是一种"地毯式"探测法,可以确保在非满哈希表中一定能找到空位置。而二次探测和随机探测则不一定总能找到空位置。当解决冲突的次数过多时,可以通过扩充哈希表规模的方法重建哈希表来减少冲突的发生。

2. 拉链法

拉链法是在哈希表外部为每个哈希地址开辟一个单链表,存储同义词。具体做法是为哈希表的每个位置设一个指针域,存储同义词链表的头指针。同义词链表可以构造成有序表来提高查找速度。

已知 9 个关键字(21,7,6,4,5,3,9,20,14),用哈希函数 H(key) = key ％ 11 构造哈希表,用拉链法解决冲突如图 4-14 所示。

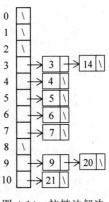

图 4-14　拉链法解决冲突举例

4.10.4　哈希表的算法

哈希查找的过程是:给定值(关键字)作为自变量代入哈希函数,得到的函数值作为哈希地址,进行判断:

(1) 若此位置非空,且关键字值与给定值相等,则查找成功;

(2) 若此位置为空,则查找失败;

(3) 若此位置非空且不等,则按解决冲突方法计算下一个哈希地址,继续判断。

构造哈希表的实质是"查找失败则插入"的过程。例如用一组关键字(21,7,6,4,5,3,9,20,14)构造哈希表,哈希函数 H(key) = key ％ 11,用线性探测法解决冲突,存储在长度是 13 的哈希表中,构造的哈希表如图 4-15 所示。

图 4-15　构造哈希表举例

构造的过程是，H(21) = 21％11 = 10，将 21 存入下标 10；同理，H(7)＝7，H(6)＝6，H(4)＝4，H(5)＝5，H(3)＝3，H(9)＝9。

H(20) = 9 冲突，H1＝（H(20)＋1)％13＝10 冲突，H2 =（H(20)＋2)％13＝11，共判断 3 次才放入；H(14)＝3 冲突，H1＝4，H2＝5，H3＝6，H4＝7，H5＝8，共判断 6 次才放入。

构造哈希表时每个关键字的比较次数是为了给该关键字寻找空位置而进行的判断次数；同时也是在今后使用哈希表进行查找时，查找到该关键字时进行的比较次数。

查找 14 成功的过程是：H(14)＝14％11＝3，下标 3 处非空且 3 不等于 14，用线性探测判断下标 4，非空且 4 不等于 14；依次在下标 5、6、7 处都是非空且不等，直至地址 8，共进行了 6 次比较才查找成功。

查找 32 失败的过程是：H(32)＝32％11＝10，下标 10 处非空且 21 不等于 32，用线性探测判断下标 11，非空且 20 不等于 32；继续线性探测下标 12，此处是空，确认查找失败。

构造哈希表算法的 C 语言源码如下：

```
typedef struct{
    int key;
}ElemType;
typedef struct{
        ElemType *elem;
        int count;
        int sizeindex;
}HashTable;
typedef int Status;
#define SUCCESS 1
#define UNSUCCESS 0
#define DUPLICATE -1
#define NULLKEY 0
int Hash(int k){                              //哈希函数:除余法,模 11
    return k % 11;
}
void colloision(int &p,int &c){               //解决冲突:线性探测下一个地址,表长 13
    p = ( p + 1 ) % 13;
}
Status SearchHash(HashTable H,int K,int &p,int &c){
    /* 在哈希表 H 中查找关键字为 K 的元素,若成功,以 p 指向给定值在哈希表中位置,并返回 SUCCESS
    否则,p 指向插入位置,返回 UNSUCCESS;c:冲突次数(过大时需要重新造表,此处略) */
    p = Hash(K);
    while(H.elem[p].key!= NULLKEY && K != H.elem[p].key )
        colloision(p,++c);
    if( K == H.elem[p].key )
```

```
        return SUCCESS;                    //查找成功 p 返回带查数据元素位置
    else return UNSUCCESS;                 //查找失败,在 H.elem[p]处插入
}
Status InsertHash(HashTable &H,ElemType e){    //查找失败记录 e 插入哈希表 H 中,返回 SUCCESS
    int c = 0,p = 0;
    if(SearchHash(H,e.key,p,c) == SUCCESS)return DUPLICATE;    //查找成功,不必插入,返回
    H.elem[p] = e;
    ++H.count;
    return SUCCESS;                        //插入成功
}
int main(int argc, char * argv[]){
    int i,j,p,c;
    HashTable H;
    ElemType e;
    H.sizeindex = 13;
    H.elem = (ElemType * )malloc(H.sizeindex * sizeof(ElemType));  //为哈希表开辟空间
    for(i = 0;i < H.sizeindex ;i++)        //哈希表置空
        H.elem[i].key = NULLKEY;
    int key[] = {21,7,6,4,5,3,9,20,14};    //输入 9 个关键字
    ElemType data[9];
    for(i = 0;i < 9;i++)
        data[i].key = key[i];              //定义 9 个记录
    printf("输入 9 个关键字构造哈希(除余法(模 11)表长 13,线性探测):");
    for(i = 0;i < 9;i++)
        printf(" % d ",data[i].key);printf("\n");
    for(i = 0; i < 9;i++)                  //依次插入哈希表
        if( InsertHash(H,data[i]) == DUPLICATE) break;
    for(i = 0; i < H.sizeindex ;i++)       //输出哈希表
        printf(" HashTable.elem[ % d].key = % d \n ",i,H.elem[i].key);
    getchar();
    return 0;
}
```

运行结果如图 4-16 所示。

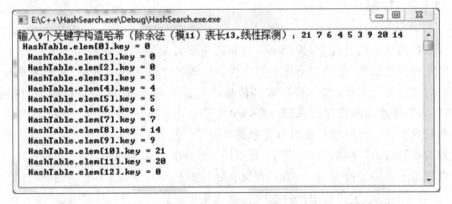

图 4-16 构造哈希表的运行结果(除余法(模 11)表长 13,线性探测)

下面分析哈希查找在查找成功时的平均查找长度 ASL。

同样 9 个关键字用同一个除余法的哈希函数,用拉链法处理冲突,如图 4-14 所示,

ASL ＝（7×1＋2×2)/9 ＝ 11/9，用线性探测法处理冲突，如图 4-15 所示，ASL ＝（7×1＋6＋3)/9 ＝ 16/9。可见，同一组关键字用相同的哈希函数，采用不同处理冲突的方法，得到的平均查找长度可能不同。线性探测法因为有可能发生二次聚集，使性能不及拉链法。

冲突的发生次数与装填因子 α（＝哈希表中填入记录个数/哈希表表长）有关，哈希表装得越满，装填因子值越大，则冲突的可能性就越大，平均查找长度也随之增大。

当哈希表不足一半，即装填因子 $\alpha < 0.5$ 时，检索长度大都小于 2。当 $\alpha > 0.5$ 时，哈希查找的性能会急剧下降，因此在构造哈希表之前，需要先明确查找表在达到最大负载时记录的个数，再选择哈希表的长度，才能够得到高效率的哈希表。

4.10.5 哈希表的应用

在医学信息处理中，通常以国际疾病编码（ICD）代替汉字疾病名称进行查找和统计。可以应用哈希函数，实现汉字疾病名称到以国际疾病编码 ICD 码的快速查找。实现时，可以将疾病名称的每个汉字的拼音首字母在字母表中的序号提取出来，组合成数值作为关键字，用除余法做哈希函数，计算出 ICD 码的存储位置。

另外，域名服务器 DNS 中的域名到 IP 地址的映射，编译系统中的符号表等，也都用到了哈希表以提高查找速度。

了解了哈希表的原理，可以进一步扩展，将关键字扩展为长整数甚至是各类文件，将哈希函数扩展为哈希算法。在信息安全领域，哈希算法的输出具备"数字指纹"特性，可以应用于文件完整性校验；哈希算法的输出称为文件的"数字文摘"，在密码体系中用于对文件进行"数字签名"，与对文件本身进行数字签名比较，速度快，安全性可以认为是等效的。

电驴（eMule）是一个知名的文件共享软件，也用到了哈希算法。文件上传时，eMule 会根据哈希算法自动生成这个文件的哈希值（是这个文件唯一的身份标志，包含了这个文件的基本信息），将哈希值提交到服务器。文件下载时，这个哈希值可以提供下载地址，还能让申请者了解该文件的详细信息。

在网络上进行的信息交流安全验证也涉及哈希算法，其重要性越来越突出。

4.11 小结

在计算机的非数值处理中，排序是一种非常重要且最为常用的操作。衡量排序算法的主要性能是时间复杂度、空间复杂度和稳定性。根据排序所采用的方法，内排序可分为插入排序、选择排序、交换排序、归并排序和基数排序。其中，插入排序又可以分为直接插入排序、折半插入排序和希尔排序。选择排序可分为简单选择排序、堆排序。交换排序可分为冒泡排序和快速排序。在时间性能没有要求的情况下，直接插入排序、简单选择排序和冒泡排序是比较简单且较为常用的算法，其中，直接插入排序算法最为简单。

在查找部分介绍了静态查找、动态查找和哈希查找的基本思想，举例说明，并给出了算法描述，进行了算法分析和适用场合说明。重点是折半查找、二叉搜索树、平衡二叉树和哈希查找的方法及其特点，难点是平衡二叉树的调整和各种查找方法的算法分析。

4.12 习题

1. 单项选择题

(1) 若对 n 个元素进行直接插入排序,在进行第 i 趟排序时,假定元素 r[i+1] 的插入位置为 r[j],则需要移动元素的次数为(   )。

  A. j−i   B. i−j−1   C. i−j   D. i−j+1

(2) 对 n 个元素进行直接插入排序,共需要进行(   )趟。

  A. n   B. n+1   C. n−1   D. 2n

(3) 对 n 个元素进行直接插入排序时间复杂度为(   )。

  A. $O(1)$ B. $O(n)$ C. $O(n^2)$ D. $O(\log_2 n)$

(4) 对 n 个元素进行冒泡排序的过程,第一趟排序至多需要(   )对相邻元素之间的交换。

  A. n   B. n−1   C. n+1   D. n/2

(5) 对 n 个元素进行冒泡排序的过程,最好情况下的时间复杂度为(   )。

  A. $O(1)$ B. $O(n\log_2 n)$ C. $O(n^2)$ D. $O(n)$

(6) 对 n 个关键字序列{1,2,3,…,n}由小到大进行冒泡排序,至少需要(   )趟完成。

  A. 1   B. n   C. n−1   D. n/2

(7) 对 n 个元素进行冒泡排序,至多需要(   )趟完成。

  A. 1   B. n   C. n−1   D. n/2

(8) 下列排序算法中,(   )排序方法是稳定的。

  A. 直接插入排序与冒泡排序   B. 直接选择排序和冒泡排序

  C. 直接插入排序与直接选择排序   D. 以上答案都不对

(9) 对于具有 12 个记录的序列,采用冒泡排序最少的比较次数为(   )。

  A. 1   B. 144   C. 11   D. 66

(10) 下列排序方法,排序过程中关键字比较次数与记录的初始排列顺序无关的是(   )。

  A. 直接插入排序   B. 冒泡排序

  C. 直接选择排序   D. 以上答案都不对

(11) 设有 100 个元素,用折半查找法进行查找时,最大比较次数是(   )。

  A. 25   B. 8   C. 10   D. 7

(12) 一个有序表为{1,3,9,12,32,41,45,62,75,77,82,95,100},当折半查找值 82 的元素时,进行比较的次数是(   )(注:计算中间位置时取整)。

  A. 1   B. 2   C. 4   D. 8

(13) 顺序查找法的查找表适合的存储结构为(   )。

  A. 散列存储   B. 顺序存储或链接存储

  C. 压缩存储   D. 索引存储

(14) 某顺序存储的查找表中有 90000 个元素,按关键字值升序排列,假定对每个元素进行查找的概率相同,且每个元素关键字的值皆不相同,用顺序查找法查找时,平均比较次数约为(   );最大比较次数约为(   )。

A. 25000　　　　B. 30000　　　　C. 45000　　　　D. 90000

(15) 设散列地址空间为0～m－1,k为关键字,用p去除k,将所得的余数作为k的散列地址,即H(k)=k%p。为了减少发生冲突的频率,一般取p为(　　)。
　　A. 小于m的最大奇数　　　　　　B. 小于m的最大偶数
　　C. 小于m的最大素数　　　　　　D. 大于m的最大素数

(16) 设有9个数据记录组成的线性表,它们排序关键字的取值分别是(11,15,20,27,30,35,46,88,120),已经将它们按照排序码递增有序的方式,存放在一维结构数组a[0..8]中从下标0开始到下标8结束的位置,则当采用折半查找算法查找关键字值等于20的数据记录时,所需比较元素的下标依次是(　　)(注:计算中间位置时取整)。
　　A. 0,1,2　　　　B. 4,1,2　　　　C. 4,2　　　　D. 4,3,2

(17) 顺序查找一个共有n个元素的线性表,其时间复杂度为(　　)。
　　A. $O(n)$　　　B. $O(\log_2 n)$　　　C. $O(n^2)$　　　D. $O(n\log_2 n)$

(18) 设有100个元素,用折半查找法进行查找时,最小比较次数是(　　)。
　　A. 7　　　　B. 4　　　　C. 2　　　　D. 1

(19) 哈希法中,除了考虑构造"均匀"的哈希函数外,还要解决冲突的问题,以下选项中(　　)不是解决冲突的办法。
　　A. 线性探查　　　B. 二次探查　　　C. 压缩存储　　　D. 拉链法

(20) 采用顺序查找方法查找长度为n的线性表时,每个元素的平均查找长度为(　　)。
　　A. n　　　　B. n/2　　　　C. (n+1)/2　　　　D. (n−1)/2

2. 填空题

(1) 所谓排序,就是要整理文件中的记录,使之按照_____递增(或递减)的次序排列起来。

(2) 每次从无序子表中挑选出一个最小或最大元素,把它交换到有序表的一段,此种排序方法叫做_____排序。

(3) 根据排序过程中需要涉及的存储器不同,可将排序分为_____和_____。

(4) 若对一组记录(46,79,56,38,40,80,35,50,74)进行直接插入排序,当把第8个记录插入到前面已排序的有序表时,为寻找插入位置需比较_____次。

(5) _____排序方法能够每次使无序表中的第一个记录插入到有序表中。

(6) 对n个记录进行冒泡排序时,最少的比较次数为_____,最少的趟数为_____。

(7) 假定一组记录为(46,79,56,38,40,84),冒泡排序过程中进行第一趟排序后的结果为_____。

(8) 假定一组记录为(46,79,56,64,38,40,84,43),冒泡排序过程中进行第一趟排序时,元素79将最终下沉到其后第_____的位置(从0开始)。

(9) _____排序方法使关键字值大的记录逐渐下沉,使关键字值小的记录逐渐上浮。

(10) 对n个元素进行冒泡排序,在_____情况下比较的次数最少,其比较次数为_____。在_____情况下比较次数最多,其比较次数为_____。

(11) 折半查找的存储结构仅限于_____,且是_____。

(12) 分块查找中首先查找_____,然后再查找相应的_____。

(13) 顺序查找法的平均查找长度为_____。
(14) _____遍历二叉排序树的结点就可以得到排好序的结点序列。
(15) 一个待散列存储的查找表长度为 n,用于散列的散列表长度为 m,则 m 应_____n。
(16) 对于顺序查找,数据可以采用_____存储形式。
(17) 假定在有序表 R[0..19]上进行折半查找,则比较一次查找成功的元素个数为_____。
(18) 假定查找有序表 R[0..11]中每个元素的概率相等,则进行顺序查找的平均查找长度为_____。
(19) 对于长度为 n 的线性表,若进行顺序查找,则时间复杂度为_____。
(20) 散列存储中,装填因子 α 的值越小,存取元素时发生冲突的可能性就_____。

3. 判断题

(1) (   )内部排序要求数据一定要以顺序方式存储。
(2) (   )排序的稳定性指排序算法中的比较次数保持不变,且算法能够终止。
(3) (   )直接选择排序算法在最好情况下的时间复杂度为 O(n)。
(4) (   )冒泡排序算法是稳定排序算法。
(5) (   )直接选择排序算法是稳定排序算法。
(6) (   )直接插入排序是稳定排序算法。
(7) (   )同外部排序相比,内部排序适用于记录个数不很多的小文件。
(8) (   )如果某种排序方法不稳定,则该方法没有意义。
(9) (   )直接插入排序的空间复杂度为 O(1)。
(10) (   )对于具有 n 个记录的文件进行直接插入排序,最坏的情况下总记录移动次数为(n−1)(n+2)/2。
(11) (   )对采用折半查找法进行查找操作的查找表,要求按照顺序存储方式存储即可。
(12) (   )一个有序表为(1,3,9,12,32,41,45,62,75,77,82,95,100),当二分查找值 82 的结点时,8 次比较后查找成功。
(13) (   )顺序查找法仅适用于存储结构为顺序存储的线性表。
(14) (   )如果要求一个线性表既能较快地查找,又能适应动态变化的要求,可以采用二分查找方法。
(15) (   )设有 100 个元素,用折半查找法进行查找时,最大比较次数是 7 次。
(16) (   )在采用线性探查法处理冲突所构成的散列表上进行查找,可能要探查多个位置,在查找成功的情况下,所探查的这些位置上的键值都是同义词。
(17) (   )若采用线性探查再散列法处理散列时的冲突,当从哈希表中删除一个记录时,不应将这个记录的所在位置置为空,因为这会影响以后的查找。
(18) (   )前序遍历二叉排序树的结点就可以得到排好序的结点序列。
(19) (   )在任一二叉排序树上查找某个结点的查找时间都小于用顺序查找法查找同样结点的线性表的查找时间。
(20) (   )虽然关键字序列的顺序不一样,但依次生成的二叉排序树却是一样的。

4. 综合题

（1）已知一组记录为(46,74,53,14,26,38,86,65,27,34)，给出采用直接插入排序法进行排序时，每一趟的排序结果。

（2）已知一组记录为(46,74,53,14,26,38,86,65,27,34)，给出采用冒泡排序法进行排序时，每一趟的排序结果。

（3）已知一组记录为(46,74,53,14,26,38,86,65,27,34)，给出采用直接选择排序法进行排序时，每一趟的排序结果。

（4）设待排序的记录共 7 个，关键字分别为 8,3,2,5,9,1,6。试用直接插入、直接选择两种方法，以关键字的变化描述排序全过程（动态过程），要求按递减顺序排序。

（5）假设待排序的一批记录的关键字序列为{14,35,18,5,7,21}，请给出按照直接选择排序方法，依据关键字取值升序和降序两种情况下的排序过程。

（6）有待排序的 8 个数据记录，其排序用关键字的取值依次为 68,45,20,90,15,10,50,8，请用冒泡排序法写出升序排序的每一趟结果。

（7）阅读下列程序，请说明程序实现的功能及程序中 lst->Elements[0] 的作用。

```
typedef int T;
typedef struct list{
    int Size, MaxList;
    T Elements[MaxSize];
} List;
void test(List * lst)
{
int i, j;
for( i = 2; i<= n; i++){
if ( lst->Elements[i] < lst->Elements[i-1]){
lst->Elements[0] = lst->Elements[i];
j = i - 1;
do{
lst->Elements [j+1] = lst->Elements [j];
j--;
} while (lst->Elements [0] < lst->Elements [j] );
lst->Elements [j+1] = lst->Elements [0];
}
}
```

（8）设有一组关键字(19,01,23,14,55,20,84,27,68,11)，采用哈希函数 $H(key)=key\%13$，采用开放地址法的线性探测再散列方法解决冲突，试在 0～18 的散列地址空间中对该关键字序列构造哈希表。

（9）图 4-17 是一棵二叉排序树，给出查找 35 和 90 的查找过程。

（10）设单链表的结点是按关键字从小到大排列，试写出对此链表的查找算法，并说明是否可以采用折半查找（二分查找）。

（11）设有一组关键字(19,01,23,14,55,20,84,27,68,11,10,77)，给出采用折半查找的方法，查找关键字 84 和 24 的查找过程（注：计算中间位置时取整）。

（12）已知一个长度为 12 的表(Jan, Feb, Mar, Apr, May, June, July, Aug, Sep,

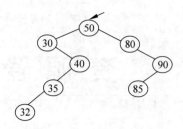

图 4-17 二叉排序树

Oct,Nov,Dec),试按表中元素的次序依次插入一棵初始为空的二叉排序树。(字符之间以字典顺序比较大小)画出对应的二叉排序树,并求出在等概率情况下查找成功的平均查找长度。

(13) 设有一组关键字(19,01,23,14,55,20,84,27,68,11),采用哈希函数 H(key)=key%13,采用开放地址法的二次探测再散列方法解决冲突,试在 0~18 的散列地址空间中对该关键字序列构造哈希表。

(14) 线性表的关键字集合(26,36,41,38,44,15,68,12,06,51,25),共有 11 个元素,已知散列函数为 H(k)=k%13,采用拉链法处理冲突,设计出这种链表结构。

(15) 试述顺序查找法、折半查找法和分块查找法对被查找的表中元素的要求,每种查找法对长度为 n 的表的等概率查找长度是多少?

(16) 编写一个算法,采用顺序查找方法,在以 head 为表头指针的不带头结点单链表中,查找值为 X 的关键字,若查找成功返回结点指针 p 查找失败则返回 NULL。

(17) 已知长度为 12 的表(Jan,Feb,Mar,Apr,May,June,July,Aug,Sep,Oct,Nov,Dec)。若对表中元素先进行排序构成有序表,求在等概率情况下,对此有序表进行折半查找时查找成功的平均查找长度,并画出相应的判定树。

第 5 章 资源管理

CHAPTER 5

众所周知,计算机的资源由硬件资源和软件资源两个部分组成。计算机硬件是组成计算机物理设备的总称,包括中央处理器、存储器、输入输出设备等,是计算机系统工作的物质基础;而软件是计算机硬件设备上运行的各种程序及其相关资料的总称。要实现用户的软件通过各种指令使计算机硬件高效有序地执行,需要一个管理系统既可以实现对计算机所有硬件的管理,又能方便地为应用软件提供各种接口指令或协议。操作系统就是介于计算机硬件和应用软件之间,实现对计算机系统资源进行控制与管理的软件。本章内容就是针对操作系统的控制和管理功能来阐述操作系统在计算机中的重要地位。

5.1 操作系统的概念

5.1.1 操作系统的定义

为了明确操作系统的定义,先来简单回顾一下操作系统的发展。操作系统的发展是随着计算机体系结构的变化而来的。

1. 操作系统的发展

1946 年计算机诞生到 20 世纪 50 年代中期的计算机属于第一代计算机,这时的计算机体积庞大、速度慢,没有操作系统。由用户(程序员)采用手工方式直接控制和使用计算机硬件,即程序员编好程序后,首先需要使用穿孔机,将程序和数据制作成纸带或卡片。然后将这些纸带或卡片装入纸带输入机或卡片输入机,启动计算机。计算机从读卡机上将程序和数据读入,并开始运行程序。程序运行结束并取走结果后,才让另一个用户使用计算机。这种人工操作方式有以下缺陷,用户上机时独占全机资源,造成资源利用率不高,系统效率低;手工操作多,浪费处理器时间等。

20 世纪 50 年代后期,随着晶体管计算机的广泛应用和计算机高级语言(FORTRAN、ALGOG、COBOL 等)的出现,此时用户可以采用高级语言编写程序来控制计算机的执行。用户需要完成某一个任务,首先将程序写到纸上,然后将纸穿成卡片,再将卡片带到计算中心交给操作员。计算机运行完当前的任务之后,其结果由打印机输出。接着操作员从卡片盒中选择另一个任务(作业)交给计算机执行。在这个阶段,用户提交的任务在操作员的干预下成批执行。由于处理机的速度与手工操作设备的输入和输出的速度不相匹配,人们设计了监督程序(或管理程序)来实现任务的自动转换处理。这期间,每个任务由程序员提供一组在某种介质(如纸、磁盘)上的任务信息(文件),包括任务说明书及相关的程序和数据。任务说明书由程序员提交给系统操作员,操作员集中一批用户提交的作业,由管理程序将这批作业从纸带或卡片机输入到磁带上,当一批作业输入完成后,管理程序自动把磁带上的第1个作业装入内存,并把控制权交给作业。该作业执行完成后,作业又把控制权交回管理程序,管理程序再调入磁带上的第2个作业到内存中执行。以此类推,直到所有作业完成。这种处理方式称为批处理方式。由于是串行操作,所以又称为单道批处理。

单道批处理系统内存中仅有一道任务,无法充分利用系统中的所有资源,导致系统中仍有许多资源空闲,设备利用率低,系统性能差。20世纪60年代中期,计算机体系结构发生了很大变化,由以CPU为中心的结构改变为以主存为中心,使在内存中同时装入多个作业(或任务)成为可能,使多道程序的概念成为现实。多道程序设计指允许多个程序同时进入一个计算机系统的主存储器并启动进行计算的方法。即计算机内存中可以同时存放多道(两个或以上相互独立的)程序,它们都处于开始和结束点之间。从微观上看是串行的,各道程序轮流使用CPU,交替执行。这样的处理方式提高了CPU的利用率,充分发挥计算机系统部件的并行性,现代计算机系统都采用了多道程序设计技术。

随着计算机系统和网络的进一步发展,为了适应计算机结构的变化,满足用户不断变化的应用需求,提高计算机系统资源的利用率等,操作系统也步入了更实用化的阶段,陆续出现了分时操作系统、实时操作系统、微机操作系统、嵌入式操作系统和网络操作系统等。感兴趣的读者可以参考其他书目,了解这类操作系统的详细情况。

2. 操作系统的定义

操作系统是最基本的系统软件,因为所有其他的系统软件(例如编译程序、数据库管理系统等语言处理器)和软件开发工具都是建立在操作系统的基础之上,它们的运行全都需要操作系统的支持。计算机启动后,通常先把操作系统装入内存,然后才启动其他的程序。

所谓操作系统(Operating System,OS)是由一些程序模块组成,用来控制和管理计算机系统内的所有资源,并且合理地组织计算机的工作流程,以便有效地利用这些资源,并为用户提供一个功能强大、使用方便的工作环境。

操作系统的定义同时说明了操作系统有如下任务。

1) 资源管理

任何一个计算机系统,不论是大型机、小型机,还是微机,都具有两种资源,即硬件资源和软件资源。硬件资源指计算机系统的物理设备,包括中央处理机、存储器和I/O设备;软件资源指由计算机硬件执行的、用以完成一定任务的所有程序及数据的集合,包括系统软件和应用软件。操作系统是最基本的系统软件,操作系统又是资源的管理者,用户程序使用资源都必须经过操作系统——调用操作系统的功能函数。操作系统管理资源的目标是发挥资源的最大效率,因此需要实现高效率的资源管理机制,包括分配、调度和共享机制。

2) 资源使用方便

既然用户程序必须通过操作系统来使用计算机资源,操作系统就必须提供方便、好用、安全和可靠的资源访问功能函数(或接口函数)。例如,所有I/O设备的驱动函数。操作系统为用户(计算机系统管理员、应用软件的设计人员等)提供了抽象的资源使用界面。抽象层次越高,用户使用资源就越方便,因为它让用户远离了资源访问的细枝末节。

3) 资源的安全保障

操作系统在提供功能函数时,必须考虑到资源的安全使用问题,即用户是否有权限使用该资源。用户超越权限地使用资源,不仅会危害系统的正常运行,也会损害其他用户的利益。这也正是计算机病毒和攻击者想做的。因此操作系统必须建立有效的安全机制。

操作系统是计算机中的最基本核心软件,它位于计算机硬件与应用程序之间,提供给应用程序各种功能函数,同时控制硬件完成各种操作。

5.1.2 操作系统的分类

随着计算机技术和软件技术的发展,目前已经形成了各种类型的操作系统,以满足不同的应用要求。最常用分类方法(按照操作系统的用户服务方式分)主要有多道批处理操作系统、分时操作系统、实时操作系统、微机操作系统、网络操作系统、分布式操作系统等。

1. 多道批处理操作系统

为了解决 CPU 和 I/O 运行速度的差别,即作业占用 I/O 时,CPU 处于空闲状态的问题,产生了多道批处理系统。它一次将几个作业放入内存,宏观上看,同时有多个作业在系统中运行,而实际上这些作业是分时串行地在一台计算机上运行。但此时的操作系统具有了两大基本特征。

1) 并发

指系统允许同时执行多个运行中的程序。如图 5-1 所示,3 道作业交替执行的情况,当一个作业进入 I/O 过程,CPU 并没有等待该作业 I/O 的结束,而是直接执行等待队列中的另外一个作业,提高了系统单位时间内的作业运行量。

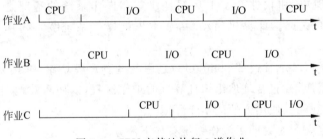

图 5-1 CPU 交替地执行 3 道作业

2) 共享

指系统为多个运行中的程序提供共享资源。利用磁盘的速度比读卡机和打印机快的特点,将磁盘分为"输入井"和"输出井",将多个作业的相关数据由 I/O 通道控制读卡机读入并存放到"输入井"。操作系统从"输入井"中读入作业的相关数据,启动作业运行。作业在运行过程中,也从"输入井"中输入数据,进行处理。同时,作业的输出数据都写入"输出井"中。当作业运行结束后,由 I/O 通道控制打印机,将作业在"输出井"中的全部输出数据打印出来,好像每个用户都拥有了一台打印机,实现了资源共享。

2. 分时操作系统

多道批处理操作系统虽然能提高机器的资源利用率,却存在一个重要的缺点,即程序的调试问题。由于一次要处理一批作业,作业的处理过程中,任何用户都不能和计算机进行交互。即使发现了某个作业有程序错误,也要等一批作业全部结束后脱机进行纠错。查明或改正一处错误,往往需要运行多次作业,延长了程序的调试周期。正是这一矛盾,导致了分时操作系统应运而生。

在精确的时钟中断系统和速度更快的处理机等硬件的支持下,分时操作系统允许多个用户同时联机与系统进行交互通信,一台分时计算机系统连有若干台终端,多个用户可以在各自的终端上向系统发出服务请求,系统根据用户的请求完成指定的任务,并把执行结果返回。这样用户可以根据运行结果,再次通过终端决定下一步的请求指令。重复这个交互过程,直到每个用户实现自己的预定目标。由于处理机的速度很快,将时间片划分适当,从一个较长时间看,每一个用户似乎都独享主机。这样,对于每个用户都仿佛"独占"了整个计算机系统。具有这种特点的计算机系统称为分时系统。

分时系统具有多路性、交互性、独占性和及时性的特点。

3. 实时操作系统

实时操作系统指系统能够及时响应随机发生的外部事件,并在严格的时间范围内完成对该事件的处理,并能控制所有实时设备和实时任务协调一致地工作。所谓"外部事件"是指与计算机连接的设备向计算机发出的各种服务请求。实时操作系统根据控制对象不同又分为实时控制系统(如导弹导航)和实时信息处理系统(如机票查询)。

实时系统的特点如下:

(1) 响应及时,一般在毫秒或微秒级,用于军事的实时系统对响应时间要求更高。
(2) 可靠性高,系统效率放在次要地位。
(3) 系统安全性放在第一位,交互性差或根本没有交互性。
(4) 系统整体性强,很多实时系统同时又是分布式系统,具有分布式系统整体性强的优点。

4. 微机操作系统

从 20 世纪 70 年代以来,个人计算机得到普及。为了满足个人使用计算机的要求,微机操作系统诞生了。早期的微机操作系统是单用户单任务的命令行形式的操作系统,如 MS-DOS。随着计算机技术的发展和用户需求的不断提高,微机操作系统具有图形用户界面、多用户、多任务、虚拟存储管理、网络通信支持等功能,最大限度地满足用户对计算机的使用需求。微机操作系统的出现改变了人们对计算机的传统观念,计算机开始走进人们生活和工作的各个领域。

5. 网络操作系统

网络操作系统是为计算机网络而配置的。计算机网络是把不同地点上分布的计算机按照网络体系结构协议标准设计的结构连接起来,实现资源共享。在网络范围内,网络操作系统用于管理网络通信和共享资源,协调各计算机上任务的运行,并向用户提供统一、有效方便的网络接口的软件。网络操作系统虽具有分布处理功能,但其控制功能却是集中在某个或某些主机或网络服务器中,即集中式控制方式。需要说明的是,在网络中各独立计算机仍有自己的操作系统,由它管理着自身的资源。只有在它们进行相互间的信息传递、使用网络中的可共享资源时,才会涉及网络操作系统。

6. 分布式操作系统

由多台计算机组成的特殊的计算机网络形成分布式计算机系统,分布式操作系统是为分布式计算机系统而配置的,它将物理上分布的具有自治功能的数据处理系统或计算机系统互连起来,实现信息交换和资源共享,协作完成任务。分布式操作系统具有任务分配功能,可将多个任务分配到多个处理单元上,使这些任务并行执行,从而加速了任务的执行。其特征是系统中所有主机使用同一操作系统,可以实现资源的深度共享,系统具有透明性和自治性。

7. 嵌入式操作系统

计算机嵌入式操作系统不仅能用于建立像银行服务、图书馆管理、数字天气预报这样的大型应用系统,也能用于建立小型甚至微型的应用系统。例如,家电、手机、数码相机上的应用程序,甚至可以植入人体内部的医疗芯片。

嵌入式系统是在各种设备、装置或系统中,完成特定功能的软硬件系统。它们是一个大设备、装置或系统中的一部分,这个大设备、装置或系统可以不是"计算机"。通常工作在反应式或对处理时间有较严格要求的环境中,由于它们嵌入在各种设备、装置或系统中,因此称为嵌入式系统。在嵌入式系统中的操作系统,称为嵌入式操作系统。嵌入式操作系统具有实时操作系统的特征,功能及编程非常简便,支持特定的 I/O 设备及定制相关系统功能。

5.1.3 操作系统的特征

操作系统是一个十分复杂的系统软件。前面介绍的几种操作系统,虽然它们都有各自的特征,但也都具有以下几个共同特征。

1. 并发性

并发性是指在计算机系统中同时存在着若干个正在运行的程序,这些程序同时或交替地运行。从宏观上看,程序是同时向前推进的;从微观上看,程序是顺序执行的,在单 CPU 上是轮流执行。

2. 共享性

共享性指系统中的资源可供内存中多个并发执行的进程共同使用,即操作系统程序与多个用户程序共享系统中的各种软、硬件资源。

3. 虚拟性

虚拟性指通过某种技术把一个物理实体变成逻辑上的多个。例如,前面提到的分时操作系统,虽然只有一个 CPU,但每个终端用户却都认为各有一个 CPU 在专门为他服务,实现了虚拟处理。

4. 不确定性

不确定性指因为多个用户程序共享系统中各种资源,造成了系统中很多不确定性因素。操作系统控制下的多个作业的运行顺序和每个作业的运行时间是不确定的。

5.1.4 操作系统的功能

操作系统的基本功能就是管理各种计算机资源并给用户提供一种简便、有效地使用资源的手段,充分发挥各种资源的利用率。操作系统应具有的基本功能有进程管理、存储管理、设备管理、作业管理和文件管理。

1. 进程管理

进程代表一个运行中的程序,进程管理主要解决处理机的分配调度问题,有时也称为处理机管理。CPU 是计算机系统中最宝贵的硬件资源。为了提高 CPU 的利用率,操作系统采用了多道程序技术,即系统中有多个进程同时运行。操作系统负责监督进程的执行过程,协调进程之间的资源分配及竞争等问题,以使 CPU 资源得到最充分的利用。

2. 存储管理

存储管理主要指内存资源的分配和使用管理,虽然 RAM 芯片的集成度不断提高,但受 CPU 寻址能力的限制,内存的容量仍有限。操作系统负责为每个进程分配内存空间,保证用户存放在内存中的程序和数据彼此隔离、互不侵扰,同时提供进程之间共享程序和数据的功能。当内存容量不足时,操作系统使用磁盘空间作为内存空间的扩展,实现虚拟存储系统。

3. 设备管理

设备管理主要是对计算机系统 I/O 设备(外部设备)进行分配、回收与控制。设备管理负责外部设备的分配、启动和故障处理,用户不必详细了解设备及接口的技术细节,就可以方便地对设备进行操作。

4. 文件管理

计算机系统中的软件资源(如程序和数据)是以文件的形式存放在外存储器(如磁盘、磁带)中,需要时再把它们装入内存。文件管理的任务是有效地支持文件的存储、检索和修改等操作,解决文件的共享、保密和保护问题,以使用户方便、安全地访问文件。

5. 作业管理

所谓作业是用户要求计算机处理的一个相对独立的任务。作业管理是操作系统提供给用户的最直接的服务。按照用户观点,操作系统是用户与计算机系统之间的接口。因此,作业管理的任务是为用户提供一个使用系统的良好环境,使用户能有效地组织自己的工作流程,并使整个系统能高效运行。

操作系统的各功能之间并非是完全独立的,它们之间存在着相互依赖的关系。

5.2 多道程序设计

多道程序设计是操作系统所采用的最基本、最重要的技术,其根本目的是提高整个系统的效率。衡量系统效率的尺度是系统吞吐量。所谓吞吐量是指单位时间内系统所处理作业(程序)的道数(数量)。如果系统的资源利用率高,则单位时间内所完成的有效工作就多,吞吐量就大。

5.2.1 并发程序设计

当一个作业进入内存后,它的计算工作就开始了。通常,计算机运行用户作业的方式有两种,顺序运行和并发运行。

1. 顺序运行方式

顺序运行方式是传统的程序设计方法,即作业的运行总是一个一个顺序来,完成一个作业后再运行下一个作业。一种最容易实现的方式,常见于早期的单道批处理系统中。其具有如下特点。

1) 独占性

任意一个程序运行中独占系统资源,即使某个程序只使用很少的资源,多余的资源也不会分配给其他程序。

2) 顺序性

程序所规定的动作在机器上严格地按顺序执行,每个动作的执行都以前一个动作的结束为前提条件。

3) 封闭性

只有程序本身的动作才能改变程序的运行环境,不会受到任何其他程序和外界因素的干扰。

4) 可再现性

程序的执行结果与其执行速度无关。只要输入的初始条件相同,就会得到相同的结果。这样当程序中出现了错误时,往往可重现错误,以便进行分析。

2. 并发运行

并发运行是多道程序系统中的一种运行方式。它运行多个程序共享 CPU,以并发方式进行运算。换句话说,在任一时刻,系统中不再只有一个活动,而存在着许多并行的活动。从程序活动方面看,则可能有若干程序同时或者相互穿插地在系统中执行,并且次序不是事先确定的。

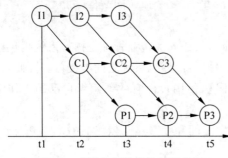

图 5-2 多道程序并发执行示意图

图 5-2 给出了一个假想的并发运行示例,1,2,3 分别为并发运行的 3 个程序。其中,每一个程序的运算可分为 3 个相对独立的处理。现假设这些处理都必须按先后顺序执行,那么这 3 个程序就可并发运行。图 5-2 中,除了 t1 和 t5 外,其余时间都有多个程序可供选择运行。并发运行方式具有以下基本特征。

1) 异步性

每个程序的运行是不确定的,即启动时间不确定,结束时间也不确定。程序的整个运行过程呈现不连续状态,走走停停,停停走走。

2) 共享性

当一个程序申请系统资源并得到满足时,该程序就可以获得运行机会。当它用完这些资源主动归还时,或者被迫暂时放弃某些资源时,释放的资源被其他程序获得。这样,就形成了资源供多道程序共享的局面。

3) 相互制约性

这是多道程序系统的常见特征。从资源方面,当一个资源被某个程序占用,其他程序就不能使用该资源。从程序协作方面,一个程序需要利用另一个程序的结果,如果对方尚未加工完成,该程序就需要等待。从 CPU 的竞争方面,一部分程序获准在 CPU 上运行,另一部分程序就不能运行。这是一种既相互依赖又相互制约的关系。

4) 不可重现性

该特征指程序的运行过程和运行结果不可以重现。即使程序的初始条件相同,也会因为运行时间不同,得到不同的运行结果。另外,从运行过程看,由于系统中处于驻留状态的作业很多,它们的运行都以未知的速度向前推进。因此,不可能通过重复性操作,将某一个程序的运行轨迹再现出来。

5.2.2 进程

1. 进程的概念

进程作为操作系统的一个重要概念,是在 20 世纪 60 年代提出来的。在程序设计领域,"程序"一词的含义中具有浓厚的"代码"成分,比较适合描述静态文本,不能完整描述系统中多道程序的并发运行。为了描述程序运行的动态特性,"进程"概念被广泛接受。

所谓进程是具有一定独立功能的程序在某个数据集合上的一次运行活动,进程是系统进行资源分配和调度的一个独立单位。

从进程的定义来看,进程不是程序,而是程序的一次运行。当一个程序在计算机上运行时,便有一个进程存在;若程序不运行,就只有程序而没有进程了。另外,当一个程序运行多次时,必然会生成多个进程。

2. 进程的特性

进程具有以下 5 个特征。

1) 动态性

进程有"生命周期"。它由"创建"而产生,由"撤销"而消亡。这是进程最重要的特征。

2) 并发性

一个进程可以与其他进程并发执行。从系统的角度看,在一个时段内可以有多个进程同时存在并以不同的速度向前推进。而程序作为一种静态文本是不具备这种特征的。

3) 独立性

进程是系统中的一种独立运行的基本单位,也是系统分配资源和调度的独立单位。

4) 异步性

进程是按异步方式运行的,即它的推进速度是不可预知的。由于系统中允许多个进程并发执行,每一次调度的目标带有一定的随机性,且进程的运行规律是"走走——停停——走走"。因此,系统无法预知某一瞬间运行的是哪一个进程,以及它的推进速度怎样。

5) 结构性

为了描述进程的动态变化过程,并使之能独立运行,系统为每一个进程设置一个进程控制块(PCB)。由程序代码、数据集及进程控制块组成进程实体。进程控制块是进程存在的标志。只要一个进程的控制块存在,无论该进程的程序代码和数据集是否在内存,都可以被系统控制和调度。

3. 进程的状态及其状态转换

根据进程在执行过程中的不同情况,通常可以将进程分成不同的状态:

1) 就绪状态

指进程原则上是可以运行的,只是缺少 CPU 而不能运行,一旦把 CPU 分配给它,就可以立即投入运行。由于系统中可以活跃着多个进程,某一时刻同时处于就绪状态的进程可能不止一个,通常将它们排成一个队列,称为就绪队列。

2) 运行状态

指进程已获得 CPU,并且在 CPU 上执行的一种状态。在单处理机系统中,每个瞬间最多只能有一个进程处于执行状态;在多处理机系统中,则有小于或等于处理机数量的进程处于运行状态。

3）等待状态

等待状态也称阻塞状态或睡眠状态。进程在前进的过程中,由于等待某种条件而不能运行时所处的状态。通常处于阻塞状态的进程也有多个,系统也将其排成一个队列,称为阻塞队列。

进程的动态性质决定了进程的状态不可能固定不变,其状态随着自身的推进和外界条件的变化而变化。进程状态之间的转换如图 5-3 所示。

在运行状态的进程,一旦条件不满足时,将转为等待状态,或由于时间片用完,而转为就绪状态。处于等待状态的进程,一旦条件满足,将解除等待状态而转为就绪状态。处于就绪状态的进程,一旦分配到 CPU 就转为运行状态。最后当进程结束时,往往处于运行状态中。

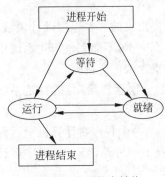

图 5-3　进程状态转换

4. 进程控制块

在操作系统中为进程定义了一个专门的数据结构,称为进程控制块(Process Control Block,PCB)。系统为每一个进程设置一个 PCB,PCB 是进程存在与否的唯一标志。当系统创建一个进程时,系统为其建立一个 PCB;然后利用 PCB 对进程进行控制和管理;当进程撤销时,系统收回它的 PCB,随之该进程也就消亡了。

进程控制块是一种数据结构,通常包括 3 类信息。

(1) 标识信息用于唯一的标识一个进程,可以分为用户使用的标识符和系统使用的内部标识符。常用的标识信息有进程标识符、父进程标识符、用户进程名、用户组名等。

(2) 现场信息用于保留一个进程在运行时存放在处理器现场中的各种信息。任何一个进程在让出处理器时,必须把此时的处理器现场信息保存到进程控制块中;而当该进程重新恢复运行时,也应恢复处理器现场。常用的现场信息有通用存储器的内容、控制寄存器的内容、用户堆栈指针和系统堆栈指针等。

(3) 控制信息用于管理和调度一个进程。常用的控制信息有进程的组成、调度、通信、以及资源使用和占用情况等。

进程控制块使用权限或修改权限均属于操作系统程序。操作系统根据 PCB 对并发执行的进程进行控制和管理,借助于进程控制块进程才能被调度执行。

5.2.3　进程之间的通信

进程是操作系统中可以独立运行的单位,但是由于处于同一个系统之中,进程之间不可避免地会产生某种联系。例如,竞争使用共享资源,而且有些进程本来就是为了完成同一个作业而运行的。因此,进程之间必须互相协调,彼此之间交换信息,这就是进程之间的通信。主要表现在进程同步、进程互斥、临界资源管理等方面。

1. 进程同步

进程同步指进程之间一种直接的协同工作关系,这些进程相互合作,共同完成一项任务。由于进程都是以独立的、不可预知的速度运行,对于相互协作的进程需要在某些协调点处协调它们的工作。当其中的某个进程先到达协调点,则暂停执行,等待其他协作进程,直到其他协作进程达到协调点并给出协调信号后方可唤醒并继续执行。例如,有 A、B 两个进程,A 进程负责从键盘读数据到缓冲区,B 进程负责从缓冲区读数据进行计算。要完成取数据并计算的工作,A 进程和 B 进程要协同工作,即 B 进程只有等待 A 进程把数据送到缓冲区后才能进行计算,A 进程只有等待 B 进程发出已把缓冲区数据取走的信号之后才能从键盘向缓冲区中送数据,否则就会出现错误。这是进程同步的问题,如图 5-4 所示。

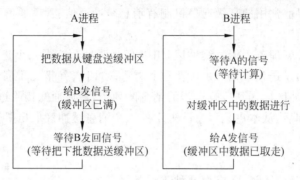

图 5-4　进程同步示意图

2. 进程互斥

系统中许多进程常常需要共享资源,而这些资源往往要求排他地使用,即一次只能为一个进程服务。因此,各进程间互斥使用这些资源,进程间的这种关系是进程的互斥。进程间的间接相互作用构成进程互斥。例如,多个进程在竞争使用打印机、一些变量、表格等资源时,表现为互斥关系。

系统资源共享是现代操作系统的基本功能,但是解决资源共享所面临的问题却因资源属性不同而有很大区别。有些系统资源是共享的,如磁盘;有些资源则是独享的,如打印机。显然独享性资源的共享处理与共享性资源的处理机制就不同。以打印机为例,设有 A,B 两个进程共享一台打印机,如果任它们自由使用,则打印出的结果会交织在一起,根本无法使用。考虑一种解决方案,让进程 A(或进程 B)一旦先占用打印机,就一直供其独享使用,直到其打印机使用完成为止,然后释放打印机,供其他进程使用。

系统中一些资源一次只允许一个进程使用,这类资源称为临界资源。在进程中访问临界资源的那一段程序称为临界区,要求进入临界区的进程之间构成互斥关系。为了保证系统中各并发进程顺利运行,对两个以上欲进入临界区的进程,必须实行互斥。为此,系统采取了一些调度协调措施。

1)空闲让进

当该临界区没有进程进入时,则允许申请进入临界区的进程立即进入。

2)忙则等待

当已有进程进入该临界区时,则其他申请欲进入临界区的进程只能等待。

3)有限等待

对要求访问临界资源的进程,应保证能在有限时间内进入临界区,以免进程陷入"死等"状态。

4)让权等待

当进程不能进入自己的临界区时,应立即释放处理机(让等待进程进入),以免进程陷入

"忙等"状态。

3. 进程通信

并发进程在运行过程中,需要进行信息交换。交换的信息量可多可少,少的只是交换一些已定义的状态值或数值;多的则可交换大量信息,因此要引入高级通信原语,解决大量信息交换问题。高级通信原语不仅保证相互制约的进程之间的正确关系,还同时实现了进程之间的信息交换。目前常用的高级通信机制有消息缓冲通信、管道通信和信箱通信。

1) 消息缓冲通信

基本思想是系统管理若干消息缓冲区,用以存放消息。每当一个进程(发送进程)向另一个进程(接收进程)发送消息时,便申请一个消息缓冲区,并把已准备好的消息送到缓冲区,然后把该消息缓冲区插入到接收进程的消息队列中,最后通知接收进程。接收进程收到发送进程发来的通知后,从本进程消息队列中的一个消息缓冲区取出所需的信息,然后把消息缓冲区还给系统。

2) 管道通信

管道通信由 UNIX 首创,已成为一种重要的通信方式。管道通信以文件系统为基础。所谓管道,就是连接两个进程之间的一个打开的共享文件,专用于进程之间进行数据通信。管道通信的实质是利用外存来进行数据通信,故具有传送数据量大的优点,但通信速度较慢。

3) 信箱通信

为了实现进程间的通信,需设立一个通信机制——信箱,以传送、接收信件。当一个进程希望与另一进程通信时,就创建一个连接两个进程的信箱,通信时发送进程只要把信件投入信箱,而接收进程可以在任何时刻取走信件。

5.2.4 多道程序的组织

多道程序设计环境中,进程个数往往多于处理机数,这将导致多个进程互相争夺处理机。多道程序的组织工作就是要控制、协调进程对 CPU 的竞争,按照一定的调度算法,使某一个就绪进程获得 CPU 的控制权,转换成运行状态,实现对进程的调度,也称作处理机调度。

1. 进程调度

进程调度程序的一项重要工作是根据一定的调度算法从就绪队列中选出一个进程,把 CPU 分配给它。因此,调度算法的好坏直接影响到系统的设计目标和工作效率。通常,考虑调度算法的因素,主要是有利于充分利用系统的资源,发挥最大的处理能力;有利于公平地响应每个用户的服务请求;有利于操作系统的工作效率。常用的调度算法有:

1) 先来先服务

如果早就绪的进程排在就绪队列的前面,迟就绪的进程排在就绪队列的后面,那么先来先服务(First Come First Service,FCFS)总是把当前处于就绪队列之首的那个进程调度到运行状态。也就是说,它只考虑进程进入就绪队列的先后,而不考虑其他因素。FCFS 算法简单易行,但性能却不太好。

2) 最短进程优先

最短进程优先(Shortest Process First,SPF)的基本思想是进程调度程序总是调度当前就绪队列中的下一个要求 CPU 时间最短的那个进程运行。和先来先服务算法相比,SPF 调度算法能有效地降低平均等待时间和提高系统的吞吐量。

3) 时间片轮转法

常用于分时系统中,将 CPU 的处理时间划分成一个个时间片,轮流地调度就绪队列中的诸进程运行一个时间片。当时间片结束时,强迫运行进程让出 CPU,该进程进入就绪队列,等待下一次调度。同时,进程调度程序又去选择就绪队列中的一个进程,分配给它一个时间片,以投入运行。

4) 优先级法

进程调度程序总是调度当前处于就绪队列中优先级最高的进程,使其投入运行。进程的优先级通常由进程优先数(整数)表示,数大优先级高,还是数小优先级高取决于规定。

2. 进程死锁

1) 死锁的概念

在多道程序系统中,虽可通过多个进程的并发执行来改善系统的资源利用率和提高系统的处理能力,但可能发生一种危险——死锁。所谓死锁(Deadlock),是指多个(进程数大于或等于2)进程因竞争资源而形成的一种僵持局面。若无外力作用,这些进程将永远不能再向前推进。例如,设有一台打印机和一台磁带机,有两个进程 P_1 和 P_2,它们分别占用打印机和扫描仪,当 P_1 申请已被 P_2 占用的扫描仪,而 P_2 申请已被 P_1 占用的打印机。这种情况出现时,P_1 和 P_2 僵持不下,称为进程死锁,如图 5-5 所示。

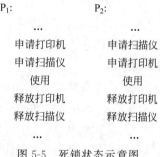

图 5-5 死锁状态示意图

从图 5-5 可以看出,产生死锁的原因有两个,一是系统内的资源数量不足,比如打印机、扫描仪有多台的话,就不会产生图 5-5 资源抢占的问题,而且这些资源都是独享的,即任何时刻只能有一个进程使用;二是系统内多个进程的推进速度不当,假如图 5-5 中 P_1 用完打印机并释放后,P_2 才开始运行,则两个进程都可以顺利执行。

2) 产生死锁的必要条件

在一个计算机系统中,死锁的产生有如下 4 个必要条件。

(1) 互斥使用(资源独占)。在一段时间内,一个资源只能由一个进程独占使用,若别的进程也要求使用该资源,则必须等待直至其占用者释放。

(2) 不剥夺性(不可抢占)。进程所占用的资源在未使用完之前,不能被其他进程强行剥夺,而只能由占用进程自身释放。

(3) 保持和请求。允许进程在不释放其已占用资源的情况下,继续请求并等待分配新的资源。

(4) 循环等待。在进程资源图中存在环路,环路中的进程形成等待链。存在一个进程等待序列{$P_1,P_2,\cdots,P_n$},P_1 等待 P_2 占用的资源,P_2 等待 P_3 占用的资源,$\cdots$,P_n 等待 P_1 占用的资源。

3) 死锁的预防

通过破坏 4 个必要条件中的一个或多个以确保系统不会发生死锁。为此,可以采取下列 3 种预防措施:采用资源的静态预分配策略,破坏"保持和请求"条件;允许进程剥夺使用其他进程占有的资源,从而破坏"不剥夺性"条件;采用资源有序分配法,破坏"环路"条件。这是解决发生死锁的一种方法。

4) 死锁的避免

即使死锁必要条件成立,也未必会发生死锁。因此死锁避免是在系统运行过程中小心地推进各进程,避免死锁的最终发生。最著名的死锁避免算法是 Dijkstra 提出的银行家算法。该算法对于进程发出的每一个系统能够满足的资源申请命令加以动态检查。如果发现分配资源后,系统进入不安全状态,则不予分配;若分配资源后,系统仍处于安全状态,则分配资源。所谓安全状态是指在 T0 时刻系统是安全的或系统处于安全状态,仅当存在一个由系统中所有进程构成的进程序列 $<P_1,P_2,\cdots,P_n>$,对于每一个进程 $P_i(i=1,2,\cdots,n)$ 满足,它以后尚需要的资源数量不超过系统中当前剩余资源与所有进程 $P_j(j<i)$ 当前占有资源数量之和。如果不存在这样的序列,则说明系统处于一种不安全状态。与死锁预防策略相比,死锁避免策略提高了资源利用率,但增加了系统开销。

5) 死锁的解除

检测出系统处于死锁状态,就要将其消除,使系统恢复正常运行。常用的方法如下。

(1) 撤销进程。撤销死锁环中的一个或者多个进程,释放它们占用的资源,使其他进程能继续运行。

(2) 剥夺资源。从死锁进程中选一个进程,剥夺它的资源(一个或多个资源)但不撤销它,把这些资源分配给别的死锁进程,反复做这一工作直到死锁解除。

(3) 设置检查点。一个花费代价较高的解除方法,定时地记录各个进程的执行情况,一旦检查到死锁发生,让一个或多个进程回退到足以解除死锁的地步。

死锁的检查和解除都要花费很大的系统代价,可能影响进程处理效率,但是可以避免发生死锁而给系统带来更大的危害。

5.3 存储空间的管理

计算机系统中,存储空间是系统重要的组成部分,它用于存放计算机中所有的信息,包括程序、文件及数据。存储空间又分为主存储空间(内存)和辅助存储空间(外存)。内存是暂存性存储器,用来存放正在被 CPU 访问和处理的信息。外存是永久性存储器,用来存放长久保存的数据。存储器资源是直接影响系统处理效率的宝贵资源。因此,如何有效地管理存储器资源是操作系统要解决的核心问题之一。

5.3.1 内存储器的管理

CPU 能直接访问的空间是主存储空间,即内存。任何程序和数据必须装入内存之后,CPU 才能对它们进行操作,因而一个作业必须把它的程序和数据存放在内存才能运行,而且操作系统本身也要存放在内存中并运行。内存的划分如图 5-6 所示。存储管理主要是对内存中的用户区域进行管理。

1. 存储器管理的功能

存储器管理的主要任务是为系统提供良好的运行环境,方便用户使用不同类型的存储器,提高存储器的利用率,满足系统对于更大虚拟存储空间的需求。为实现这些任务,存储

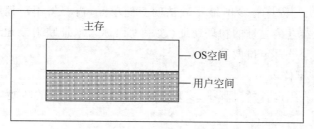

图 5-6 内存空间的划分

器管理必须具有存储分配与回收、地址重定位、存储保护和扩充的功能。

（1）存储分配与回收。要清晰地掌握系统中所有存储器空间的状态，响应所有要求分配存储器空间的请求，具体分配满足应用需求的存储器空间，回收被进程释放的空间。

（2）地址变换。存放在外存中的程序使用的是逻辑地址（虚地址），程序装入内存时要分配物理地址（实地址）。因此，将程序中的逻辑地址转换成进程中的物理地址是存储管理的主要功能之一。

（3）存储扩充。由于多道程序的引入，使内存资源更为紧张，为了使用户在编制程序时不受内存容量的限制，可以在硬件支持下，将外存作为主存的扩充部分供用户程序使用，这就是内存扩充。内存扩充可以使用户程序得到比实际内存容量大得多的"内存"空间，从而极大地方便了用户。

（4）存储保护。由于各个用户程序和操作系统同在内存，因而一方面要求各用户程序之间不能互相干扰，另一方面用户程序也不能破坏操作系统的信息。因此，为使系统正常运行，必须对内存中的程序和数据进行保护。

2．存储分配方式

为了实现存储空间的统一管理，系统为所有的存储空间建立一张存储区管理表，用于记录存储区的使用状况。当分配存储区时，操作系统在存储区管理表中进行检索，找出满足实际需求的未使用存储区分配给申请的进程。被分配的存储区状态属性进行相应的修改。

常用的存储分配方式有 3 种。

1）直接分配

程序员在编写程序时，直接使用主存的物理地址。

2）静态分配

在程序装入前，一次性分配程序所需的存储空间。整个程序运行期间不会再发生变化。

3）动态分配

系统在进程的运行过程中为其分配所需的内存，允许用户程序动态申请内存。

早期的操作系统采用静态的、连续的存储分配方式。现代的操作系统通常采用动态的、非连续的存储分配方式，并结合虚拟存储管理系统实现内存资源的主动回收。

3．地址重定位

用户程序经过编译或汇编形成的目标代码，通常采用相对地址形式，其首地址为零，其余指令中的地址都是相对首地址而定的。这个相对地址就称为逻辑地址或虚拟地址。物理地址是内存中各存储单元的编号，即存储单元的真实地址，它是可识别、可寻址并实际存在的。

为保证 CPU 执行程序指令时能正确访问存储单元,需要将用户程序中的逻辑地址转换为运行时可由机器直接寻址的物理地址,这一过程称为地址映射或地址重定位。地址重定位也分为静态和动态重定位两种。

1) 静态地址重定位

在用户程序装入到内存的过程中,实现逻辑地址到物理地址的转换,以后在程序运行时不再改变。

2) 动态地址映射

当执行程序过程中要访问指令或数据时,才进行地址变换,又称动态重定位。动态重定位需要依靠硬件地址映射机制完成,比如重定位寄存器。动态重定位可以为装入的程序分配到不连续的存储空间。

图 5-7 给出了静态地址重定位的一个示意图。其中,a、b、c 是程序定义的 3 个变量。经编译后,在目标程序的地址空间为 a、b 和 c 分配了地址 m1、m1+1 和 m1+2。当程序运行时,操作系统将 a、b 和 c 的逻辑地址转换成能够在内存中存放和处理的物理地址(16 位操作系统)2FF0、3EC0 和 6DAA。

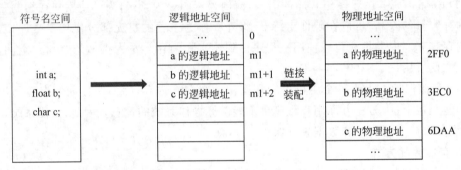

图 5-7 静态地址重定位示意图

4. 存储扩充

存储管理中面临很现实的一个问题是"地址空间超过内存空间的程序能否运行"。现代计算机系统中,大于内存空间的程序也能运行,这就是由存储管理的存储扩充功能实现的。目前最常用的扩充主存的方法有自动覆盖技术、交换技术和虚拟存储技术。

1) 自动覆盖技术

这种方法的主要思想是将大于内存空间的程序按逻辑功能划分为若干个小的程序段,这些程序段的最大特点是它们的体积小于主存空间且能够独立地运行;每次运行时只装入其中的一个程序段到内存,该段程序执行完后,下一个装入的程序段覆盖在当前程序段弃用的主存空间中;从而解决了在小内存空间中运行大地址空间程序的问题。自动覆盖技术以此达到扩充主存空间的目的。由于在此过程中既要解决存储空间分配与回收问题,还要解决程序段的调度和上下程序段的衔接问题,增加了存储管理的难度。

2) 交换技术

这种方法是对自动覆盖技术的改进,其目的是为了更加充分地利用系统的各种资源(包括内、外存储器、CPU 等)。采用交换技术的思路是当一个进程运行受阻时,将该进程交换出主存,再装入下一个可运行的进程,交换出去的进程状态又恢复为就绪态后,再重新将其装入，以此达到扩充主存的目的。

3）虚拟存储技术

虚拟存储技术实质上是综合吸收了自动覆盖技术和交换技术而形成的一种存储管理技术。它把程序存在的地址空间与程序运行时用于存放程序的存储空间区分开来。在这种方法中，一个大程序分割为相互独立、逻辑上关联的小程序段，每个程序的地址空间也划分为若干个部分，它们在使用时加载到主存中；不用时，请求操作系统的交换功能，将其交换到外存中。因此，在有限存储空间的系统中可以运行大得多的应用程序。

例如，进程的某些程序段在进程整个运行期间，可能根本不使用（如出错处理等），因而没有必要调入内存；互斥执行的程序段在进程运行时，系统只执行其中一段，因而没必要同时驻留内存；在进程的一次运行中，有些程序段执行完毕，从某一时刻起不再使用，因而没必要再占用内存区域。

5．存储分配管理方法

多道程序环境中，当多个程序提出申请分配存储空间的请求后，系统将采用怎样的分配策略呢？静态存储分配和动态存储分配在存储管理上有无区别？下面简单介绍在多道程序环境下，存储管理的不同方法和技术。

1）单一连续区分配

单一连续区分配法是像 MS-DOS 这样的单用户、单任务的操作系统采用的最基本、最简单的方法。其要点是把主存空间分割为两个固定的区域，一个区域固定地分配给操作系统，另一个区域分配给用户程序。其采用静态分配方式，不支持虚拟存储器技术。其存储空间的利用率低，造成存储资源的极大浪费。

2）分区存储管理

分区存储管理是满足多道程序运行的最简单的存储管理方案，这种管理方法特别适用于小型机、微型机上的多道程序系统。其基本思想是将内存划分成若干个连续区域，称为分区。在每个分区中装入一个运行作业，用硬件措施保证各个作业互不干扰。分区的划分方式有固定分区方式，可变分区方式及可重定位分区方式。

（1）固定分区分配管理，也称静态分区，是事先将可分配的内存空间划分成若干个固定大小的连续区域，每个区域大小可以相同，也可以不同。当某一作业要调入内存时，存储管理程序根据它的大小，找出一个适当的分区分配给它。如果当时没有足够大的分区能容纳该作业，则通知作业调度程序挑选另一作业。

固定分区方式虽然简单，但由于一个作业的大小，不可能刚好等于某个分区的大小，故内存利用率不高。每个分区剩余的空白空间，称为"碎片"。例如，图 5-8 所示为固定分区管理示意图，图中阴影部分即为主存"碎片"。

（2）可变分区分配管理，也称动态分区，为了减少固定分区法造成的主存垃圾，人们想到了"量体裁衣"式的分配方法。这种方式在作业将要装入内存时，按作业的大小来划分分区。即根据作业需要的内存量查看内存是否有足够大的内存空闲区。若有，则按需要建立一个分区分配给该作业；若无，则令该作业等待。当某个程序运行完毕撤销时，其占用的分区空间被收回。一般情况下，系统把与其相邻的其他空闲区合并成一个更大的空闲区。由于分区的大小是按装入作业的实际需要量来定的，所以克服了固定分区的缺点，提高了内存的利用率。

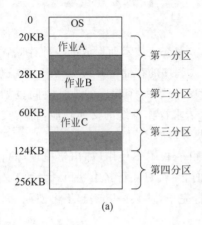

图 5-8 固定分区管理示意图

(3) 存储分配算法,主要用于查找主存中较为合适的空闲区域并进行分配。常用的算法有最先适应算法、最佳适应算法和最坏适应算法等。由于篇幅有限,感兴趣的读者可以参考相关书目了解算法详情。

3) 分页存储管理

分区管理时,一道作业要占用内存的一个或几个连续的分区。因此当内存的连续空闲区域不够存放一道作业时,就得大量移动已在内存中的信息。这不仅不方便,而且大大增加了系统的开销。为了克服上述管理的不足,1961 年曼彻斯特大学的 Arlas 研究小组,在 Atlas 计算机上,首先采用了分页存储管理技术。分页存储管理解决了不连续存储碎块再利用的问题。

(1) 分页存储管理,把内存划分成若干相同大小的存储区域,每个区域称为一个块;把用户作业地址空间也按同样大小分成若干页;系统以块为单位把内存分配给各作业的各个页,每个作业占有的内存块无须连续。

分页存储管理中,用户作业的地址空间本来是一个一维的连续地址空间,当它划分为页后,就变成二维空间。即用户作业的逻辑地址由页号和页内地址两部分组成。同理,在主存空间划分为块后,进程中的任何一个物理地址也是由两部分组成,即块号 B 和块内地址 D。装入程序分配存储空间时,系统通过动态地址转换机制(一种地址转换的硬件装置),就可以实现由逻辑地址空间到物理地址空间的转换。转换公式如下:

$$绝对地址 = 块号 \times 块长度 + 块内地址 \tag{5-1}$$

分页系统中,为了保证在连续的逻辑地址空间中的作业能在不连续的物理地址下正确运行,系统为每个程序作业建立一个地址变换表,简称页表。页表中的每一个表项由两部分组成,页号和该页所对应的物理块号。程序作业的地址空间有多少页,它的页表中就登记多少行,且按逻辑页的顺序排列。页表存放在内存系统区内。为了方便查找页表表项,系统还设立了一个"控制寄存器",用于存放 CPU 正在处理的程序所对应页表的起始地址及该程序的页数,格式为页数,页表起始地址。

例如,控制寄存器值为"3,1500",表示当前正在处理的程序共有 3 页,它的页表起始地址为 1500。设程序的逻辑地址空间划分为 1024 字节大小的若干页,由管理程序将其分别分配给主存空间的第 2、第 3 和第 8 块。程序作业的具体任务是从逻辑地址为 2500 处取得一个数据 999 到第 L 个记录中。图 5-9 给出了该例逻辑空间与主存空间的对应关系。由页表可知，程序的逻辑地址页面对应主存物理地址块号分别为第 2、第 3 和第 8 块。系统自动把地址码 2500 转换成两部分，即 $2500 = 2 \times 1024 + 452$，其中 2 为页号，1024 是页的大小，452 是页内偏移量。产生物理地址时，系统通过控制寄存器确定页表的起始位置，然后找到页表中页号为 2 的表项，由此知对应的主存块号为 8。根据式(5-1)计算，就得到逻辑地址 2500 对应的 8644 这一物理地址，也就是 999 这一数据在主存中的实际存放位置。

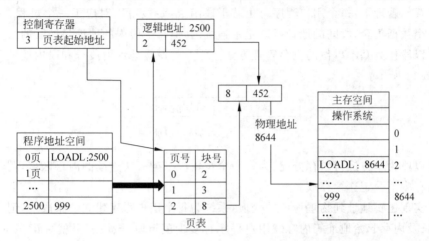

图 5-9　分页存储管理页表及地址转换示意图

分页存储管理有效解决了主存空间的"垃圾碎块"问题，易于实现代码段的共享，以及用户可以连续编址。由于采用硬件的动态变址机构，增大了系统的成本和开销，要求运行的程序必须整体装入内存。如果主存空间不足，系统将拒绝执行程序。

(2) 请求分页存储管理是对分页管理的改进。其核心是借助交换技术实现分页管理。首先，在进程开始执行前，不是装入其全部页面，只装入几个当前运行必需的部分页面；然后，根据进程执行时的需要，动态地装入其他页面。当主存已占满而新的页面需要装入时，则依据某种算法将暂时不用的页面交换到外存中。按实际需要装入页面的做法可避免装入那些在进程执行中用不着的页面，比起纯粹的页式管理，无疑节省了主存空间。为此需要将页表表项的结构扩充，如图 5-10 所示。

| 页号 | 物理块号 | 状态位 | 访问位 | 修改位 | 外存地址 |

图 5-10　请求分页页表表项示意图

表项各字段的作用如下：
① 页号和物理块号与普通分页页表相同。②状态位用于标记该页是否在主存中，如果不在主存，则产生调页请求。③访问位用于记录页面在指定时间内被访问的次数，或最近已有多长时间未被访问。④修改位用于标记页面调入内存后是否被修改过。分页存储管理机制中，页面在装入内存的同时在外存中保留该页面的备份。为了减少写磁盘的次数，对那些未经修改的页面，在换出主存时不执行写外存操作。⑤外存地址，即该页面的备份在外存中的存放位置。

4）分段存储管理

分页存储管理中为作业分配的主存空间地址可以是不连续的，但程序的逻辑空间地址仍然要求是连续的。在实际中，一个用户的程序往往由若干功能相对独立的模块组成，例如主程序模块、子程序模块和数据块等。这就要求编译链接程序将这些程序段按一维空间顺序线性地址排序，从而给程序和数据的共享带来困难。为解决此问题，人们提出了分段存储管理的思想。

分段存储管理下，每个用户程序可由若干段组成，每段可以对应于一个过程、一个程序模块或一个数据集合，段间的地址可以是不连续的，但每一段内的地址是连续的。分段存储管理就是以段作为基本单位的主存管理方法。作业的逻辑地址由段号和段内地址两部分组成，如图 5-11 所示。

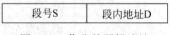

图 5-11　作业的逻辑地址

系统以段为单位进行内存分配，为每一个逻辑段分配一块连续的内存区域，逻辑上连续的段在内存中不一定连续存放。

为了实现逻辑地址到物理地址的变换，系统为每个用户程序建立一张段表，记录各段的段号、段长及内存起始地址等内容。用户程序有多少逻辑段，该段表里就登记多少行，且按逻辑段的顺序排列。段表存放在内存系统区里。

例如，某用户程序划分为 4 段，分别是主程序 Main、子程序 Add、数据块 Data 和工作区 Work。如图 5-12 所示。主程序中指令 Call[Add]|<Y>的功能是调用子程序 Add 中地址 Y 的指令，Add 对应 1 段，Y 对应 1 段内 300 地址单元，即[Add]|<Y>对应的逻辑地址是 1:300。同样主程序中指令 Load L1,[Data]|<X>的功能是将数据块 Data 中地址 X 的数据读入到变量 L1 中，Data 对应 2 段，X 对应 2 段内的 150 地址单元，即[Data]|<X>对应的逻辑地址是 2:150。分段存储管理模式下，图 5-12 中各程序段分段存储地址空间变换过程如图 5-13 所示。Call 1:300 中 1:300 的逻辑地址经地址变换转换后变为主存中的物理地址 8492（因为 1 段的起始地址是 8K，段内地址是 300，$8 \times 1024 + 300 = 8492$）。

图 5-12　分段地址空间示意图

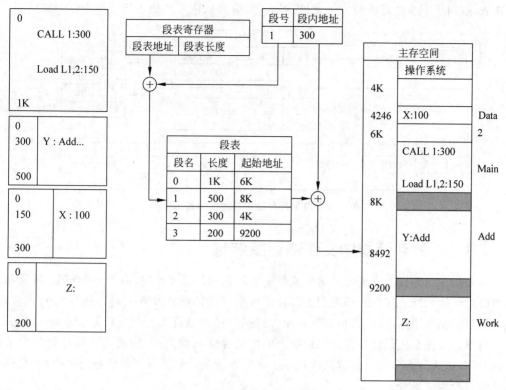

图 5-13 分段存储管理地址变换示意图

从实现技术上看,分段管理与分页管理很相似,但在概念上二者有本质的不同。段是用户可知的逻辑单位,它由用户在程序设计时确定,而页是用户不可知的物理单位,页的大小由操作系统事先确定;段的长度不固定,由用户根据实际问题的性质来划分确定,而页的长度固定,由系统确定。

分段存储管理的优点是便于模块化处理、分段共享、易于保护和动态链接等;缺点是增设硬件(地址转换机构)提高了系统成本,附加了地址转换功能和为段提供主存空间加大了系统的开销,由于段的尺寸较大而产生出较大的主存碎块。

5) 段页式存储管理

为了获得分段方式和分页方式的优点,将分段和分页两种方法进行综合演变而形成的管理方式即为段页式存储管理。

段页式系统的基本原理是段式和页式原理的结合,即先将用户程序分为若干个段,再把每个段划分成若干页。其基本思想是用分段的方法来分配和管理虚拟存储器,而用分页方法来分配和管理实存储器。为了进行存储管理,系统为每个用户程序建立一张段表,用于记录各段的段号、页表起始地址和页表长度;为用户程序中的每一段各建立一张页表,用于记录该段中各页与物理块号之间的对应关系。

段页式存储管理中,系统在进行地址变换时,根据控制寄存器找到指定段号,再根据段号找到相应的页表,由页表中的页号得到对应的块号,再与页内地址计算得到块的物理地址,如图 5-14 所示。

段页式系统综合了段式和页式各自的优点。其缺点是增加了硬件成本,并且软件也变得复杂,占用了不少处理机时间。此外,段表、页表和页内零头仍占用了不少存储空间。

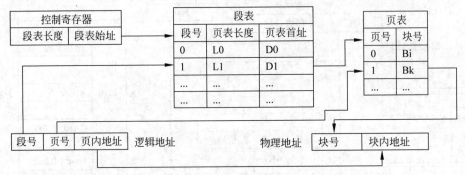

图 5-14 段页式存储管理地址转换示意图

5.3.2 外存储器中文件的组织结构

当人们在计算机上完成各种简单或复杂的计算和处理工作时,需要一个安全、可靠和共享的信息存储系统。用户并不希望了解自己数据存放的形式及存放时占用的空间等信息,用户只希望能够快速存取、共享和管理相关数据。操作系统实现的文件系统很好地解决了这个问题。文件系统是建立在存储设备上的信息存储管理系统,它负责管理和分配设备的存储空间,以文件为单位存储数据或程序。文件系统是计算机系统的信息记忆中心,是操作系统的重要组成部分。

1. 文件与文件系统

所谓文件是具有符号名的,在逻辑上具有完整意义的一组相关信息项的有序序列。它是一种在磁盘上保存信息而且能方便以后读取的方法。文件用符号名加以标识,这个符号名通常也称为文件名。文件名是用户在创建文件时确定的,并在以后访问文件时使用。其命名规则在各个操作系统中不尽相同。

所谓文件系统是操作系统中负责管理和存取文件信息的软件机构。包括与文件管理有关的软件、被管理的文件及实施文件管理所需的数据结构。从系统角度看,文件系统是对文件存储器的存储空间进行组织和分配,负责文件的存储并对存入的文件进行保护和检索的系统。具体地说,它负责为用户建立文件;存入、读出、修改、转储文件;控制文件的存取;当用户不再使用时撤销文件。

2. 文件的结构

文件的结构是指以什么样的形式去组织一个文件。从用户角度看到的文件组织形式,用户以这种形式存取、检索和加工有关信息的文件称为文件的逻辑结构。从系统存储角度组织的文件称为文件的物理结构。

1) 文件的逻辑结构

文件的逻辑结构有流式结构和记录式结构两种。

(1) 流式文件是有序字符的集合,其长度为该文件所包含的字符个数,所以又称为字符流文件。流式文件无结构,且管理简单,用户可以方便地对其进行操作。源程序、目标代码等文件属于流式文件。UNIX 系统采用的是流式文件结构。

(2) 记录式文件构成文件的基本单位是记录,记录式文件是一组有序记录的集合。记录式文件可把记录按各种不同的方式排列,以便用户对文件中的记录进行修改、追加、查找和管理。记录式文件可分为定长记录文件和变长记录文件两种。

2) 文件的物理结构

文件的物理结构指文件的内部组织形式,即文件在物理存储设备上的存放方法。它和文件的存取方法密切相关。文件的物理结构好坏,直接影响到文件系统的性能。因此,只有针对文件或系统的适用范围建立起合适的物理结构,才能既有效地利用存储空间,又便于系统对文件的处理。

根据文件空间中的存放形式,文件可分为连续文件(连续存放)、串联文件(链接存放)和索引文件(索引表存放)。

连续文件是一种最简单的文件物理结构,它把逻辑上连续的文件信息依次存放在连续编号的物理块中,只要知道文件在存储设备上的起始地址(首块号)和文件长度(总块数),就能很快地进行存取。这种结构的优点是访问速度快,缺点是增加文件长度困难。

串联文件是将逻辑上连续的文件分散存放在若干不连续的物理块中,每个物理块设有一个指针,指向其后续的物理块。只要指明文件的第一个块号,就可以按链指针检索整个文件。这种结构的优点是文件长度容易动态变化,其缺点是不适合随机存取访问。

索引文件的组织方式要求为每个文件建立一张索引表,表中的每个项目指出了文件的逻辑块号和与之对应的物理块号。索引表也以文件的形式存在磁盘上,只要给出索引表的地址,通过索引表就可以查找到文件信息的存放位置。这种结构有利于进行随机存取,并具备串联文件的所有优点。缺点是存储开销大,因为每个文件有一个索引表,而索引表也要占用存储空间。

3) 文件的存取方式

文件的存取方法按照存取的顺序关系,通常分为顺序存取和随机存取。

对于记录式文件的存取,顺序存取是严格按照记录排列的顺序依次进行存取。磁带机只能采用顺序存取方式。

随机存取方法允许随机存取文件中的记录,而不管上次存取了哪一个记录。这种存取方式对很多应用程序是必须具有的,如数据库系统。

3. 文件目录

一个计算机系统中保存有许多文件,用户在创建和使用文件时只给出文件的名字,由文件系统根据文件名找到指定文件。为了便于对文件进行管理,设置了文件目录,用于检索系统中的所有文件。文件系统的基本功能之一就是负责目录的编排、维护和检索。因此,要求目录的编排便于寻址,并且要防止冲突和便于目录的迅速检索。

对于文件,操作系统仍然用控制块来管理,即为每一个文件开辟一个存储区,在里面记录着该文件的有关信息,该存储区域称为文件控制块(file control block,FCB)。FCB 是文件存在的标志,记录了系统管理文件所需要的全部信息。FCB 通常包括文件名、文件号、用户名、文件的物理位置、文件长度、记录大小、文件类型、文件属性、共享说明、文件逻辑结构和文件物理结构等信息。

把文件的 FCB 汇集在一起,就形成了系统的文件目录,每个 FCB 就是一个目录项,给定一个文件名,通过查找文件目录便可找到该文件对应的目录项(即 FCB)。

为了实现文件目录的管理,通常将文件目录以文件的形式保存在外存空间,这个文件就称为目录文件。

文件目录的组织与管理是文件管理的一个重要方面。目前大多数操作系统,如 UNIX 等都采用多级目录结构,又称树形目录结构。图 5-15 是树形目录结构。

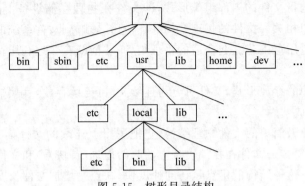

图 5-15 树形目录结构

树根结点称为根目录,根目录是唯一的,由它开始可以查找到所有其他目录文件和普通文件,根目录一般放在内存。从根结点出发到任一非叶结点或树叶结点都有且仅有一条路径,该路径上的全部分支组成一个全路径名。采用多级目录结构时,文件名为一个路径名,可以解决重名的问题。

多级目录结构的优点是便于文件分类,可为每类文件建立一个子目录;查找速度快,因为每个目录下的文件数目较少;可以实现文件共享。缺点是比较复杂。

4. 存储空间的管理

文件管理不仅需要为文件数据分配存储块,还需要为文件索引表和文件控制块分配存储空间。所以,需要采用合适的数据结构,描述设备上的空闲存储块信息,以便分配和回收设备存储块。存储空间的管理方法包括连续分配、链接分配、索引分配和位图分配。连续分配法主要应用在磁带之类的顺序存储设备上。下面以磁盘为对象,介绍后 3 种方法。

1) 链接分配(空闲块链)

系统将所有的空闲物理块连成一个链,用一个指针指向第一个空闲块,然后每个空闲块含有指向下一个空闲块的指针,最后一块的指针为空,表示链尾。外存空间的申请和释放以块为单位,申请时从链首取一块,释放时将其链入链尾。空闲块链节省内存,但申请释放速度较慢,实现效率较低。

2) 索引分配(空闲块表)

文件系统建立一张空闲块表,该表记录全部空闲的物理块,包括首空闲块号和空闲块个数。空闲块表方式特别适合于文件物理结构为顺序结构的文件系统。

建立新文件时,系统查找空闲块表,寻找合适的表项,分配一组连续的空闲块。如果对应表项所拥有的空闲块个数恰好等于所申请值,就将该表项从空闲块表中删去。当删除文件时,系统收回它所占用的物理块,考虑是否可以与原有空闲块相邻接,合并成更大的空闲区域,最后修改有关表项。

3) 位图分配(位示图)

使用位示图(Bitmap)表示所有存储块的分配状态。按照设备逻辑地址顺序建立位图单元与存储块的一一对应关系。每一个磁盘物理块对应一个二进制位,如果物理块为空闲,则相应的二进制位为 0；如果物理块已分配，则相应的二进制位为 1。

申请磁盘物理块时，可在位示图中从头开始查找为 0 的字位，将其改为 1，返回对应的物理块号；归还物理块时，在位示图中将该块对应的字位改为 0。位示图描述能力强。一个二进制位就描述一个物理块的状态。位示图较小，可以复制到内存，使查找既方便又快速。位图分配是操作系统中经常采用的一种设备存储空间分配方法。

5. 文件的存取控制

文件系统的建立使多个用户共享存储设备的存储空间。因此，文件系统的一个重要任务是保护用户所存放的数据，保证用户在授权的条件下访问这些数据。文件系统的存取控制主要包括访问权限的定义、设置、审批和检查 4 个部分。

1）定义访问权限

根据系统安全级别的需求，定义访问权限的类别。操作系统中，文件的访问权限通常分成读、写和执行 3 种。在安全性较高的操作系统中，还会进一步细化访问权限。

2）设置访问权限

通常由文件所有者设置文件的访问权限，即规定哪些用户对文件拥有哪些访问权限。对某个文件的全部授权信息组成该文件的访问控制表，通常将用户分组或分类，为每类用户指定访问权限，以此简化访问控制表，节省空间开销。

3）审批访问权限

用户在打开文件时，申请其所需要的文件访问权限，以便能进行后续的文件操作。只有当申请的访问权限获得准许时，内核才完成打开文件的请求，建立一个文件资源对象，将获准的访问权限存放其中。

4）检查访问权限

审批权限只是实施文件访问控制的第一步。此后，每当用户进行一次文件操作，操作系统都需要检查该操作是否在用户获准的访问权限之内。任何超出用户获准权限的文件操作都不允许。

5.4 小结

计算机硬件是组成计算机的物理设备的总称，包括中央处理器、存储器、输入输出设备等。本章首先介绍了操作系统的概念，从操作系统的发展、定义、分类、特征、功能这几方面进行了详细介绍。而多道程序设计是操作系统采用的最基本、最重要的技术，其根本目的是提高整个系统的效率。多道程序系统主要从并发程序设计、进程、进程之间的通信、多道程序的组织几方面进行诠释。计算机系统中，存储空间是系统重要的组成部分，它用于存放计算机所有的信息，包括程序、文件及数据。存储结构分为内存储器和外存储器。如何有效地管理存储器资源是操作系统要解决的核心问题之一。

5.5 习题

1. 单项选择题

（1）计算机的操作系统是一种（　　）。

A. 应用软件　　　　B. 系统软件　　　　C. 工具软件　　　　D. 字表处理软件
（2）工业过程控制系统中运行的操作系统最好是（　　）。
　　　A. 分时系统　　　　　　　　　　　　　B. 实时系统
　　　C. 分布式操作系统　　　　　　　　　　D. 网络操作系统
（3）对处理事件有严格时间限制的系统是（　　）。
　　　A. 分时系统　　　　　　　　　　　　　B. 实时系统
　　　C. 分布式操作系统　　　　　　　　　　D. 网络操作系统
（4）批处理系统的主要缺点是（　　）。
　　　A. 没有交互性　　　　　　　　　　　　B. 系统资源利用率不高
　　　C. 系统吞吐率小　　　　　　　　　　　D. 不具备并行性
（5）从资源处理的角度看，操作系统的功能是进行处理机管理、（　　）管理、存储管理、设备管理和文件管理。
　　　A. 硬件　　　　　　B. 软件　　　　　　C. 作业　　　　　　D. 进程
（6）进程和程序的根本区别在于（　　）。
　　　A. 是不是调入到内存中
　　　B. 是不是占有处理器
　　　C. 是不是具有就绪、运行和等待3种状态
　　　D. 是不是具有静态与动态特点
（7）进程在3个基本状态中转换时，肯定不会有的转换是（　　）。
　　　A. 运行态⇨就绪态　　　　　　　　　　B. 阻塞态⇨运行态
　　　C. 运行态⇨阻塞态　　　　　　　　　　D. 阻塞态⇨就绪态
（8）在单处理器系统中，如果同时存在10个进程，则处于就绪队列中的进程最多有（　　）个。
　　　A. 1　　　　　　　B. 8　　　　　　　C. 9　　　　　　　D. 10
（9）每一个进程在执行过程中的任一时刻，可以处于（　　）个状态。
　　　A. 1　　　　　　　B. 2　　　　　　　C. 3　　　　　　　D. 4
（10）系统出现死锁的根本原因是（　　）。
　　　A. 资源管理和进程推进顺序都不得当　　B. 系统中进程太多
　　　C. 资源的独占性　　　　　　　　　　　D. 作业调度不当

2. 填空题

（1）操作系统的资源管理的功能可分为_____、_____、_____和_____4个部分。

（2）操作系统的基本特性包括_____、_____、_____。一个作业从进入系统到运行结束，一般要经历_____、_____、_____、_____4种状态。

（3）为了管理和调度作业，当作业收容到外存储器后，系统为每个作业建立一个_____，它详细记录每个作业的有关信息。

（4）进程的基本状态是_____、_____和_____。

（5）进程具有_____、_____、_____、制约性、结构性等5个特性。

（6）从管理角度看，操作系统是管理资源的_____。

(7) 退出等待状态的进程将进入_____。
(8) 从人机交互方式来看,操作系统是用户与计算机软、硬件之间的_____。
(9) 操作系统是运行在计算机_____系统上的最基本的系统软件。

3. 判断题

(1) (   ) 早期的批处理系统中,用户可以用交互式方式方便地使用计算机。
(2) (   ) 批处理系统的主要优点是系统的吞吐量大、资源利用率高、系统的开销较小。
(3) (   ) 资源共享是现代操作系统的一个基本特征。
(4) (   ) 程序在运行时需要很多系统资源,例如内存、文件、设备等。因此操作系统以程序为单位分配系统资源。
(5) (   ) 当一个进程从等待态变成就绪态,则一定有一个进程从就绪态变成运行态。
(6) (   ) 当条件满足时,进程可以由阻塞状态直接转换为运行状态。
(7) (   ) 当条件满足时,进程可以由阻塞状态转换为就绪状态。
(8) (   ) 当条件满足时,进程可以由就绪状态转换为阻塞状态。
(9) (   ) 当条件满足时,进程可以由运行状态转换为就绪状态。
(10) (   ) 进程是具有一定独立功能的程序关于某个数据集合上的一次运行活动。

第 6 章 软件开发

CHAPTER 6

计算机软件的开发是一门工程学科,集计算机科学、管理学及数学知识于一体。软件工程采用工程的概念、原理和方法,结合管理技术,经济地开发出高质量的软件并有效地维护它。本章介绍软件生存周期各个阶段的工作,完整阐述了软件工程的基本概念以及软件的需求分析、设计、编程、测试、调试和维护等内容。

6.1 软件工程概述

信息技术的广泛应用为人们的生产和生活带来翻天覆地的变化,有些文献称这一变化为信息技术革命,在这一过程中,软件无疑发挥了非常重要的作用。软件产业在全球经济中占据着越来越重要的地位,我国"十二五"规划纲要提出要大力发展软件行业,由此可以看出国家对软件发展的重视。而软件工程是软件产业健康发展的关键技术之一。

软件是由计算机程序演变而成的一个概念。程序是按照既定算法,用某种计算机语言来实现的指令集合。在第 1 章已经提到,软件是由程序、数据及文档组成。软件具有如下特征。

1. 软件是一种逻辑产品

硬件是有形的、具体的物理部件或设备,而软件产品是以程序和文档的形式存在,通过在计算机上运行体现它的作用。

2. 软件生产无明显的制造过程

软件产品的质量由设计过程决定,通过复制和包装来"制造",这个制造过程几乎和软件质量无关。硬件产品设计定型后可进行批量生产,其产品的质量和其生产过程有直接的关系。

3. 软件产品不存在磨损和折旧问题

硬件随着使用时间的延续,会存在磨损和折旧的问题,随着使用时间的增加,硬件产品不断磨损直至产品报废;软件产品则不存在磨损和折旧的问题,软件的故障主要是由于软件设计考虑不周或编码错误所致,需要重新设计或改正编码解决问题。

4. 软件成本集中在软件开发上,软件制造几乎没有成本

硬件产品中的成本原材料占了相当大的比重;软件的生产无需原材料,其成本主要集中在软件的研制和开发上。一旦软件项目开发成功,就可以用很低的成本制造大量产品。

20 世纪 60 年代末,随着软件应用范围和规模不断变大,研制软件需要投入大量的人力、物力和财力。然而,人们开发软件所投入的高成本和软件的质量并不成正比,软件开发的随意性较大,缺乏软件开发技术方法与理论的指导。因此在软件的开发和生产过程中出

现了一系列问题,这些统称为软件危机。其主要表现有:

(1) 软件开发进度难以预测。
(2) 软件开发成本难以控制。
(3) 用户对软件产品的功能需求难以满足。
(4) 软件的质量难以保证。
(5) 软件产品难以维护。
(6) 软件产品没有适当的文档资料。
(7) 软件开发生产率提高的速度,远远跟不上硬件的发展速度。

产生软件危机原因是多方面的,其主要原因一方面和软件本身的特点有关,另一方面与软件开发与维护的错误认识有关。例如,一个典型的错误认识认为软件开发就是写程序并使之能够运行,不重视软件的维护。为了解决软件危机,提高软件产品的生产效率、生产质量和可维护性等,人们进行了长期的探索和研究,提出了软件工程的思想和方法。

6.1.1 软件工程的概念

软件工程是 Feitz Bauer 在 NATO 会议上提出来的,其中心思想是把软件当作一种工业产品,采用工程化的原理和方法对软件生产进行计划、开发和维护。

《计算机科学技术百科全书》给出的软件工程定义是,软件工程是应用计算机科学、数学及管理科学等原理开发软件的工程。软件工程借鉴传统工程的原则、方法,以提高质量、降低成本为目的。其中,计算机科学、数学用于构造模型与算法;工程科学用于制定规范、设计范型、评估技术及确定权衡;管理科学用于计划、资源、质量和成本等管理。

由此可以看出,软件工程是一门交叉学科,它用管理学的原理、方法来进行软件生产过程的管理;用工程学的观点来进行成本估算、确定进度和方案;用数学的方法来进行建模并分析所用算法的优劣。

著名的软件工程专家 B.W.Boehm 于 1983 年提出了软件工程的 7 条基本原理:
(1) 按照软件的生命周期分阶段制定计划并认真实施。
(2) 坚持进行阶段评审。
(3) 实行严格的产品控制。
(4) 采用现代程序设计技术。
(5) 结果应能清楚地审查。
(6) 开发人员应少而精。
(7) 不断改进开发过程。

6.1.2 软件生命周期

软件同其他工业产品类似,也有一个生存周期。工业产品的生存周期从提出生产要求开始,经过需求分析、设计、制造、调试、使用维护,直到该产品被淘汰为止。软件的生存周期指一个软件从提出开发要求开始,直至该软件报废的全过程。它可以分为 3 个时期,计划期、开发期和运行期。计划期包括问题定义和可行性研究两个阶段;开发期包括 4 个阶段,即需求分析阶段、设计阶段(总体设计和详细设计)、编码阶段和测试阶段。运行期(又称为维护期)即维护阶段,通常持续 5~10 年甚至更长的时间。而计划期和开发期总共的时间范围通常在两个月至两年左右。软件开发方法指在规定的投资规模和时间限制内,为实现符合用户需求的高质量软件所制定的开发策略。常见的软件开发模型有瀑布模型、渐进式模型、快速原型模型和螺旋模型等。图 6-1 是软件开发的一个典型模型——瀑布模型,它包括软件的 3 个生存周期。

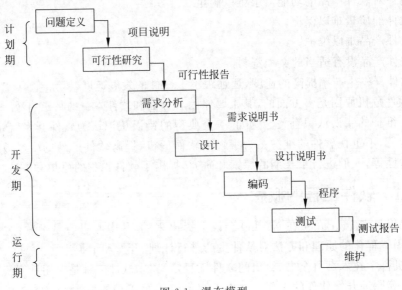

图 6-1　瀑布模型

6.2　软件的需求分析

6.2.1　需求分析概述

当接到一个软件开发任务后,首先要搞清楚用户的实际需求是什么,也就是要明确用户需要用软件来解决的问题、解决问题所需要的条件、软件的功能和性能要求等。这就是软件的需求分析,是开发期的第一个阶段。这个阶段的任务是准确地定义未来系统的目标和功能,用软件需求说明书的形式准确地表达用户的需求。

要完成需求分析的任务,需求获取是关键。首先要在用户、系统分析员、软件开发人员和管理人员之间建立一个良好的沟通渠道,以保证分析问题的顺利进行。需求获取方法主要有访谈和倾听、问卷调查、收集和研究现有文档、观察工作流程 4 种方法。这些方法各有其特点,实际中应该有目的地选择或者综合使用。对用户的需求进行充分的理解和分析后,最后以文档的形式明确用户所要求的功能和性能,即编写需求说明书。

需求说明书主要有 3 个作用:作为用户和软件开发人员之间的合同;作为开发人员进行设计和编程的根据;作为软件开发完成后项目验收的依据。

按照国标 GB 856T—1988 的要求,软件需求说明书的内容主要包括以下 4 个部分:引言、任务概述、需求规定、运行环境规定。每一部分又有具体的要求,具体内容详见国标全文。

应该指出的是,需求分析在软件开发中是一项非常重要的工作。IBM 公司研究了需求分析错误时所付出的代价,得出如下结论:有效的需求管理可以降低开发成本;通过改正需求错误所付出的代价是改正其他错误所付出代价的 10 倍甚至更大;需求错误通常导致软件工程中全部错误的 25%～40%;改正很少的需求错误可以避免大量耗费在返工上的成本时间。由此可以看出需求分析的重要性。

6.2.2 结构化分析方法

需求分析过程中,分析和建模可以帮助系统分析员了解系统,通过抽象降低系统的复杂度,有助于开发小组成员间的交流及与用户的交流。软件系统分析和建模的过程如图 6-2 所示,在需求分析阶段完成建立目标系统的逻辑模型。在后续的设计、编码和测试阶段完成系统的物理模型。

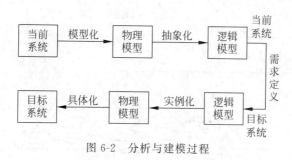

图 6-2 分析与建模过程

模型化或建模方法是通过将具体问题抽象、概括,将其转化为本质(关系或结构)相同的另一问题进行解决的方法。结构化分析(Structured Analysis,SA)方法就是一种简单实用的建模方法。它采用分解和抽象的基本手段,自顶向下逐层分解,以数据流图和数据字典为主要的描述工具,建立系统的逻辑模型。

6.2.3 数据流图

数据流图(Data Flow Diagram,DFD)是描述数据流的一种图形工具。它用图形符号来表示系统的逻辑输入、逻辑输出及将逻辑输入转换为逻辑输出所需要的逻辑加工。DFD 是结构化分析的基本工具。

1. DFD 的基本符号

DFD 由 4 种基本符号组成,如图 6-3 所示。

图 6-3 数据流图的基本成分

(1)数据流。用箭头表示,箭头旁边用文字加以标记。数据流类似一条流水线,表示一组固定成分的数据在流动。一般,每条数据流都要命名,表示数据流的含义,但流入或流出数据存储的数据流不必命名。

(2)数据存储。用双线表示,双线上边用文字加以标记。数据存储指数据流在加工过程中产生的临时文件或者加工过程中需要查找的信息文件。数据流反映了系统中流动的数据,表现出动态数据的特征;数据存储反映了系统中的静态数据,表现出静态数据的特征。

(3)加工。圆圈表示,用圆圈内用文字加以标记。加工指对数据进行的操作。加工除了命名之外,还需要一个编号,说明加工的位置。

(4) 数据的源点和终点。用方框表示,方框内用文字加以标记。它表示数据的来龙去脉。

2. 分层 DFD 的结构

一个实际的软件系统通常很复杂。为了清晰地表达信息的流向和加工,可采用分层 DFD 来描述。如图 6-4 所示,分层 DFD 一般分为顶层、中间层和底层三个部分。

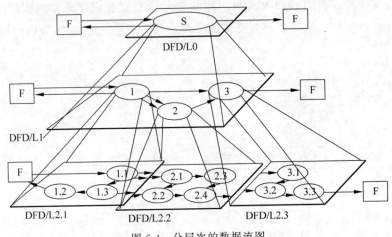

图 6-4 分层次的数据流图

(1) 顶层是一个高层的系统逻辑图,它决定输入输出数据流,说明系统的边界,把整个系统的功能抽象为一个加工。顶层数据流图只有一张。顶层图通常没有文件(数据存储)。

(2) 顶层之下是若干中间层,某一中间层既是上一层加工的分解结果,又是下一层若干加工的抽象,即它又可进一步分解。

(3) 若一张数据流图的加工不能进一步分解,这张数据流图就是底层的数据流图。故底层数据流图的加工是由基本加工构成,所谓基本加工是指不能再进行分解的加工。

3. 分层 DFD 的画法

画分层 DFD 时,应根据分解和抽象的原则自顶向下逐层分解画出。以下通过一个实例来说明 DFD 的画法。

【**例 6-1**】 某校拟开发一个教材管理系统。这个系统中,学生向系统提交申请购书单,系统处理后把领书单返回给学生,学生凭领书单到书库领书。对脱销的教材,系统以缺书单的形式通知书库保管员;新书进库后也由书库保管员将进书通知给该系统。

首先画顶层图,数据起点是学生,终点是图书保管员,把整个系统抽象为教材管理系统。该系统的数据流是购书单、领书单、进书通知和缺书单,如图 6-5 所示。

图 6-5 顶层图

然后对顶层图进行分解,将教材管理系统分解为销售和采购两个加工,其输入和输出流如图 6-6 所示。对加工销售进行分解,其相应的输入和输出数据流如图 6-7 所示。

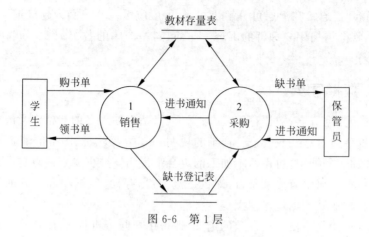

图 6-6 第 1 层

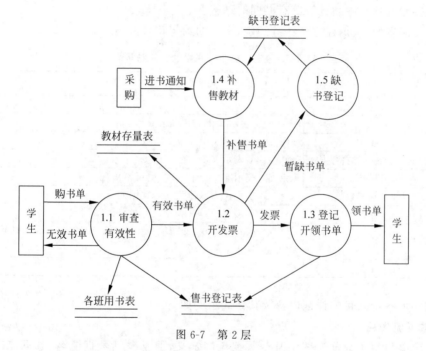

图 6-7 第 2 层

由图 6-1 可以看出,分层数据流图采用逐步细化的方法,可以避免一次画完而引入过多细节,有利于控制问题的复杂度。同时这种表示方法方便用户和软件开发人员阅读和交流。

画分层数据流图应该注意以下几点:

(1) 数据流图中所有图形符号只限于上述 4 种基本符号。

(2) 父图与子图的平衡。在分层 DFD 直接相邻的两层中,上层是下层的父图,下层是上层的子图。任何一个子图必须与其父层的一个加工相对应,二者的输入数据流与输出数据流必须保持一致。

(3) 子图的编号规则。顶层加工不编号。第 2 层的加工编号为 1,2,3,…,n 号。第 3 层编号为 1.1,1.2,1.3,…,n.1,n.2,…,等号,以此类推。

(4) 数据守恒。指加工的输入输出数据流相匹配,即一个加工既有输出数据流又有输入数据流。

(5) 分解原则。通常在上层可分解快一些，下层应慢一些。因为越接近下层功能愈强，如果分解太快，将会增加用户理解的困难。此外，同一图中的各个加工，分解的步骤应大致均匀，保持同步扩展。

6.2.4 数据字典

数据流图中，数据流名、数据存储名、数据项名、基本加工名的严格定义的集合构成数据字典。通过数据字典对这些成分进行详细的说明。其中，数据流图中的非基本加工不必描述，它们是基本加工的抽象，可用基本加工的组合来说明。数据源点终点也不必在数据字典中描述。因此数据字典中有 4 种条目，即数据流、数据存储、数据项和基本加工。数据流图和数据字典结合构成系统的逻辑模型。

数据字典的作用是建立一组一致的定义，使得用户与分析员之间、用户与程序员对于输入、输出、存储成分和中间计算等有共同的理解。

为了交流方便，人们建立了一些约定，常用的约定符号如表 6-1 所示。

表 6-1 数据字典定义式中的常用符号表

符 号	含 义 描 述	解 释 示 例
=	定义为	
+	与	x＝a＋b，表示 x 由 a 和 b 组成
[…,…]	或	x＝[a,b]，表示 x 由 a 或 b 组成
[…│…]	或（选择结构）	x＝[a│b]，表示 x 由 a 或 b 组成
(…)	任选	x＝(a)，表示 a 在 x 中出现，也可不出现
"…"	基本数据元素	x＝"a"，表示 x 为取值为 a 的数据元素
m..n	界域	x＝1…9，表示 x 可取 1～9 之间的任一值
{…}或 m{…}n	重复	x＝{a}，表示 x 由 0 个或多个 a 组成；x＝2{a}6，表示 x 中至少出现 2 次 a，至多出现 6 次 a；
…	注释符号	

数据字典各个条目的详细内容及其格式示例如下。

1．数据流条目

数据流条目给出数据流图中某个数据流的定义，通常包括数据流名、数据流来源和去向、数据流的数据组成和流动属性描述（频率、数据量等），如表 6-2 所示。

表 6-2 数据流条目示例

数据流条目	购 书 单
别名	无
简述	学生购书时需填写的项目
来源	学生
去向	加工 1"审查并开发票"
组成	学号＋姓名＋{书号＋数量}
数据流量	800 次/周
高峰值	开学期间 1000 次/天

2. 数据项条目

数据项条目给出数据流图中某个数据项的定义,通常包括数据项名称、别名、数据类型、长度、取值范围及其含义等,如表 6-3 所示。

表 6-3 数据项条目示例

数据项条目	研究生学号
别名	无
简述	全日制研究生学号
类型	Char
长度	10
取值范围及含义	第 1 位,[B|S](博士生/硕士生);第 2~5 位,入学年份;第 6~7 位,学院;第 8~10 位,学号

3. 数据存储条目

数据存储条目给出某个文件的定义,通常包括文件名、简述、数据结构、数据存储方式、关键字存储频率、数据量和安全性要求等,如表 6-4 所示。

表 6-4 数据存储条目示例

数据存储条目	学生成绩文件
别名	无
简述	本校学生成绩
组成	时间+课程名+任课教师+学号+姓名+成绩
存储方式	顺序存储方式
组织方式	按照日期、学号递增排序
主键	日期+课程名+学号
存储频率	2 次/年

4. 数据加工条目

数据加工条目是对数据处理逻辑的描述,也称为小说明。它用来描述实现加工的策略而不是实现加工的细节。加工条目的内容一般包括加工名称、别名、加工编号、对加工功能的简单描述、加工逻辑、执行条件、执行频率等,如表 6-5 所示。

表 6-5 数据加工条目示例

数据加工条目	成 绩 录 入
别名	无
编号	2.1.1
激发条件	收到任课老师成绩单
加工	输入成绩录入密码,进入数据库界面,录入成绩
填表频率	1 次/学期

加工条目中,最重要的环节是对加工逻辑(也称为处理逻辑)的说明。加工逻辑可以用语言、表格和图形等多种形式描述。常用的描述方式有:

1)结构化语言

结构化语言介于自然语言和形式语言之间,其结构分为内外两层,外层语法描述操作的控制结构,可以是顺序、选择和循环等;内层无确定语法、可分层和嵌套,较灵活。

【例 6-2】 核实订票处理的加工逻辑如下:

查询输入信息中所输入的姓名和身份证号是否在数据库中

IF 在

 THEN 判断所输入车次和日期是否与数据库中信息相符

  IF 是

  THEN 输出已订票信息

  ELSE 输出未订票信息

ELSE 输出未订票信息

由此可看出,如果加工逻辑中还有一系列逻辑判断,用结构化语言来描述不够直观,而且比较复杂。此时,可以采用判定表或判定树表示。

2) 判定表

判定表也称为决策表,是描述多条件、多目标操作的形式化工具。例如,计算折扣率的加工逻辑如表 6-6 所示。

表 6-6 折扣率表

旅游月份	6~10 月		其他月份	
一次订票数	≤30	>30	≤30	>30
折扣率	10%	15%	20%	30%

3) 判定树

判定树也称为决策树,也是描述多条件,多目标操作的形式化工具。表 6-6 的加工逻辑可以用决策树描述如图 6-8 所示。

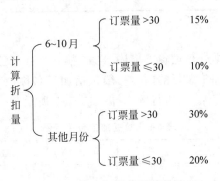

图 6-8 核实订票处理判定树

6.3 软件的设计

6.3.1 软件设计概述

软件需求分析是解决"做什么"的问题,而软件设计是解决"怎么做"的问题。到目前为止,软件的设计方法主要有结构化设计方法、面向对象的设计方法和面向数据结构的

Jackson 系统开发方法。由于第 3 种方法应用较少,因此本节主要介绍结构化设计方法,并对面向对象的设计方法做简单介绍。

从工程管理的角度,软件设计主要分为两个阶段,即概要设计阶段和详细设计阶段。其工作流程如图 6-9 所示。

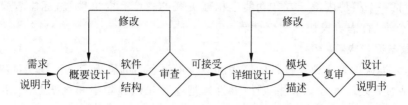

图 6-9 软件设计流程图

概要设计的任务是确定软件的整体结构及各个组成部分(子系统或模块)之间的相互关系。即将系统进行模块划分,确定每个模块的功能、模块之间的接口和调用关系,并通过这些调用关系确定软件的体系结构。

详细设计的任务是根据每个模块的功能描述,确定实现算法及这些算法的逻辑控制流程,并设计出模块所需的数据结构。

软件的设计原则如下。

1. 模块化

将软件系统划分为一些单独命名和编程的元素,这些元素称为模块。例如过程、函数、子程序等都可以称为模块。模块划分的目的,一是将系统进行功能分解,把复杂的大的功能模块划分为多个简单的小规模的子功能模块,尽量降低每个模块的成本;二是模块之间的接口不能太多。当模块规模变小,实现每个模块的成本在下降,但是模块之间的联系增加,将这些模块联系起来的工作量也随之增加。如图 6-10 所示,因此,存在一个模块 M,使得总的开发成本最小。划分模块的过程称为模块化。

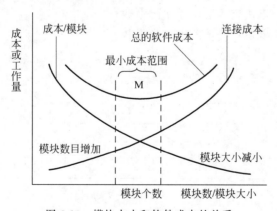

图 6-10 模块大小和软件成本的关系

2. 模块的独立性

模块的独立性指模块功能专一,模块之间的依赖性尽量小。具有独立性的模块,开发容易,模块组合容易,修改和测试容易,并能减少错误的传播。模块独立性取决于模块的内部和外部特征,一般用模块之间的耦合性和模块自身的内聚性两个定性指标来衡量。

1) 耦合性

耦合性指模块间相互依赖程度的度量。耦合性越高,模块独立性越弱;耦合性越弱,模块独立性越强。耦合强弱取决于划分模块所造成的模块间接口的复杂程度。

2) 内聚性

内聚性指一个模块内部元素在功能上相互关联的程度。内聚性强,标志着模块的独立性强;内聚性弱,标志着模块的独立性弱。

3. 抽象与逐步求精

抽象是人类认识复杂现象过程中使用的一个最强有力的思维工具。现实世界中的一些事物、状态或过程之间存在某些相似性(共性),把这些相似性集中和概括起来,忽略其个别的、非本质的因素,这就是抽象。

软件设计中主要的抽象手段有过程抽象和数据抽象两种。过程抽象(也称功能抽象)是指任何一个完成明确定义功能的操作都可被使用者当作单个实体,尽管这个操作实际可能是由一系列更低级的操作来完成。数据抽象指定义数据类型和施加于该类型数据对象的操作。

逐步求精方法是软件工程中常用的技术之一。有文献将其定义为"为了能集中精力解决主要问题而尽量推迟对问题细节的考虑"。它指按照自顶向下的设计策略,对各个层次的过程和细节逐层细化,直至最终通过程序设计语言能够实现为止。

4. 控制层次

软件的体系结构是一种层次体系,它给出各个模块之间的关系和相互作用,而不考虑时间的先后和执行顺序,也不考虑每个模块的实现细节。如图6-11所示,模块 M 调用模块 A、模块 B 和模块 C,没有指明调用这 3 个模块的顺序和条件,更没有实现模块功能的内部细节。为了描述软件结构的形态特征,定义以下 4 个术语。

(1) 深度。软件结构中模块的层数。

(2) 宽度。同一层模块的最大模块个数。

(3) 扇出数。一个模块直接下层模块的个数。

(4) 扇入数。一个模块直接上层模块的个数。

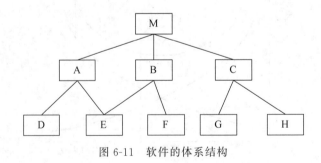

图 6-11 软件的体系结构

一个好的软件体系结构形态准则:顶部宽度要小,中部宽度最大,底部宽度次之。在结构顶部具有较高的扇出数,在底部具有较高的扇入数。

5. 信息隐藏

信息隐藏指一个模块所包含的信息对其他模块应该是隐藏的,不允许其他不需要这些信息的模块访问,独立的模块间仅仅交换为完成系统功能而必须交换的信息。

6.3.2 结构化设计方法

结构化设计(Structured Design,SD)方法是由美国 IBM 公司的 Constantine 等人研究出来的。该方法以数据流图为基础,定义了把数据流图映射为软件结构的方法。用 SD 方法进行总体设计的大致步骤为:

(1) 精细化数据流图,确定数据流图的类型;
(2) 指出各种信息流的流界;
(3) 将数据流图映射为软件结构;
(4) 精细化软件结构图;
(5) 开发接口描述和全程数据描述。

数据流一般可以分为两类:变换型数据流和事务型数据流。变换型数据流的特征是数据流图可以明显地划分为输入、变换(或称为加工)和输出 3 个部分,如图 6-12 所示;事务型数据流的特点是以事务为中心,即一个数据流经过某个加工 T 以后,有若干平行数据流流出,该加工称为事务中心,如图 6-13 所示。大型软件系统的数据流图中,变换型和事务型结构往往并存。

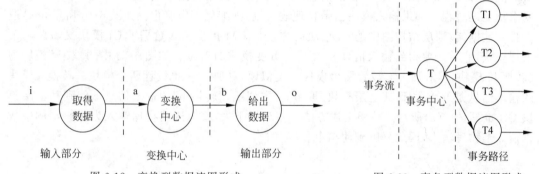

图 6-12 变换型数据流图形式　　　　图 6-13 事务型数据流图形式

1. 变换分析设计方法

首先确定数据流图是否为变换型。如果是,变换分析的基本步骤如下:

(1) 确定输入流、输出流和变换流的边界。
(2) 进行第一级分解,设计顶层结构图。
(3) 进行第二级分解,分解顶层结构图各分支,自顶向下,设计出每个分支的中下层模块,然后进一步细化。

下面以图 6-14 为例说明整个分析过程。其中,图中大写字母表示变换或加工,小写字母表示数据流。

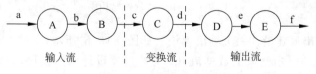

图 6-14 变换型数据流程图

首先，在中心变换位置设置一个主控制模块 CM，其功能为控制整个软件结构，完成系统所要做的工作。其次，为输入流 c 设置一个控制模块 CI，其功能为主模块提供逻辑输入信息。然后，为输出流设计一个输出控制模块 CO，其功能为主模块提供逻辑输出。最后，为变换中心设置一个变换模块 CT，其功能为控制所有内部数据的操作。本例的顶层结构图如图 6-15 所示。

之后，进行二级分解，设计中下层模块。自顶向下，逐步求精。

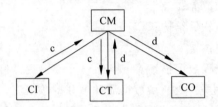

图 6-15　数据流图 6-14 所对应的顶层结构图

(1) 为输入流加工设计一个输入模块，向上层模块提供输入信息。这个模块需要两个下层模块，一方面本身需要信息来源，另一方面又需要将接收到的信息转化为上层模块所需要的信息，即"取信息"模块和"转换信息"模块。对于接收数据模块又是输入模块的情况，需要重复上述过程。如果输入模块已是物理输入端，则细化工作停止。如图 6-16 所示，c 是逻辑输入数据流，顶层结构图中的 CI 模块向主模块 CM 提供输入数据 c，CI 模块又需要两个下层模块，它首先要得到输入信息 b，然后将 b 变换或加工为 c，如图 6-16 中的"取 b"模块和"转换 b"模块，即对加工 b 设置两个模块。类似地，对加工 A 也设计两个模块。转换 a 模块的输出信息是 b，传送到其上层模块"取 b"。类似地，"转换 b"的输出信息 c 传到其上层模块 CI，如图 6-16(a)所示。按照上述方法一直分解下去，直至遇到物理输入为止。本例中数据流 a 是物理输入，因此分解到此结束。

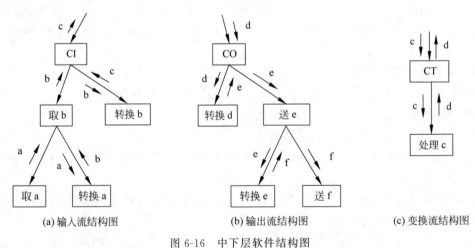

(a) 输入流结构图　　　　　(b) 输出流结构图　　　　　(c) 变换流结构图

图 6-16　中下层软件结构图

(2) 为逻辑输出流 d 设计一个输出模块。如图 6-16(b)所示，本例中的模块 CO，其主要功能是输出数据流 CM 所送来的数据流 d。为此也要设计两个模块，一个模块需要将送来的信息进行转换，另一个需要将转换后的信息送走。如图 6-16 所示，完成这两个功能的模块分别是"转换 d"模块和"送 e"模块，即对加工 D 设计这两个模块。类似地，对加工 e 也设计了"转换 e"模块和"送 f"模块。

(3) 为中心变换设计变换模块,如图 6-16(c)所示。

2. 事务分析设计方法

一般情况下都可以采用变换分析的方法设计软件结构。当数据流具有明显的事务特点时,即有一个明显的事务中心,采用事务分析的方法比较方便。事务中心的任务是完成选择分派任务。其数据流图如图 6-17 所示。分析设计的基本步骤如下。

(1) 在数据流图上确定事务中心、接受部分和发送部分。

(2) 画出结构图的框架,把数据流图的 3 部分分别映射为事务控制(总控)模块、接收模块和发送(调度)事务模块。

(3) 进一步分解和细化接收模块和发送模块,例如在图 6-17 中,对发送事务模块分别设计了事务层、操作层和细节层,在此基础上完成初始的结构图。接收事务层也可以根据实际需要进行细化。

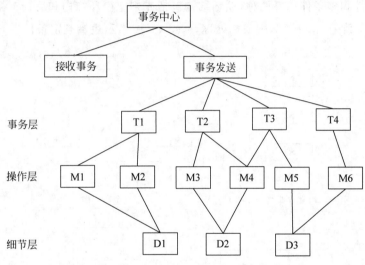

图 6-17　事务分析及对应结构图

实际上,对于有些数据流图,在不同的分解阶段,变换型和事务型往往结合使用。如图 6-18 所示。该数据流图整体结构可以看作事务型结构,对于路径 A 而言,这一局部数据流图可以用变换型进行分析。

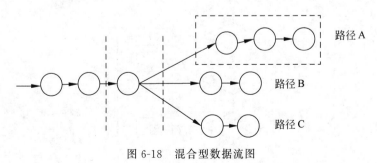

图 6-18　混合型数据流图

3. 结构设计优化

对数据流图进行分析之后,接下来就是对其进行优化。根据模块独立性原则,对模块进行必要的分解、合并、修改和调整,以得到高内聚、低耦合的模块,以及易于实现、测试和维护的软件结构,得到最终的结构图。

6.3.3 详细设计的描述方法

详细设计的描述方法,又称为详细设计的工具,有图形、表格和语言 3 种。对这些工具的基本要求是能够对软件设计进行无二义的描述,同时应该指明控制流程、处理功能、数据组织及其他方面的实现细节,在编程实现时能直接将其翻译为程序代码。下面介绍 3 种最常见的描述方法。

1) 程序流程图

程序流程图是应用最早的设计表达方式之一。该方法的特点是描述控制过程直观、一目了然,便于初学者学习和掌握。它有 3 种基本结构,即顺序、选择和循环结构。其中,选择结构包括单条件和多条件选择两种,循环结构包括先判定循环结构和后判定循环结构两种。如图 6-19 所示,其中 $S, S_1, S_2, \cdots$ 表示处理,$e, e_1, e_2, \cdots$ 表示逻辑判定条件。

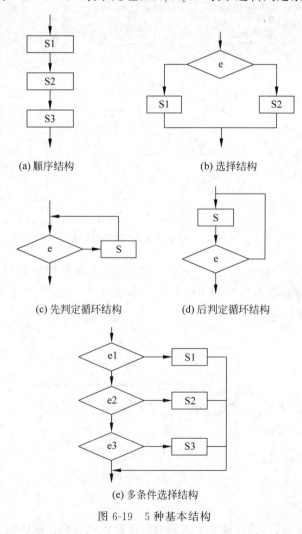

图 6-19　5 种基本结构

(1) 顺序型。由几个连续的加工步骤依次排列构成。
(2) 选择型。由某个逻辑判断式的取值决定选择两个加工中的一个。
(3) 多情况(case)选择型。列举多种条件,根据控制变量的取值,选择执行其一。任何复杂的程序流程图都应由这 5 种基本控制结构组合或嵌套而成。
(4) 先判定(while)循环型。在循环控制条件成立时,重复执行特定的加工。
(5) 后判定(until)循环型。重复执行某些特定的加工,直至控制条件成立。

2) 问题分析图

问题分析图(Problem Analysis Diagram,PAD)采用二维树形结构表示程序控制流程,克服了传统流程图不能清晰表示程序结构的特点。其显著特点是能够反映自顶向下逐步求精的过程。它首先描述一个模块由几部分组成,然后描述每个部分的细节,包括相应的数据结构描述,直至结束。PAD 图的基本结构如图 6-20 所示。

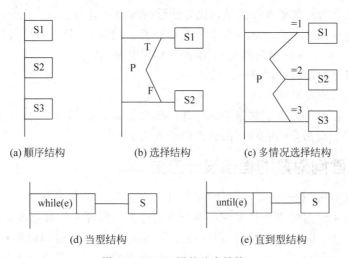

图 6-20　PAD 图的基本结构

3) 伪代码和 PDL

伪代码属于文字形式表达工具,其形式与代码类似,但是不能在计算机上执行。用伪代码描述模块,比画图描述简单方便,工作量较小,且容易转化为代码。C 程序设计中介绍的类 C 语言就是一种伪代码。PDL(Program Design Language,PDL)也是一种伪代码。它具有严格的关键字外部语法,用于定义控制结构和数据结构,有表示实际操作和条件的内部语法,可适应各种问题的需要。其控制结构的框架采用了高级语言的关键字,但各种条件和处理描述采用了自然语言。该语言的基本特点如下:

(1) 具有固定的关键字语法,提供了结构化控制结构、数据说明和模块化的特点。为了使结构清晰并具备好的可读性,一般在所有可能嵌套使用的控制结构的头和尾部都有关键字。
(2) 内语法使用自然语言描述处理特性,易读易写易懂。
(3) 有数据说明机制,包括简单与复杂的数据结构。
(4) 有模块定义和调用的机制,用以表达各种方式的接口说明。

使用 PDL,可以做到逐步求精,从比较概括和抽象的 PDL 程序起,逐步写出更详细更精确的描述。它的缺点是不如图形工具形象直观,描述复杂的条件组合与动作间的对应关系时,也不如判定表清晰简单。

【例 6-3】 用 PDL 描述,求一个数组中元素的最大值。

```
MAX = A[0];
DO FOR I = 1 TO N - 1
IF MAX < A[I]
THEN MAX = A[I]
END IF
        END DO
        PRINT MAX
```

结构化方法是一种经典的程序设计方法,具有很多优点,在传统的软件设计中发挥了很大的作用。但随着软件开发研究的不断深入,其缺点也逐渐暴露出来。主要表现如下:

(1) 过分强调分阶段实施,使得开发的各个阶段之间存在着很强的顺序性和依赖性。

(2) 有些复杂的问题很难按照结构化方法进行分解。

(3) 基于功能分解的系统结构难于修改和补充。例如,当软件外部环境或功能需求变化时,可能会引起整个软件结构的变化,维护工作量非常大。

(4) 数据和对数据的处理是分离的。

(5) 思维结果的可重用性差。

这些问题的存在促使人们探索和研究新的软件设计方法,其中面向对象的程序设计方法就是在此基础上提出来的一种新的软件设计方法。

6.3.4 面向对象的程序设计方法

面向对象(Object Oriented,OO)的程序设计方法是以对象为基础,以消息驱动对象执行的程序设计技术。这种方法将客观世界看成由许多不同种类的对象组成。通过分析研究客观实际中的实体、实体的属性及其相应的关系,从中抽象出求解问题的对象,最后对这些对象进行求解,从而得到问题的解,这一过程更接近人类认识问题和解决问题的思维方式,使得计算机求解的对象与客观事物具有一一对应的关系。

1. 面向对象方法中的 5 个基本概念

1) 实体和对象

实体是客观存在的事物。客观世界中的任何一个实体都可以看作一个对象。或者说客观世界是由成千上万个对象组成。对象可大可小,根据具体的问题确定。例如,一个公司可以是一个对象,公司中的一个部门也可以是一个对象,公司中的一个员工也可以是一个对象。任何一个对象都具备两个要素,即属性和行为。对象是由一组属性和一组行为组成。例如,一个智能手机可以是一个对象,它的属性可以是生产厂家、品牌、颜色和价格等,它的行为可以是打电话、拍照片和播放视频等。

2) 封装和信息隐藏

所谓封装就是将一个对象的一部分功能和属性对外界屏蔽,对外界而言这部分功能和属性是不可见或不可知的。例如家用微波炉,它的表面有几个按钮,这是微波炉与外界的接口,人们不必了解微波炉的结构和工作原理(内部细节),只须知道怎么用就可以了。这样做的好处是大大降低了人们操作对象的复杂度。设计程序时也沿用这种思想,一方面将有关数据和操作代码封装在一个对象中,形成一个基本单位,各个对象之间互不干扰,相对独立。

另一方面将对象中的内部细节对外隐藏,只留少量接口,以便与外界联系。

3) 抽象

抽象的作用是表示同一类事物的本质。对象是具体存在的。例如,一个长方体可以作为一个对象,10 个不同尺寸的长方体就是 10 个对象,这 10 个对象具有相同的属性和行为(只是长、宽、高不同),可以将这些对象抽象为一个长方体类型,如图 6-21 所示。这种类型就称为"类"。类是对象的抽象,对象是类的特例,即类的具体表现形式。类具有抽象、无值的特征,只有通过类产生出具体对象之后,属性才有具体的值。例如,指定长方体 a 的长、宽、高的具体值,这就得到了一个长方体对象 a。

图 6-21 "长方体"类

4) 继承与重用

如果在软件开发过程中首先定义了一个名字为 A 的类,根据需要还定义一个名为 B 的类,B 类与 A 类内容相同,只不过在 A 类的基础上增加了一些属性和行为。此时不必重新设计 B 类,只需要在 A 类的基础上增加一些内容即可。这就是面向对象程序设计中的继承思想。基于继承的方法可以很方便地利用一个已有类建立一个新类,这样可以重用已有软件中的部分内容,节省了编程工作量,这就是软件重用的思想。

5) 多态性

如果有几个相似而不完全相同的对象,有时要求在向它们发出同一消息时,它们的响应各不相同,分别执行不同的操作,这就是多态现象。面向对象的程序设计中,由继承而产生不同的派生类,其对象对同一消息会作出不同的响应,这样可以增加程序的灵活性。

2. 面向对象方法的基本步骤

一般地,面向对象方法包括面向对象的分析、面向对象的设计、面向对象的编程、面向对象的测试和面向对象的维护 5 个基本步骤。

1) 面向对象的分析

面向对象的分析(Object-Oriented Analysis,OOA)类似结构化方法中的建模,同结构化分析方法的区别在于面向对象的分析是把问题域中客观存在的实体抽象为创建模型中的对象,分析对象的内部特征,确定对象的属性和操作;分析对象的外部关系,对象类之间的一般与特殊关系、对象的整体与部分关系、对象之间的实例连接及对象之间的消息连接。可以借助于图形工具进一步分析系统,并对系统的各部分进行详细说明。

2) 面向对象的设计

面向对象的设计(Object-Oriented Design,OOD)与 OOA 采用一致的概念、原则和表示法,二者没有严格的阶段划分。OOA 以实际问题为中心,可以不考虑与软件实现相关的任何问题,主要考虑"做什么"的问题;OOD 主要考虑"怎么做"的问题。OOD 不像结构化设计那样,存在分析到设计的转换,它只需要进行局部的修改和调整,并需要增加与实现相关的独立部分接口。即 OOD 是根据需求决定所需的类及类的数据和操作,建立类之间关联的过程,它是在分析基础上的进一步加工。

3) 面向对象的编程

这一阶段和结构化编程没有本质的区别。很显然,需要采用面向对象的程序设计语言来实现系统,所选择的编程语言应该支持对象类的描述、继承机制和实现等功能。

4）面向对象测试

模型由对象组成，通过对象特征的分析抽象出相应的类，因此面向对象的软件测试以类为基本单位进行。测试需要针对类定义范围内的属性和操作，以及有限的对外接口所涉及的部分；其次利用类的继承性，如果父类已测试或父类为可重用构件，则对子类的测试只针对那些新定义的属性和操作进行。

5）面向对象维护

面向对象的方法为软件维护提供了一种新的有效途径。由于对象的封装性，修改一个对象对其他对象的影响很小，利用面向对象的方法维护程序，可以大大提高软件维护的效率。

3. 面向对象方法的特点

1）与人类思维习惯比较一致

世界是由成千上万个对象组成。面向对象的方法核心是建立问题领域的对象模型。现实世界模型是构造软件系统的最主要依据。这种方法根据对问题的分析建立抽象类，从而建立系统框架，随着对问题认识的深入，逐步建立具体的派生类，这与人们从一般到特殊的渐进思维过程相一致。而传统的结构化程序设计方法从"怎么做"开始，主观随意性较大。

2）稳定性好

传统的程序设计方法以过程为中心，求解结果完全基于功能和性能的分解。当软件的功能需要扩充或进行较大的修改时，往往要对软件的整体结构进行修改，这样的系统是不稳定的。面向对象的方法以对象为中心，当系统的功能需要改变时，仅需要对一些局部对象进行修改，而不需要改变软件的整体结构。例如，可以从已有的类中派生出一些子类来实现系统功能的扩充和改进，而软件的整体结构不变。

3）可重用性好

软件重用是提高软件生产率的最有效途径之一。传统的软件重用技术利用的是标准函数库，然而大多数的库函数往往只提供最基本、最常用的功能，因此不能适应不同应用场合的不同需要。比较起传统方法来，面向对象方法利用了类的继承性，可以通过上级父类派生出下级子类。由父类派生出的子类，不仅可以继承其父类的数据结构和程序代码，而且可以在其父类代码的基础上，方便地进行子类的修改与扩充。

4）可维护性好

由于基于面向对象的方法建立的软件系统稳定性较好，即使进行局部修改，也不影响全局。在这样的体系结构下，软件易于阅读和理解。系统的功能扩充可以通过在父类基础上派生新的子类来实现，由于派生类继承了父类的特性，系统的整体结构不变，从而系统具有较好的维护性。

6.4 软件的编程

完成软件的概要设计和详细设计之后，接下来就是软件的编程工作。编程的任务就是为详细设计阶段设计的每个模块用某种程序设计语言来实现。尽管软件的质量基本上取决于设计的质量，但是编程语言的选择、编程风格等对软件质量也有很大的影响。

在相当长的一段时间内，人们一直认为程序是交给计算机去执行的而不是供人阅读的，所以只顾追求程序的正确性和执行效率,忽视了程序的可读性。随着软件规模的增大,结构也越来越复杂,在软件生产周期中,人们要经常阅读程序。例如,修改软件中的错误、升级软件、增加软件的功能等,都需要阅读、理解和分析程序。因此程序的可读性、可理解性是非常重要的,它直接影响到软件产品的质量和生产效率。为了使程序具有良好的可读性,就要使程序结构清晰、层次分明、条理清楚,这就涉及编程风格问题。

1. 编程语言的选择

随着软件开发技术的迅速发展,程序设计语言种类层出不穷。目前的程序设计语言可达上百种,这给程序员编写程序提供了更多的选择机会。开始程序员一般选择自己熟悉的语言,如果能根据实际需要选择合适的程序设计语言,将使程序的编码和维护更为方便,测试工作量也会相应减少。由于软件系统的成本用在软件的测试和维护阶段较多,因此易于测试和维护就是选择语言的关键因素。一般来说,程序设计语言的选择遵循如下一些基本原则:

1)项目的应用领域

不同的语言具有不同的特点,并具有其相应的应用领域。例如科学与工程计算方面,FORTRAN语言具有很强的优势;数据库、信息系统管理方面,SQL、Oracle语言较为适用;时间和空间效率要求较高的场合,可以选择汇编语言来实现;开发网络应用程序,可以选择Java语言。

2)软件的应用环境

软件运行的硬件和软件环境是选择语言的又一重要因素。例如,如果所要开发的软件系统运行在Windows系统下,最好选择适合在Windows环境下配置的开发工具;如果软件运行在Web/Browser结构下,就要适合选择ASP/JSP等脚本语言来实现。

3)系统用户的要求

如果所开发系统用户要求自己维护或用户对程序设计语言有特定的要求,需要根据用户的具体要求选择合适的语言。

4)算法和数据结构的复杂程度

一般地,商用数据处理系统所涉及的数据结构较为复杂,所涉及的算法较为简单;科学及工程计算中所涉及的数据结构相对简单,而相应的算法较为复杂,因此要考虑选择的语言是否满足算法和数据结构复杂度的要求。

5)兼容性和可移植性

开发系统时,程序员需要考虑硬件设备对语言的兼容性;同时还要考虑将来系统移植的话,程序设计语言的可移植性问题。考虑充分了,软件才能够在不同的硬件环境下运行。

6)软件的开发方法

有些语言依赖于程序设计方法。如果软件设计采用的是过程化程序设计方法,适合采用过程化程序设计语言;如果采用面向对象的设计方法,那采用面向对象的程序设计语言比较合适。

7)程序设计人员的技术水平

选择编程语言要充分考虑程序员的知识和技术水平,尽可能选择他们较为熟悉的编程语言,这样无须培训或很少培训就能编制程序。选取一种新的语言,程序员需要一个学习和熟悉的过程。当然这一点根据项目需要进行选择,并不绝对。

2. 编程风格

编程风格指程序员在编程时，对程序的结构形式、行文方式及编写特点的要求。编程风格包括源程序文件、数据说明和输入输出安排等。编程风格的原则是简明性和清晰性。

1）源程序文件

源程序中涉及的变量如何命名、如何加注解、源程序应按什么格式书写，对于源文件的编写风格有至关重要的作用。

（1）各种名字的命名。理解程序中每个名字的含义是理解程序逻辑的关键，所以程序中的各种名字应具有直观、易于理解且安全可靠的特点，一般地，采用有实际意义的名字能帮助理解和记忆。例如，用 time 表示时间，area 表示面积，sum 表示总和等。命名的同时要注意日常习惯，例如一般用 U 表示电压，I 表示电流等。同时名字不应太长。

（2）源程序中的注释。源程序中注释是程序员与源程序使用者之间通信方式之一，也是程序维护、升级时的重要指导。由程序员开发的程序在交给维护人员维护的过程中，如果没有注释说明，维护人员通过阅读源程序来理解程序的作用是非常困难的。目前的程序设计语言，一般都使用注释行。注释分为序言性注释和解释性注释。序言性注释在程序或模块的开头，说明本程序段的功能，对理解程序起引导作用。一般包括整个模块功能说明、接口信息、数据结构、开发历史、设计者、使用方法和修改情况等。解释性注释是嵌入在源程序内部的注释行，用来描述处理功能。注释应该与程序一致，提供一些从程序本身难以得到的信息，而不是重复程序语句。程序语句修改时，注释也要做相应的修改。

（3）源程序书写格式。尽管目前的程序设计语言对书写格式不做严格的要求，书写较为灵活。但是程序清单的布局对于程序的可读性有很大影响。良好的源程序书写格式有助于对程序阅读和理解。尤其是在程序较长时，这个特点更为突出。写程序时，一行不要书写多条语句，这会掩盖程序的逻辑结构；适当运用缩排，使得各种控制结构的层次应呈锯齿形，同一层要对齐，下一层应退缩几格；程序段之间、程序段和注释之间用空行和空格来分隔。

2）数据说明

数据说明是编写程序不可缺少的一部分。为了使数据定义更容易理解和维护，编写程序时，应该注意程序说明的风格。例如，规范化数据说明顺序，可以按照常量说明、简单变量类型说明、数组说明、公共数据块说明和文件说明的次序进行数据说明。当多个变量名字在一个语句中说明时，应该按字母顺序排列这些变量。如果程序中设计了复杂的数据结构，则应该用说明实现数据结构的方法和特点。

3）语句构造

设计阶段仅确定了软件的逻辑结构，语句的构造是编写程序的一个主要任务。构造语句时应该遵循的原则是每个语句应该简单和直接，不能为了提高效率而使程序变得过分复杂。下述规则有助于语句简单明了，尽量使用标准的控制结构；尽可能使用库函数；尽量避免复杂的条件测试；尽量减少对"非"条件的使用；尽量避免大量使用循环嵌套和条件嵌套；利用括号使表达式的运算顺序清晰直观。

4）输入输出

设计和编写程序时，应考虑下述有关输入输出风格的规则：

（1）输入的步骤和操作尽可能简单，保持输入格式简单。

（2）对所有输入数据都进行校验，从而识别错误的输入，以保证用户输入数据的有效性。

（3）使用数据结束标记，不要要求用户指定数据的数目。

（4）当程序设计语言对输入格式有严格要求时，应保持输入格式与输入语句的一致性。

（5）给所有的输出加注释，设计良好的输出报表。

（6）对于交互式输入，应详细说明可用的选择或边界数值。

（7）给所有的输出数据加标记。

（8）允许输入有缺省值。

6.5 软件的测试

软件生存周期中，软件测试也是一个非常重要的阶段。软件开发的任何一个阶段都可能存在错误，找出并改正这些错误是非常必要的。

1963年，美国发射了探测金星的火箭，其控制程序中有一个FORTRAN程序语句DO 5 I＝1,3误写成DO 5 I＝1.3，结果导致火箭爆炸，损失千万美元。这仅是","号与"."号之差，就造成巨大的损失，由此可看出软件测试和调试的重要性。应该指出的是，测试的范围是整个软件的生存周期，而不限于编程阶段。

6.5.1 软件测试概述

软件测试是为了发现程序中的错误而执行程序的过程。具体地说，软件测试是根据设计过程中各阶段的说明及程序的内部结构而精心设计一批测试用例（输入数据及其预期输出结果），并运用这些用例去测试程序，以发现程序错误的过程。一个好的测试方案是尽可能发现至今尚未发现的错误的方案，一个成功的测试是能够发现至今尚未发现的错误。通过测试只能从软件中找出错误，而不能证明软件是正确的。即使测试方案很完美，软件也可能隐藏着尚未发现的错误。

一般情况下，软件测试应该遵循以下基本原则：

（1）测试前认定被测试软件中存在错误，不要抱有软件"一定不会有错"的侥幸心理。

（2）设计测试用例时，应该给出其输出结果。

测试用例在给出输入数据的同时，需要给出预期的输出结果，否则没有办法衡量测试结果是否正确。

（3）设计测试用例时，应该包括合理的输入数据和不合理的输入数据两部分。

测试过程中，测试者一般重视合理的、有效的输入数据，以检查软件是否完成了它应该完成的工作，往往忽略了那些不合理的输入数据。实际上，软件在投入运行之后，用户可能不遵循输入规定，给出一些不合理的输入是经常发生的。因此，软件接受非法操作的能力也应得到检验。另外，一些不合理的输入，有可能会发现新的问题，例如程序退出、死机等。

（4）软件测试者应该尽量避免测试自己编写的程序。

（5）严格全面地执行测试计划。

（6）测试完成后，应该妥善保存测试计划、测试用例、出错统计和最终分析报告。这样做的目的是为以后的测试和维护做参考。

软件测试的过程大致可以分为以下 4 个步骤：单元测试、组装测试、确认测试和系统测试。软件测试方法可以分为静态测试和动态测试两大类方法。静态测试是对软件进行分析、检查和审阅，不运行程序，而采用人工检测或者计算机辅助检测的方法对程序进行测试的方法。动态测试指通过运行程序来发现错误的方法。

6.5.2 软件测试的过程

软件测试的过程包括 4 个基本步骤：单元测试、组装测试、确认测试和系统测试，以下分别详细说明。

1．单元测试

单元测试又称为模块测试，其目的在于检查每个模块是否有错误，主要发现详细设计和编程阶段的错误。

2．组装测试

组装测试又称为集成测试、接口测试，其目的在于检查模块之间接口的相互通信与协调，主要发现总体设计阶段的错误。

3．确认测试

确认测试是根据软件需求说明书对集成的软件进行确认，以发现软件的功能和需求是否一致，主要检查整个软件系统是否满足用户的功能性要求，文档资料等软件配置是否完整、准确、合理，其他的需求如可维护性、可移植性等是否满足。

4．系统测试

综合检验软件与整个计算机系统的测试。将软件集成到计算机系统中，进行测试，以发现不符合系统对软件要求的错误。系统测试种类较多，每种测试都有各自的目的。常见的系统测试包括恢复测试、安全测试、压力测试和性能测试等。

测试工作是相当困难的，它需要一定的软件方法来指导。因为工作量大，如果有软件工具来辅助，将会大大提高效率。例如，AutoRunner 和 TestCenter 是国内两种典型的免费软件测试工具。

6.5.3 测试用例的设计

测试效果的优劣很大程度上取决于测试用例的设计。测试用例就是为测试软件而设计的测试数据。不同的测试用例发现程序错误的能力不同，为了提高测试效率，降低测试成本，应该尽可能选取能够发现某个错误或某类错误的数据。目前已有多种软件测试技术，这些技术各有优缺点，没有哪一种技术可以代替其他所有的技术。软件的动态测试大致可分为黑盒测试和白盒测试两类。

1．黑盒测试

黑盒测试(Black Box Testing)又称为功能测试，其基本思想是把程序完全看成是一个黑盒子，而不考虑程序的内部结构和具体的处理过程。即黑盒测试是在程序接口进行的测试，它只检查程序是否按照给定输入产生期望的输出，程序功能是否符合软件规格说明书的要求。黑盒测试又可以分为等价类划分、边值分析、错误推测和因果图等。下面仅介绍等价类划分和边值分析两种方法。

1) 等价类划分

等价类划分就是将所有可能的输入数据(包括有效输入数据和无效输入数据)划分为若干个等价类,并做如下假定:每一类中的一个典型值在测试中所起的作用等价于这一类中其他值。测试时可以从每个等价类中只取一组数据作为测试数据,这样选取的数据最具有代表性,最可能发现程序中的错误。

例如,输入是高数课程成绩 score,范围为 0~100 分。等价类的一种划分方法是将 $0 \leqslant score \leqslant 100$ 作为一个合理的等价类,$score < 0$ 和 $score > 100$ 作为两个不合理的等价类。这样可以从每个等价类中任意选取一组数据作为测试用例。

2) 边值分析

实践证明,程序在处理边界的情况时最容易出错。例如 C 程序设计中,不少程序错误出现在数据下标、循环等的边界附近。因此在设计测试用例时,要充分考虑到边界附近的数据,使得程序暴露错误的可能性更大一些。这种方法通常要选取刚好等于、稍大于和稍小于等价类边界值的数据作为测试数据,而不是选取每一个等价类的典型值或任意值作为测试数据。

例如假定某个程序规定了输入值为整数值,其范围为[0,100]。此时可以取 $-1,0,100,101$ 为测试数据。

2. 白盒测试

白盒测试(White Box Testing)又称为结构测试。其基本思想是已知程序的内部结构和具体的处理过程,按照程序的内部逻辑来测试程序,检查程序中的每一条通路是否满足期望的要求。这种方法的关键在于选择的测试数据要覆盖程序的内部逻辑结构,如覆盖所有的语句,覆盖所有的判定等。白盒测试的常用方法是逻辑覆盖,根据测试的目标,逻辑覆盖又可以分为语句覆盖、判定覆盖、条件覆盖、判定/条件覆盖、条件组合覆盖等。以下通过一个例子来说明以上覆盖的特点,该例题原型来源于文献[2]。

【例 6-4】 某个测试程序的流程图(见图 6-22)和算法如下所示。

```
void test (float A,float B,float X) {
            IF(A>1)&&(B=0)
 X = X/A;
IF(A=2)||(X>1)
            X= X+1
}
```

下面依据流程图设计测试用例,讨论各种覆盖的情况。

1) 语句覆盖

语句覆盖的含义是选择足够多的测试用例,使得测试程序中的每一条语句至少执行一次。它是最弱的一种逻辑覆盖。为了达到这一目的,在图 6-22 中,可以令 A=5,B=0,X=2,这样组数就可达到语句覆盖的标准。如果源程序中把逻辑运算符 AND 错写成 OR,或是把条件 X>1 误写成 X>0,这些错误用上述测试数据均发现不了。

2) 判定覆盖

判定覆盖又叫分支覆盖。它要求不仅每条语句至少执行一次,而且程序的每个分支都至少执行一次。显然,判定覆盖比语句覆盖稍强一些。例如对于图 6-22,如果设计两组数据使它们通过路径 ace 和 abd,或者通过路径 acd 和 abe,就可达到判定覆盖的标准,为此,令

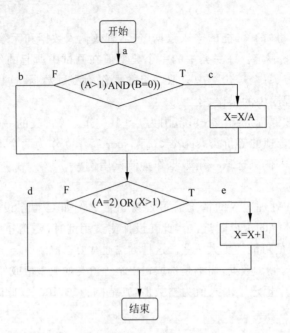

图 6-22 测试程序流程图

输入数据为

A=1.5,B=0,X=1,沿 acd 执行

A=2,B=1,X=3,沿 abe 执行

这样很显然每个分支都执行了,但这两组数据都未能检查沿路径 abd 执行时,X 值是否保持不变,把 X>1 错写为 X<1 时,还是查不出来,它只有 50% 的机会去查 X 的情况。

3) 条件覆盖

条件覆盖指选择足够的测试用例,使判定中每个条件可能的值至少出现一次,即条件表达式中各个条件取两个不同的值。在图 6-22 中,包含了 4 个条件即 A>1,B=0,A=2,X>1。为了达到条件覆盖准则,需要设计足够的测试用例,使得有

A>1,A<=1,B=0,B≠0

以及有

A=2,A≠2,X>1,X<=1

等各种结果出现。为此令测试数据如下:

A=2,B=0,X=4,沿路径 ace 执行

A=1,B=1,X=1,沿路径 abd 执行

虽然同样只有两组数据,但比分支覆盖的两组数据更有效了。条件覆盖通常比判定覆盖强,因为条件覆盖使一个判定中的每个条件都取得了两个不同的结果,而判定覆盖不能保证这一点。但也有相反的情况,如下面两组数据满足条件覆盖,但不满足判定覆盖。

A=1,B=0,X=3,沿路径 abe 执行

A=2,B=1,X=1,沿路径 abe 执行

因此,有时判定覆盖和条件覆盖不能互为包含。

4) 判定/条件覆盖

判断/条件覆盖就是设计足够的测试用例,使得判断中每个条件的所有可能取值至少执行一次,同时每个判断本身的所有可能判断结果至少执行一次。换言之,即要求各个判断的所有可能的条件取值组合至少执行一次。对于图 6-25,令测试数据为 $A=2,B=0,X=4$ 和 $A=1,B=1,X=1$,这样选取数据可以达到上述标准。判定/条件覆盖似乎比较合理,但事实并非如此。在含有 AND 或 OR 的逻辑表达式中,某些条件将抑制其他条件,例如表达式 A AND B,如果 A 为假,则不再检查条件 B,这样 B 中的错误就发现不了。这说明尽管判定/条件覆盖看起来能使各种条件取到所有可能的值,但实际上并不一定能检查到这样的程度,所以较彻底地测试应使每个简单判定都真正取到各种可能的结果。

5) 条件组合覆盖

条件组合覆盖的含义是选择足够的测试数据,使得每个判定中的条件的各种组合都至少出现一次。对于图 6-22,两个判断表达式中有 4 个条件,可以组成 8 种不同的组合。即

(1) $A>1,B=0$;
(2) $A>1,B\neq 0$;
(3) $A<=1,B=0$;
(4) $A<=1,B\neq 0$;
(5) $A=2,X>1$;
(6) $A=2,X<=1$;
(7) $A\neq 2,X>1$;
(8) $A\neq 2,X<=1$。

可以设计下面 4 组测试数据,覆盖上面的 8 种条件组合。

$A=2,B=0,X=4$,覆盖(1),(5),通过路径 abcde;
$A=2,B=1,X=1$,覆盖(2),(6),通过路径 acde;
$A=1,B=0,X=2$,覆盖(3),(7),通过路径 acde;
$A=1,B=1,X=1$,覆盖(4),(8),通过路径 ace。

可以看出,满足条件组合覆盖的测试数据,一定满足判定覆盖、条件覆盖和判定/条件覆盖。同时也可以看出,满足上述条件组合覆盖的测试用例没有覆盖程序段的全部路径,上述 4 组测试用例并没有覆盖 abce。

6) 路径覆盖

路径覆盖是选取足够多的测试数据,使程序的每一条可能路径都至少执行一次(如果程序流程图中有环,则要求每一个环都至少经过一次)。显然,路径覆盖更强,满足路径覆盖的测试数据更有代表性,其暴露错误的能力也比较强。对于图 6-22,可以选择以下 4 组测试用例覆盖测试程序的所有路径:

$A=2,B=0,X=5$;$A=2,B=1,X=1$;$A=1,B=1,X=1$;$A=5,B=0,X=1$。

6.6 软件的调试

软件测试的目的在于发现软件中的错误。对于软件中发现的错误,找出其发生的原因和位置并进行纠正,直至没有错误为止,这就是调试的任务。

调试包括两方面的内容，一方面是诊断错误，找出错误的原因和位置；另一方面是改正错误。一般来说，已知错误的原因和位置，改正错误比较容易，而诊断错误比较难。据统计软件调试中，诊断工作占据调试工作量的90%以上。调试要求对程序结构和算法逻辑十分清楚，一般由程序设计者本人进行。

6.6.1 软件调试的方法

目前，软件调试一般有如下几种方法。

1. 输出内存和寄存器的内容

软件测试出现问题时，采用十六进制和八进制码形式显示或打印程序运行现场（内存与CPU寄存器组）的内容，用于分析研究错误产生的原因和位置。用这种方法调试，输出的是程序的静止状态（程序在某一时刻的状态），效率非常低，不得已才采用。

2. 在程序中设置断点和插入打印语句

为了查看关键变量的动态值，在程序中插入若干标准打印语句。这种方法可以动态地显示关键数据对象的行为，为程序员分析错误原因提供线索。但这种方法有两个缺点，一是可能输出大量无关数据；二是必须修改源程序，这有可能改变关键的时序关系，从而掩盖错误或者引起新的错误。

3. 使用自动调试工具

目前，大多数程序设计语言的集成开发环境都提供程序调试功能，如 Visual C++。包括不改变源程序代码利用调试运行功能实现变量的跟踪，以及程序断点设置、设置变量状态观察窗口、子程序调用序列跟踪等。

应该指出的是，使用任何一种调试技术之前，都应先使用调试策略对错误的征兆进行全面的分析，通过分析大致推测了错误的部位，再用调试技术检验位置推测的正确性。

6.6.2 常用的调试策略

程序调试是一项技术性很强的工作。任何调试工具都只起到辅助的作用。调试过程的关键在于对错误的推测分析。以下介绍几种常用的调试策略：

1. 跟踪法

在可能出现错误的位置附近进行追踪，这里有两种跟踪方法，正向跟踪和反向跟踪。正向跟踪指从可能出现错误的位置，沿着控制流直至找到出错处，分析并排除之。反向跟踪指从可能的错误位置逐步向后追溯，直到找出错误并将其纠正。这种方法只适用于小规模的程序纠错，对于规模很大的程序，回溯路径太多，实际上无法进行。

2. 演绎法

调试人员从测试数据中列举出可能出错的原因，排除不会发生的错误原因。然后对其余的错误原因进行分析，对可确定的原因进行错误排除。对不确定的原因，再增加测试数据，重复上述过程，直到排除错误为止。

3. 归纳法

归纳法是从个别推断全体的一种系统化思考方法，这种方法从线索（错误征兆）出发，通过分析这些线索之间的关系找出故障。主要有下述4步：

（1）收集有关数据。收集测试用例，弄清观察到的错误征兆，什么情况下出现错误等信息。

（2）组织数据。整理分析数据，找出什么条件下出现错误，什么条件下不出现错误。

（3）导出假设。分析研究线索之间的关系，力求找出它们的规律，从而提出关于错误的一个或多个假设。如果无法做出假设，则应设计并执行更多的测试用例，以便获得更多的数据。

（4）证明假设。假设不等于事实，证明假设的合理性是极其重要的。证明假设的方法是，用它解释所有原始的测试结果，如果能圆满地解释一切现象，则假设证明正确，否则要么是假设不成立或不完备，要么是有多个错误同时存在。

4. 试探法

调试人员首先分析软件的错误征兆，猜想其大致位置，然后通过调试技术获取怀疑位置的信息。这种策略效率比较低，一般很少采用。

5. 回溯法

检查错误征兆，确定最先发现"症状"的位置，然后沿程序控制流往回追踪程序代码，直到找到错误的位置，进而找出错误原因。这种方法对于小程序是一种较好的策略，不适合大规模的程序，因为大规模的程序跟踪起来比较复杂。

6. 对分查找法

若已知每个变量在程序内若干个关键点上的正确值，则可用赋值语句或输入语句在程序中关键点附近"注入"这些变量的正确值，然后检查程序的输出。如果输出结果是正确的，则表示错误发生在前半部分；否则，不妨认为错误在后半部分。这样反复进行多次，逐渐逼近错误位置。

6.7 软件维护

当软件系统开发完毕交付用户使用后，便进入软件维护阶段。软件维护是软件生存周期的最后一个阶段。要想充分发挥软件系统的作用，产生良好的经济效益和社会效益，就必须搞好软件的维护。软件维护需要的工作量非常大，有文献表明，大型软件的维护成本高达开发成本的 4 倍左右。由此可见软件维护的重要性。

软件维护指在软件已经交付使用之后，为改正错误或满足新的需要而修改软件的过程。软件维护的最终目的，是为了满足用户对已开发产品的性能与运行环境不断提高的要求，进而延长软件的寿命。要求进行维护的原因多种多样，归结起来有 3 种类型。

（1）改正在特定的使用条件下暴露出来的一些潜在的程序错误或设计缺陷。

（2）在软件使用过程中数据环境变化或处理环境变化而需要修改软件以适应变化。

（3）用户和数据处理人员在使用时提出改进现有功能，增加新的功能，以改善总体性能。

按照软件维护的目的，软件维护可以分为以下 4 类。

1. 完善性维护

当软件投入使用后，用户会根据应用的实际情况提出增加新的功能、修改已有的功能等。为了满足这类要求，需要进行的维护称为完善性维护。例如一般软件开发后投入使用的是第 1 版，以后可能会有第 2 版、第 3 版等。

2. 适应性维护

适应性维护就是为了适应变化了的环境而进行的修改软件过程。计算机技术飞速发展,随着硬件系统的不断发展,新的操作系统或者操作系统的升级版不断推出。此外,外设和其他部件也不断改进。所以软件和当时设计时的环境不再适应,此时需要进行适应性维护。

3. 纠错性维护

软件测试不可能检测出一个大型软件系统中所有潜藏的错误,因此在软件投入使用后,用户可能会发现新的程序错误。对这类错误的诊断和修正过程称为纠错性维护。

4. 预防性维护

为了进一步改进软件的可维护性或可靠性,或为了给未来的维护奠定更好的基础而修改软件的过程,称为预防性维护。目前这项维护活动相对说比较少,主要是对早期开发且仍在使用的软件进行的。

由此可见,软件维护不仅仅是在运行过程中纠正发现的错误,更重要的是完善现有的软件系统。据统计,在软件维护活动中一半以上的工作是进行完善性维护。值得注意的是,维护时,除了修改程序源代码之外,必须同时修改涉及的所有文档。

为了更好地完成维护任务,首先要建立一个维护机构,提出维护申请报告。制定维护计划方案和改动方案,提出报告之后做评估,确认之后再实施。此外,还应该建立一个适用于维护活动的记录保管过程,并且规定复审标准。最后,全部维护报告按软件项目存档。

6.8 小结

本章首先介绍了什么是软件工程,及软件的演变历程,强调了软件的某些特征。例如,软件是一种逻辑产品;软件生产无明显的制造过程;软件产品不存在磨损和折旧问题;软件的成本集中在软件开发上,软件制造几乎没有成本。并介绍了软件的生命周期——计划期、开发期和运行期。并以瀑布模型的方式进一步分析了这3个周期。

软件的需求分析在软件开发中是一项非常重要的工作。要完成需求分析的任务,需求获取是关键。本章首先在需求分析的过程中,通过分析和建模帮助读者了解系统,通过抽象降低系统的复杂度。接着引出数据流图的概念——数据流图是描述数据流的一种图形工具。它用图形符号表示系统的逻辑输入、逻辑输出及将逻辑输入转换为逻辑输出所需要的逻辑加工。从DFD的基本符号、分层DFD的结构、分层DFD的画法这3个方面详细地说明数据流图。而数据字典是为了给数据流图中的数据流名、数据存储名、数据项名、基本加工名做严格定义。软件的设计主要介绍结构化设计方法,并对面向对象的设计方法做简介。软件的设计原则有模块化、模块的独立性、抽象与逐步求精、控制层次、信息隐藏等。结构化设计方法主要从变换分析设计方法、事务分析设计方法、结构设计优化这3个方面来诠释。面向对象的程序设计方法是以对象为基础,以消息驱动对象执行的程序设计技术。

完成软件的概要设计和详细设计之后,接下来就是软件的编程工作。编程的任务就是为详细设计阶段设计的每个模块用某种程序设计语言来实现。尽管软件的质量基本上取决于设计的质量,但是编程语言的选择、编程风格等对软件质量也有很大的影响。

在软件生存周期中,软件测试也是非常重要的一个阶段。在软件开发的任何一个阶段都可能存在错误,找出并改正这些错误是非常必要的。软件测试的过程包括 4 个基本步骤:单元测试、组装测试、确认测试和系统测试。

软件测试的目的在于发现软件中的错误。对于软件中发现的错误,找出其发生的原因和位置并进行纠正,直至其测试没有错误为止,这就是调试的任务。目前调试的一般方法主要有以下 3 种:输出内存和寄存器的内容,在程序中设置断点和插入打印语句,使用自动调试工具,并针对调试策略介绍了六种常用的方法。

当软件系统开发完毕交付用户使用后,便进入了软件维护阶段。软件维护是软件生存周期的最后一个阶段。要想充分发挥软件系统的作用,产生良好的经济效益和社会效益,就必须做好软件的维护。

6.9 习题

1. 单项选择题

(1) "软件危机"是指( )。
    A. 计算机病毒的出现
    B. 利用计算机系统进行经济犯罪活动
    C. 人们过分迷恋计算机系统
    D. 软件开发和软件维护中出现的一系列问题

(2) 软件工程方法的提出起源于软件危机,其主要思想是按( )来组织和规范软件开发过程。
    A. 质量保证   B. 生产危机
    C. 工程化的原则和方法   D. 开发效率

(3) 软件开发的瀑布模型将软件的生存周期分为( )。
    A. 软件开发、软件测试、软件维护 3 个阶段
    B. 软件计划、需求分析、软件设计、软件编码、软件测试、软件维护 6 个阶段
    C. 总体设计、详细设计、编码设计 3 个阶段
    D. 定义、开发、测试、运行 4 个阶段

(4) 系统进入开发时期,第一个要做的工作是( )。
    A. 系统计划   B. 问题定义   C. 需求分析   D. 可行性研究

(5) 需求分析阶段的研究对象是( )。
    A. 用户要求   B. 分析员要求   C. 系统要求   D. 软硬件要求

(6) 在软件工程中,软件测试的目的是( )。
    A. 试验性运行软件   B. 发现软件错误
    C. 证明软件是正确的   D. 找出软件中的全部错误

(7) 在数据流图中,○(圆圈)代表( )。
    A. 源点   B. 终点   C. 加工   D. 模块

(8) 数据流图中,使用双线表示( )。
    A. 源点和终点   B. 数据存储   C. 加工   D. 模块

(9) 软件设计阶段一般分为两步（　　）。
　　A. 逻辑设计与功能设计　　　　B. 总体设计与详细设计
　　C. 概念设计与物理设计　　　　D. 模型设计与程序设计
(10) 软件生存周期可划分为3个时期：计划期、开发期和（　　）。
　　A. 调研期　　　B. 可行性分析期　　C. 运行期　　　D. 测试期
(11) 软件工程的出现主要是由于（　　）。
　　A. 程序设计方法学的影响　　　B. 其他工程科学的影响
　　C. 软件危机的出现　　　　　　D. 计算机的发展
(12) 软件生存周期可划分为计划期、开发期及运行期3个阶段，下列工作（　　）属于计划期阶段。
　　A. 程序设计　　　　　　　　　B. 问题定义及可行性研究
　　C. 软件测试　　　　　　　　　D. 需求分析

2. 填空题

(1) 作为计算机科学技术领域中的新兴学科，软件工程主要是为了解决_____问题。
(2) 软件工程学把软件从开始研制到最终软件被废弃的整个阶段叫作软件的_____。
(3) 软件生存周期可划分为_____、_____、_____3个时期。
(4) 结构化程序设计方法把软件设计分为_____和_____两个阶段。
(5) 软件测试的目标是_____，软件调试的目标是_____。
(6) 一般软件测试的步骤可分为_____、_____、_____和_____。
(7) 软件是计算机程序、方法和规则相关的_____及在计算机上运行它时所必需的数据。
(8) 软件是计算机程序、方法和规则相关的文档及在计算机上运行它时所必需的_____。
(9) 软件是_____、方法和规则相关的文档及在计算机上运行它时所必需的数据。
(10) 软件工程是从技术和_____两方面研究如何更好地开发和维护计算机软件的一门学科。

3. 判断题

(1)（　　）开发软件就是编写程序。
(2)（　　）白盒测试无须考虑模块内部的执行过程和程序结构，只需要了解模块的功能即可。
(3)（　　）软件模块之间的耦合性越弱越好。
(4)（　　）用黑盒法测试时，测试用例是根据程序内部逻辑设计的。
(5)（　　）软件测试的目的是说明软件的正确性。
(6)（　　）软件就是程序。
(7)（　　）设计软件测试用例时，不仅要选择对被测软件的预期功能是合理的输入数据，还应该选择不合理的输入数据。
(8)（　　）软件测试分为模块测试、组装测试和确认测试3个阶段。
(9)（　　）黑盒测试不仅需要考虑程序的功能，还需要知道程序的内部细节、结构和实现方式。

(10)(　　)白盒测试中的测试用例设计只需要考虑覆盖程序内部的逻辑结构,不需要考虑程序的预期功能。

4. 简答题

(1) 什么是软件工程?

(2) 数据字典有哪些条目?它们的作用是什么?

(3) 何谓模块化?何谓模块的独立性?

(4) 何谓软件的黑盒测试和白盒测试?

第 7 章 数据库设计

CHAPTER 7

数据库技术是计算机学科中的一个重要分支,它的应用非常广泛,几乎涉及所有的应用领域,从小型单项事务处理系统到大型信息系统,从一般企业管理到办公信息系统等,越来越多的应用领域都采用数据库存储和处理相关的信息资源。目前,几乎所有管理信息系统中的数据都组织成数据库形式。因此,数据库文件的设计是系统详细设计的重要组成部分。

本章主要内容有数据库相关概念、数据模型、数据库系统结构、数据库语言 SQL、数据库系统设计的基本内容、方法和步骤等。

7.1 数据库基本概念

数据库(Database,DB)是一个按数据结构来存储和管理数据的计算机软件系统。数据库的概念实际上包括两方面意思:一方面,数据库是一个实体,它是能够合理保管数据的"仓库",用户在该"仓库"中存放要管理的事物数据,"数据"和"库"两个概念结合成为"数据库";另一方面,数据库是数据管理的新方法和技术,它能够更合理地组织数据、更方便地维护数据、更严密地控制数据和更有效地利用数据。本节介绍数据库技术、数据模型、数据库系统等基本概念和特点,以及数据库技术的发展过程。

7.1.1 数据库技术与数据库系统

1. 数据库技术的产生和发展

数据库技术是 20 世纪 60 年代末期应数据管理任务的需要而发展起来的数据管理技术。数据管理是指对数据进行分类、组织、编码、存储、检索和维护,它是数据处理的核心问题。数据库技术的出现改变了传统的信息管理模式,扩大了信息管理的规模,提高了信息的利用和多重利用能力,缩短了信息传播的过程,实现了世界信息一体化的管理目标。数据管理技术经历了人工管理、文件系统、数据库系统 3 个阶段。这 3 个阶段的特点及其比较如表 7-1 所示。

表 7-1　数据管理 3 个阶段的比较

	类　型	人工管理阶段	文件系统阶段	数据库系统阶段
背景	应用背景	科学计算	科学计算、数据管理	大规模数据管理
	硬件背景	无直接存取存储设备	磁盘、磁鼓	大容量磁盘、磁盘阵列
	软件背景	没有操作系统	有文件系统	有数据管理系统
特点	处理方式	批处理	联机实时处理、批处理	联机实时处理、分布处理、批处理
	数据的管理者	用户(程序员)	文件系统	数据库管理系统
	数据面向的对象	某一应用程序	某一应用	现实世界(一个部门、企业、跨国组织等)
	数据的共享程度	无共享,冗余度极大	共享性差,冗余度大	共享性高,冗余度小
	数据的独立性	不独立,完全依赖于程序	独立性差	具有高度的物理独立性和一定的逻辑独立性
	数据的结构化	无结构	记录内有结构、整体无结构	整体结构化,用数据模型描述
	数据控制能力	应用程序自己控制	应用程序自己控制	由数据库管理系统提供数据安全性、完整性、并发控制和恢复能力

1) 人工管理阶段

20 世纪 50 年代以前,计算机主要用于科学计算。当时的硬件条件是外存只有纸带、卡片、磁带,没有磁盘等直接存取的存储设备;软件条件是没有操作系统,没有管理数据的软件;数据处理方式则是批处理。

数据管理在人工管理阶段具有如下特点。

(1) 不保存数据

由于当时数据管理的应用刚刚起步,管理数据系统还是仿照科学计算的模式进行设计,加上当时计算机软硬件条件比较差,主要用于科学计算,一般不需要将数据长期保存,只是在需要时将数据输入,用完就撤走。

(2) 没有软件系统对数据进行管理

人工管理阶段,数据需要由应用程序自己设计、说明和管理,没有专门的软件管理数据。因此,程序员不仅要规定数据的逻辑结构,还要设计物理结构,即设计存储结构、存取方法和输入输出方法等。

(3) 数据不共享

人工管理阶段的数据是面向应用程序的,即一组数据只对应一个程序,即使多个应用程序涉及某些相同的数据也必须各自定义,无法相互利用、参照,造成程序与程序之间有大量的冗余数据。

(4) 数据不具有独立性

由于存在程序中存取数据的子程序随着数据存储机制的改变而改变的问题,使数据与程序之间不具有相对独立性。当数据的逻辑结构或物理结构发生变化后,必须对应用程序做出相应的修改,加重了程序员的负担。

2) 文件系统阶段

20 世纪 50 年代后期至 60 年代中期,计算机的应用领域拓宽,不仅用于科学计算,还大量用于数据管理。这一阶段的数据管理水平进入到文件系统阶段,硬件方面已经有了磁盘、磁鼓等直接存取存储设备；软件方面，操作系统中已有了专门的数据管理软件，即所谓的文件系统；处理方式上不仅有文件批处理，而且还能够联机实时处理。

用文件系统管理数据具有如下特点。

(1) 数据以文件的形式长期保存

在文件系统阶段，由于计算机大量用于数据处理，仅采用临时性或一次性地输入数据无法满足使用要求，因此数据必须长期保存在外存上。在文件系统中，通过数据文件来长久保存数据，并通过对数据文件的存取实现对数据进行反复查询、修改、插入和删除等操作。

(2) 由文件系统管理数据

由专门的数据管理软件即文件系统进行数据管理，文件系统把数据组织成相互独立的数据文件，利用"按文件名访问，按记录进行存取"的管理技术，提供数据存取、查询和维护功能。它能够为程序和数据提供存取方法，使应用程序与数据之间有了一定的独立性。这样，程序员在设计程序时可以把精力集中在算法上，不必过多地考虑物理细节。同时，数据在存储上的改变不一定反映在程序上，大大节省了维护程序的工作量。

尽管文件系统阶段比人工管理阶段在数据管理手段和方法上有很大改进，但文件管理方法仍然存在许多缺点，主要有以下几点。

(1) 数据共享性差

文件系统中，文件仍然是面向应用的，一个（或一组）文件基本上对应一个应用程序。当不同的应用程序具有部分相同的数据时，也必须建立各自的文件，不能共享相同的数据，因此数据的冗余度大，浪费存储空间。同时，由于相同数据的重复存储、各自管理，容易造成数据的不一致性，对数据进行修改和维护十分困难。

(2) 数据独立性差

文件系统中的文件是为某一特定应用服务的，数据文件的可重复利用率非常低。因此，要对现有的数据再增加一些新的应用是件很困难的事情。系统要增加应用就必须增加相应的数据。

当数据的逻辑结构改变时，必须修改其对应的应用程序和文件结构的定义。应用程序的改变，例如应用程序改用不同的高级语言编写，也将影响到文件数据结构的改变。因此，数据与程序之间缺乏独立性。可见，文件系统仍然是一个不具有弹性的无结构的数据集合。

3) 数据库系统阶段

数据库系统阶段是从 20 世纪 60 年代开始的，在这个时期里，计算机管理的对象规模更为庞大，应用范围越来越广泛，数据量急剧增长，数据共享的要求也越来越强；出现了大容量磁盘，硬件价格下降；软件价格上升，为编制和维护系统软件及应用程序所需的成本相对增加；处理方式上，联机实时处理要求更多，并开始提出和考虑分布处理。在这种背景下，以文件系统作为数据管理手段已经不能满足应用的需求。为了解决多用户、多应用共享数据的需求，使数据为尽可能多的应用服务，数据库技术应运而生，出现了统一管理数据的专门软件系统——数据库管理系统。

使用数据库系统管理数据比文件系统具有明显的优势，从文件系统到数据库系统，标志着数据管理技术的飞跃。下面将详细地讨论数据库系统的特点及其优点。

与人工管理和文件系统相比，数据库系统主要具有以下特点。

(1) 数据结构化

数据库系统实现整体数据的结构化,这是数据库的主要特征之一,也是数据库系统与文件系统的本质区别。

所谓整体结构化是指数据库中的数据不再针对某一个应用,而是面向全组织;不仅数据内部是结构化的,而且整体是结构化的,数据之间是具有联系的。进行数据库设计时,要站在全局需要的角度抽象和组织数据;要完整地、准确地描述数据自身和数据之间联系的情况;要建立适合整体需要的数据模型。

(2) 数据冗余度小、共享度高

数据库系统是从整体角度上看待和描述数据的,数据不再是面向某个应用,而是面向整个系统,所以数据库中数据可以被多个用户、多个应用共享使用。数据共享可以大大减少数据冗余,节约存储空间。从而避免了数据冗余度大带来的数据冲突问题,也避免了由此产生的数据维护麻烦和数据统计错误问题。

2. 数据库系统的特点

数据库系统通过数据模型和数据控制机制提高数据的共享性。由于数据面向整个系统,是有结构的数据,不仅可以被多个应用共享使用,而且容易增加新的应用,使得数据库系统弹性大、易于扩充,可以适应各种用户的要求。多用户或多程序也可以在同一时刻共同使用同一数据。

1) 数据独立性高

由于数据库中的数据定义功能和数据管理功能是由数据库管理系统(Database Management System,DBMS)提供的,所以数据对应用程序的依赖程度大大降低,数据和程序之间具有较高的独立性。数据和程序相互之间的依赖程度称为数据独立性,这是数据库领域中的一个常用术语和重要概念,包括数据的物理独立性和数据的逻辑独立性。

数据的物理独立性指应用程序对数据存储结构(也称物理结构)的依赖程度。也就是说,数据在磁盘上的数据库中怎样存储是由 DBMS 管理的,用户程序不需要了解,应用程序要处理的只是数据的逻辑结构。这样当数据的物理存储改变时,应用程序不用改变。

数据的逻辑独立性指应用程序与数据库的逻辑结构是相互独立的。也就是说,当数据库系统的逻辑结构改变时,它们对应的应用程序不需要改变仍可以正常运行。

2) 通过 DBMS 进行数据统一管理和控制

数据库的共享是并发的共享,即多个用户可以同时存取数据库中的数据甚至可以同时存取数据库中同一个数据。

为此,DBMS 必须提供以下几方面的数据控制功能。

(1) 数据的安全性控制

数据的安全性控制指保护数据库,以防止不合法地使用造成的数据泄露、破坏和更改。每个用户只能按规定,对某些数据以某些方式进行使用和处理。

(2) 数据的完整性控制

数据的完整性控制指为保证数据的正确性、有效性和相容性,防止不符合语义的数据输入或输出所采用的控制机制。完整性控制将数据控制在有效的范围内,或保证数据之间满足一定的关系。

(3) 并发控制

当多个用户的并发进程同时存取、修改数据库时,可能会发生相互干扰而得到错误的结果或使数据库的完整性遭到破坏,因此必须对多用户的并发操作加以控制和协调。

(4) 数据库恢复

数据库恢复指通过记录数据库运行的日志文件和定期做数据备份工作,保证数据在受到破坏时,能够及时使数据库恢复到正确状态。

7.1.2 数据模型

数据模型是对现实世界数据特征的抽象,也就是说,数据模型是用来描述数据、组织数据和对数据进行操作的。由于计算机不可能直接处理现实世界中的具体事物,所以人们必须事先把具体事物转换成计算机能够处理的数据。

数据模型是数据库系统的核心和基础。

下面首先介绍数据模型的组成要素,然后分别介绍两类不同的数据模型——概念模型和逻辑模型。

1. 数据模型的要素

数据模型是一组严格定义的概念集合。这些概念精确地描述了系统的静态特性、动态特性和完整性约束条件。数据模型通常由数据结构、数据操作和完整性约束三部分组成。

1) 数据结构

数据结构描述数据库的组成对象及对象之间的联系。数据结构描述以下两类内容:一类是与数据类型、内容、性质相关的,例如网状模型中的数据项和记录,关系模型中的属性和关系等;另一类是与数据之间联系有关的对象,例如网状模型中的系型(Set Type)。

数据结构是对系统静态特性的描述,是刻画一个数据模型性质最重要的方面。

2) 数据操作

数据操作指对数据库中各种对象的实例允许执行的操作的集合,包括操作及相应的操作规则,是对数据库动态特性的描述。

数据库主要有查询和更新(包括插入、删除和修改)两大类操作。数据模型必须定义这些操作的确切定义、操作符号、操作规则(如优先级)及实现操作的语言。

3) 数据的完整性约束条件

数据的完整性约束条件是一组完整性规则的集合。完整性规则是给定的数据模型中数据及其联系所具有的制约和依存规则,用以限定符合数据模型的数据库状态及状态的变化,以保证数据的正确、有效和相容。

数据模型一方面应该反映和规定数据模型必须遵守的基本的、通用的完整性约束条件;另一方面还应该提供完整性约束条件的机制,以反映具体应用所涉及的数据必须遵守的特定的语义约束条件。例如,某学校的学生管理系统中规定,学生成绩如果有6门以上不及格将不能授予学士学位。

2. 数据模型分类

根据模型应用的不同目的,可以将这些模型划分成两类,它们分别属于两个不同的层次。

第 1 类是概念模型(Conceptual Model)，也称为信息模型，它是按用户的观点来对数据和信息建模，主要用于数据库设计。

第 2 类是逻辑模型和物理模型。其中，逻辑模型属于计算机世界中的模型。逻辑模型主要包括层次模型、网状模型、关系模型、面向对象模型和对象关系模型等。

为了把现实世界中的具体事物抽象、组织为计算机支持的数据模型，人们首先将现实世界抽象为信息世界，然后将信息世界转换为机器世界。这一过程如图 7-1 所示。概念模型用于世界模型的建模，其中，E-R 模型是这类模型的典型代表，E-R 方法简单、清晰，应用十分广泛。

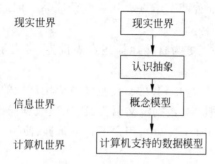

图 7-1 现实世界到计算机世界的抽象过程

3．常用的数据模型

目前，数据库领域中常用的数据模型主要有层次模型、网状模型和关系模型 3 种。其中，层次模型和网状模型是早期的数据模型，统称为格式化模型。

格式化模型的数据库系统在 20 世纪 70 年代至 80 年代初非常流行，在数据库系统产品中占据了主导地位，现在已逐渐被关系模型的数据库系统取代。但在美国、欧洲等一些国家，由于早期开发的应用系统都是基于层次数据库或网状数据库系统，因此目前仍有不少层次数据库或网状数据库系统在继续使用。

20 世纪 80 年代以来，出现了一种新的数据模型——面向对象的数据模型。虽然面向对象的数据模型能完整地描述现实世界的数据结构，具有丰富的表达能力，但模型相对比较复杂，涉及的知识较多。因此，面向对象数据库尚未达到关系数据库的普及程度。

1）层次模型

层次模型用树形结构表示各类实体及实体间的联系。现实世界中实体间的联系呈现出一种自然的层次关系，例如行政机构、家族关系等。

层次模型在数据库定义中应满足以下两个条件：有且只有一个结点没有双亲结点，这个结点称为根结点；根以外的其他结点有且只有一个双亲结点。

层次模型中父子之间的联系是一对多的联系，使得层次数据库系统只能处理一对多的实体联系。

层次模型的优点主要有：数据结构比较清晰；层次数据库的查询效率高；层次数据模型提供了良好的完整性支持。

层次模型的缺点主要有：不能直接表示两个以上的实体型间的复杂联系和实体型间的多对多联系，只能通过引入冗余数据或创建虚拟结点的方法来解决，易产生不一致性；对数据插入和删除的操作限制太多；查询子女结点必须通过双亲结点。

2) 网状模型

网状模型是一种比层次模型更具有普遍性的结构，它克服了层次结构不能直接表示非层次关系的弊病。网状数据模型的典型代表是 DBTG 系统，也称 CODASYL 系统。由 20 世纪 70 年代数据系统语言研究会（CODASYL）下属的数据库任务组（DBTG）提出的一个系统方案。

网状模型在数据库定义中，应满足以下两个条件：允许一个以上的结点无双亲；一个结点可以有多于一个的双亲。

网状模型去掉了层次模型的两个限制，允许多个结点没有双亲结点，允许结点有多个双亲结点。此外，网状模型还允许两个结点之间有多种联系。因此，从一定意义上说，层次模型实际上是网状模型的一个特例。

网状模型的优点主要是能更为直接地描述客观世界，可表示实体间的多种联系；具有良好的性能和存储效率。

网状模型的缺点主要有结构比较复杂，而且随着应用环境的扩大，数据库的结构就变得越来越复杂，不利于用户掌握；其数据定义语言（DDL）、数据操纵语言（DML）复杂，并且要嵌入某一种高级语言（如 COBOL、C）中，用户不容易掌握、使用。

3) 关系模型

目前，关系模型是最重要的一种数据模型。关系数据库系统采用关系模型作为数据的组织方式。

关系模型是发展较晚的一种模型。1970 年，美国 IBM 公司的研究员 E.F.Codd 首次提出了数据库系统的关系模型。20 世纪 80 年代以来，计算机厂商新推出的数据库管理系统几乎都支持关系模型，非关系系统的产品也加上了关系接口。数据库领域当前的研究工作也都是以关系方法为基础。因此，这里重点介绍关系模型。

关系模型的数据结构是一张规范化的二维表，它由表名、表头和表体 3 部分构成。表名即二维表的名称；表头决定了二维表的结构；表体即二维表中的数据。每个二维表又可称为关系。

表 7-2～7-4 是关系模型数据结构的示例。

表 7-2 学生登记表（Student）

学号（Sno）	姓名（Sname）	性别（Ssex）	年龄（Sage）	系名（Sdept）
2015004	王小明	男	19	CS
2015008	李斯	男	18	IS
2015009	吴莉	女	18	CS
2015018	王婷	女	17	MA

表 7-3 学生选课表（Course）

课程号（Cno）	课程名（Cname）	先行课（Cpno）	学分（Ccredit）
1	数据库	5	4
2	C 语言	3	3
3	操作系统	6	2
4	数据结构	4	5

表 7-4　学生成绩表(SC)

学号(Sno)	课程号(Cno)	成绩(Grade)
2015004	1	89
2015036	2	85
2015046	1	90
2015098	3	78

现以表 7-2 学生登记表(Student)为例,介绍关系模型中的一些术语,如表 7-5 所示。

表 7-5　关系模型中的术语

关 系 术 语	一般表格的术语
关系名	表名(即学生登记表)
关系模式	表头(即表中列数及每列的列名、类型等)
关系	(一张)二维表
元组	记录或行
属性	列(如表 7-2 中对应 5 个属性)
属性名	列名(表的属性名:学号、姓名、性别、年龄、系名)
属性值	列值
分量	一条记录中的一个列值
非规范关系	表中有表(大表中嵌小表)

关系数据模型的操作主要包括查询、插入、删除和更新数据。这些操作必须满足关系的完整性约束条件。

关系的完整性约束条件包括 3 大类:实体完整性、参照完整性和用户定义完整性。

关系模型的优点主要有:关系模型与非关系模型不同,它建立在严格的数学概念的基础上;关系模型的概念单一,其数据结构简单、清晰,用户易懂易用;关系模型的存取路径对用户透明,从而具有更高的数据独立性、更好的安全保密性,也简化了程序员的工作和数据库开发建立的工作。

关系模型的缺点主要是查询效率不如非关系模型。因此,为了提高性能,必须对用户的查询进行优化,增加了开发数据库管理系统的负担。

7.1.3　数据库系统的结构

考察数据库系统的结构可以从不同的层次或角度看。从数据库管理系统角度看,数据库系统通常采用三级模式结构,这是数据库系统的内部结构。从用户角度看,数据库系统的结构分为单用户结构、主从式结构、分布式结构、客户/服务器、浏览器/应用服务器/数据库服务器多层结构等,这是数据库系统的外部结构。

本节主要介绍数据库系统的内部结构。

1. 数据库系统的三级模式结构

数据库系统的三级模式结构指数据库系统由外模式、模式和内模式三级构成,如图 7-2 所示。

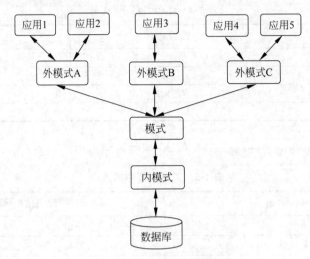

图 7-2　数据库系统的三级模式结构

1）模式及概念数据库

模式也称逻辑模式，是对数据库中数据的整体逻辑结构和特征的描述。它是数据库系统模式结构的中间层，既不涉及数据的物理存储细节和硬件环境，也与具体的应用程序、所使用的应用开发工具及高级程序设计语言无关。

模式是系统为了减小数据冗余、实现数据共享的目标并对所有用户的数据进行综合抽象而得到的统一的全局数据视图。一个数据库只有一个模式，由数据库管理系统（DBMS）提供模式描述语言（模式 DDL）来严格定义。

2）外模式

外模式也称子模式，是对各个用户或程序所涉及的数据的逻辑结构和数据特征的描述。子模式完全按用户自己对数据的需要、站在局部的角度进行设计。由于子模式是面向用户或程序设计的，所以称为用户数据视图。

由于一个数据库系统有多个用户，所以可能有多个数据子模式。子模式是由数据库管理系统（DBMS）提供子模式描述语言（子模式 DDL）来严格定义。

3）内模式

内模式也称存储模式，一个数据库只有一个内模式。它是数据物理结构和存储方式的描述，是数据在数据库内部的表示方式。

内模式是由数据库管理系统（DBMS）提供内模式描述语言（内模式 DDL，或者存储模式 DDL）来严格定义。

2. 数据库系统的二级映像技术

数据库系统的二级映像技术指外模式和模式之间、模式与内模式之间的映像技术。二级映像技术不仅在三级数据模式之间建立了联系，同时也保证了数据的独立性。

1）外模式/模式映像

外模式/模式映像定义了外模式和模式之间的对应关系，该定义通常保存在外模式中。

当模式改变时（例如增加新的关系、新的属性等），由数据库管理员对各个外模式/模式的映像作相应改变，可以使外模式保持不变。应用程序依据数据的外模式编写，从而应用程序不必修改,保证了数据与程序的逻辑独立性,简称数据的逻辑独立性。

2) 模式/内模式映像

模式/内模式映像定义了数据全局逻辑结构与存储结构之间的对应关系。该映像定义通常包含在模式描述中。

当数据库的存储结构改变了(例如选用了另一种存储结构),由数据库管理员对模式/内模式映像作相应改变,可以使模式保持不变,从而应用程序也不必改变。保证了数据与程序的物理独立性,简称数据的物理独立性。

7.2 关系数据库语言 SQL

目前,关系数据库是应用最广泛的数据库,由于它以数学方法为基础管理数据库,所以与其他数据库相比具有突出的优点。

关系数据库的标准语言是 SQL(Structured Query Language),即结构化查询语言,是一个通用的、功能极强的关系数据库语言。当前,几乎所有的关系数据库管理软件都支持 SQL,许多软件厂商对 SQL 命令集进行了不同程度的修改和扩充。

本节简略介绍 SQL 的基本概念,重点介绍 SQL 的数据定义、查询、更新功能。

7.2.1 SQL 概述

SQL 是用户操作关系数据库的通用语言。关系数据库系统通过 SQL 对数据库进行操作,它实际上包括数据定义、数据查询、数据更新等与数据库有关的全部功能。

1. SQL 的发展

由于 SQL 简单易学、功能丰富,深受用户及计算机工业界欢迎,因此被数据库厂商广泛采用。经过不断修改、扩充和完善,SQL 得到业界的认可。1986 年 10 月,美国国家标准局(ANSI)的数据库委员会 X3H2 批准了 SQL 作为关系数据库语言的美国标准。同年公布了 SQL 标准文本,1987 年国际标准化组织(ISO)也通过了这一标准。

从 1986 年公布 SQL 标准以来随着数据库技术的发展不断发展、丰富,SQL 标准的进展过程如表 7-6 所示。

表 7-6 SQL 标准的进展过程

标　　准	大 致 页 数	发 布 日 期
SQL/86	—	1986 年 10 月
SQL/89(FIPS 127-1)	120 页	1989 年
SQL/92	622 页	1992 年
SQL99	1700 页	1999 年
SQL2003	3600 页	2003 年

2. SQL 的特点

SQL 集数据查询、数据操纵、数据定义和数据控制功能于一身,充分体现了关系数据语言的特点和优势。其主要特点包括:

1) 综合统一

SQL 集数据定义语言 DDL、数据操纵语言 DML、数据控制语言 DCL 的功能于一体。语言风格统一，可以完成数据库活动中的全部工作，包括创建数据库、定义模式、更改和查询数据及进行安全控制和维护数据库等操作；并且这些操作都统一在一个语言中，为数据库应用系统的开发提供了良好的环境。

2) 高度非过程化

非关系数据模型的数据操纵语言是面向过程的语言，用过程化语言完成某项请求，必须指定存取路径。而用 SQL 进行数据操作，用户只需提出"做什么"，而不必指明"怎么做"，整个操作过程由系统自动完成，不仅大大减轻了用户负担，而且有利于提高数据独立性。

3) 面向集合的操作方式

非关系数据模型采用的是面向记录的操作方式，操作对象是一条记录，用户必须说明完成该请求的具体处理过程。例如，查询所有计算机成绩在 80 分以上的学生学号，用户必须逐条把满足条件的学生记录找出来。SQL 采用集合操作方式，操作对象及操作结果都是元素的集合。

4) 以一种语法结构提供多种使用方式

SQL 既是独立的语言，又是嵌入式语言。

作为独立的语言，用户可以在终端键盘上直接输入 SQL 语句对数据库进行操作，并通过界面返回对数据库的操作结果。这种使用方式的特点是语句独立执行、非过程性、与上下文环境无关。

作为嵌入式语言，SQL 语句能够嵌入到高级语言（例如 C、C++、Java）程序中，供程序员设计程序时使用。通常将嵌入 SQL 的程序设计语言称为宿主语言。嵌入式使用方式的特点是 SQL 语句的应用与宿主语言程序的上下文环境融为一体。编译时，首先宿主语言编译系统对应用程序进行预处理，然后将嵌入式 SQL 语句传递给数据库管理系统（DBMS）进行统一处理，并提供给宿主语言程序调用。

5) 语言简洁，易学易用

SQL 功能极强大，由于设计巧妙，语言十分简洁，只用 9 个动词就能完成核心功能，如表 7-7 所示。

表 7-7　SQL 的动词

SQL 功能	动词
数据查询	CREATE
数据定义	CREATE, DROP, ALTER
数据操纵	INSERT, UPDATE, DELETE
数据控制	GRANT, REVOKE

3. SQL 对关系数据库模式的支持

SQL 支持关系数据库三级模式结构，如图 7-3 所示。其中，外模式对应于视图（View）和部分基本表（Base Table），模式对应于基本表，内模式对应于存储文件（Stored File）。

基本表是本身独立存在的表，SQL 中一个关系就对应一个基本表。一个或多个基本表

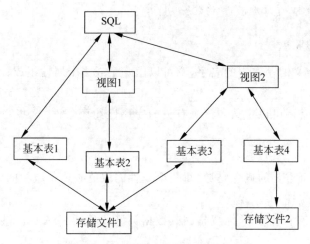

图 7-3 SQL 对关系数据库模式的支持

对应一个存储文件,一个表可以带若干索引,索引也存放在存储文件中。

存储文件的逻辑结构组成了关系数据库的内模式。存储文件的物理文件结构是任意的,数据库的所有信息都保存在存储文件中。

视图是从基本表或其他视图中导出的表,它本身不独立存储在数据库中。当基本表中的数据发生变化时,从视图中查询出来的数据也随之改变。

索引是根据索引表达式的值进行逻辑排序的一组指针,它可以实现对数据的快速访问。索引的实现技术一般对用户是不可见的。

7.2.2 数据定义功能

关系数据库由模式、外模式和内模式组成,即关系数据库的基本对象是表、视图和索引。因此 SQL 的数据定义功能包括模式定义、表定义、视图和索引的定义,如表 7-8 所示。

表 7-8 SQL 的数据定义语句

操作对象	创 建	删 除	修 改
模式	CREATE SCHEMA	DROP SCHEMA	
表	CREATE TABLE	DROP TABLE	ALTER TABLE
视图	CREATE VIEW	DROP VIEW	
索引	CREATE INDEX	DROP INDEX	

由于视图是基于基本表的虚表,索引依附于基本表,因此 SQL 不提供修改视图定义和索引定义的操作。如果用户想修改视图定义或索引定义,只能将它们先删除,再重建。

本小节主要介绍基本表结构的定义、修改及删除。

1. 基本表结构的定义

表是数据库中非常重要的对象,用于存储用户的数据,所以建立数据库最重要的一步就是定义一些基本表。

SQL 使用 CREATE TABLE 语句定义基本表,其基本格式如下:

CREATE TABLE <表名>(<列名> <数据类型> [列级完整性约束条件]

```
[,<列名> <数据类型> [列级完整性约束条件]]
 …
[,<表级完整性约束条件>]);
```

其中,表名是所要定义的基本表的名字,它可以由一个或多个属性组成;方括号中的内容是可选的。

建表的同时通常还可以定义与该表有关的完整性约束条件,这些完整性约束条件存入系统的数据字典中。

2. 数据类型

关系模型中一个重要的概念是域,每一个属性的取值必须是域中的值。在 SQL 中域的概念用数据类型来实现。

定义基本表的各个属性时,需要指明其数据类型及长度。SQL 提供了一些主要的数据类型,如表 7-9 所示。

表 7-9 SQL 提供的主要数据类型

数 据 类 型	含 义
CHAR(n)	长度为 n 的定长字符串
VARCHAR(n)	最大长度为 n 的变长字符串
INT	长整数(也可以写作 INTERGER)
SMALLINT	短整数
NUMERIC(p,d)	定点数,由 p 位数字(不包括符号、小数点)组成,小数后面有 d 位数字
REAL	取决于机器精度的浮点数
Double Precision	取决于机器精度的双精度浮点数
FLOAT(n)	浮点数,精度至少为 n 位数字
DATE	日期,包括年、月、日,格式为 YYYY-MM-DD
TIME	时间,包含一日的时、分、秒,格式为 HH:MM:SS

一个属性选用哪种数据类型要根据实际情况来决定,一般要从两个方面考虑,一是取值范围,二是要做哪些运算。

3. 基本表的修改

随着应用环境和应用需求的变化,有时需要修改已建立好的基本表,包括增加新列、增加新的完整性约束条件、修改原有的列定义或删除原有的完整性约束条件等。

SQL 语言 ALTER TABLE 语句修改基本表,其一般格式如下:

```
ALTER TABLE <表名>
[ADD <新列名> <数据类型> [完整性约束]]
[DROP <完整性约束名>]
[ALTER COLUMN <列名> <数据类型>];
```

【例 7-1】 向学生登记表(Student)中加入"学号"列,其数据类型为长整数。

```
ALTER TABLE Student ADD S_number  INT;
```

4. 基本表的删除

当某个基本表不再需要时,可以使用 DROP TABLE 语句删除,一般格式如下:

```
DROP TABLE <表名> [RESTRICT | CASCADE];
```

若选择 RESTRICT,表明该表的删除有限制条件。欲删除的基本表不能被其他表的约束所引用,不能有视图,不能有触发器,不能有存储过程或函数等。如果存在这些依赖该表的对象,则此表不能删除。

若选择 CASCADE,表明该表的删除没有限制条件。

默认的情况是 RESTRICT。

7.2.3 数据查询功能

数据库查询是数据库的核心操作,所以查询功能是 SQL 的核心功能。

1. SELECT 语句的一般格式

SQL 提供了 SELECT 语句进行数据库的查询,语句的一般格式如下:

```
SELECT [ALL | DISTINCT] <目标列表达式> [,<目标列表达式>]…
FROM < (表名或视图名) > [,<(表名或视图名)>]…
[WHERE <条件表达式>]
[GROUP BY <列名 1> [HAVING <条件表达式>]]
[ORDER BY <列名 2> [ASC|DESC]];
```

整个 SELECT 语句的含义是根据 WHERE 子句的条件表达式,从基本表或视图中找出满足条件的元组,然后按照 SELECT 子句中的目标列表达式,选出元组中的属性值形成结果表。

[]中的内容可有可无,如果有 GROUP BY 子句,则结果表要按照<列名 1>的值进行分组,该属性列值相等的元素为一组。如果 GROUP BY 子句后有 HAVING 短语,只有满足<条件表达式>的结果才能输出。

如果有 ORDER BY 子句,则结果表还要按照<列名 2>的值升序或降序排列。

SELECT 语句既可以完成简单的单表查询,也可以完成复杂的连接查询和嵌套查询。下面以学生管理数据库为例介绍 SELECT 语句的一些用法,重点介绍单表查询的用法。

2. 单表查询

单表查询指仅涉及一个表的查询,下面以表 7-2 学生登记表(Student)为例,从选择列、选择行、对数据查询结果排序、使用聚合函数、对查询结果分组、使用 GROUP BY、ORDER BY 子句进行筛选等方面,介绍对单表的查询操作。

1) 选择表中的列

选择表中的全部列或部分列,对应关系运算中表的投影运算。

在很多情况下,用户只对表中的一部分属性感兴趣,这就需要 SELECT 语句来筛选出指定的属性列。

【例 7-2】 查询全体学生的学号和姓名。

```
SELECT Sno,Sname
FROM Student;
```

语句的含义是从 Student 表中取出在属性 Sno、Sname 上的值,形成一个新的元组作为输出。其中,<目标列表达式>中各列的先后顺序可以与表中的顺序不一致,也可以写成

```
SELECT Sname,Sno
FROM Student;
```

将表中的所有属性列都列举出来，有两种方法。一种方法就是在 SELECT 后面列举出所有的属性名，另一种方法是用 * 来表示。

【例 7-3】 查询全体学生的详细记录。

```
SELECT Sno,Sname,Sage,Ssex,Sdept
FROM Student;
```

等价于

```
SELECT *
FROM Student;
```

查询经过计算的列，可以通过改变 SELECT 子句的<目标列表达式>来实现。<目标列表达式>不仅可以是表中的属性名，还可以是表达式、字符串常量、函数等。

【例 7-4】 查询全体学生的姓名及其出生年份。

```
SELECT Sname,2015 - Sage
FROM Student;
```

2) 选择表中的若干元素

数据库表中本来不存在取值完全相同的元素，但对列进行了选择之后，就有可能在查询结果中出现取值完全相同的行。如果想删除查询结果中取值相同的行，可以用 DISTINCT 取消它们。

【例 7-5】 查询选修了课程的学生学号。

```
SELECT Sno
FROM SC;
```

执行了上面的语句后，查询结果中包含了一些重复的行，如果想去掉结果表中的重复行，必须指定 DISTINCT 关键词，如果缺省关键词，默认为 ALL，会保留结果表中取值重复的行。

```
SELECT DISTINCT Sno
FROM SC;
```

执行上面的语句后会删除重复的行。

查询满足指定条件的元组可以通过 WHERE 子句实现。

【例 7-6】 查询计算机科学系全体学生的名单。

```
SELECT Sname
FROM Student
WHERE Sdept = 'CS';
```

用于进行比较的运算符一般包括 =,>,<,>=,<=,!=或<>,!>,!<。

【例 7-7】 查询考试成绩有不及格的学生的学号。

```
SELECT DISTINCT Sno
FROM SC
```

```
WHERE Grade < 60;
```

【例 7-8】 查询年龄在 18~20 岁(包括 18 岁和 20 岁)之间的学生姓名、系别和年龄。

```
SELECT Sname,Sdept,Sage
FROM Student
WHERE Sage BETWEEN 18 AND 20;
```

确定范围的一般有 BETWEEN AND,NOT BETWEEN AND。

【例 7-9】 查询计算机科学系(CS)、数学系(MA)和信息系(IS)学生的姓名和学号。

```
SELECT Sname,Sno
FROM Student
WHERE Sdept IN ('CS','MA','IS');
```

确定集合范围的有 IN,NOT IN。

【例 7-10】 查询学号为 2015089 的学生的详细情况。

```
SELECT *
FROM Student
WHERE Sno LIKE '2015089';
```

等价于

```
SELECT *
FROM Student
WHERE Sno = '2015089';
```

匹配字符有 LIKE,NOT LIKE。如果 LIKE 后面不含百分号(%)和下画线(_),可以用"="代替 LIKE,用"!="或"<>"代替 NOT LIKE。

【例 7-11】 查询所有姓王的学生的姓名、学号和性别。

```
SELECT Sname,Sno,Ssex
FROM Student
WHERE Sname LIKE '王%';
```

【例 7-12】 查询缺少成绩的学生的学号和课程号。

```
SELECT Sno,Cno
FROM SC
WHERE Grade IS NULL;
```

涉及空值的查询词有 IS NULL,IS NOT NULL。

【例 7-13】 查询信息系年龄在 18 岁以下的学生姓名。

```
SELECT Sname
FROM Student
WHERE Sdept = 'IS'AND Sage < 18;
```

多重条件查询词有 AND,OR,NOT。

3) 对查询结果排序

有时要求查询的结果能按照一定的顺序显示,SQL 语句中的排序子句如下:

ORDER BY <列名>[ASC|DESC][,<列名>…]

【例 7-14】 将计算机系的学生按学号升序排列。

```
SELECT Sno
FROM Student
WHERE Sdept = 'CS'
ORDER BY Sno ASC;
```

等价于

```
SELECT Sno
FROM Student
WHERE Sdept = 'CS'
ORDER BY Sno;
```

其中,升序是默认设置,降序排序必须写明 DESC。

4) 集合函数

集合函数也称计算函数或聚合函数、聚集函数,其作用是对一组值进行计算并返回一个单值,SQL 提供的计算函数有

```
COUNT([DISTINCT|ALL] * ):统计表中元组个数
COUNT([DISTINCT|ALL] <列名>):统计本列的列值个数
SUM([DISTINCT|ALL] <列名>):计算本列的列值总和
AVG([DISTINCT|ALL] <列名>):计算本列的平均值
MAX([DISTINCT|ALL] <列名>):求列值的最大值
MIN([DISTINCT|ALL] <列名>):求列值的最小值
```

其中,ALL 是默认设置,如果想删除可能存在的重复值,必须加上 DISTINCT。

【例 7-15】 查询选修了课程的学生人数。

```
SELECT COUNT(DISTINCT Sno)
FROM SC;
```

一般情况下,一个学生要选修多门课程,为了避免重复计算学生人数,必须在 COUNT 函数中用 DISTINCT 短语。

5) 对查询结果分组

有时查询结果要求先将数据分组,然后再对每组进行计算。SQL 中提供了 GROUP BY 子句或 COMPUTE BY 子句来完成。

GROUP BY 语句的一般形式如下:

```
[GROUP BY <分组条件>]
[HAVING <组过滤条件>]
```

【例 7-16】 统计每门课程的选课人数,列出课程号和人数。

```
SELECT Cno ,COUNT (Sno)
FROM SC
GROUP BY Cno;
```

HAVING 子句用于对分组自身进行限制,有点像 WHERE 子句,它适用于组而不是对

单个记录。

COMPUTE BY 语句的一般形式如下：

```
COMPUTE 聚合函数(列名)[,…n]
[BY 列名[,…n]]
```

【例 7-17】 对学号 2015067,2015089 的成绩明细进行汇总。

```
SELECT Sno,Cno,Grade
FROM SC
WHERE Sno IN('2015067','2015089')
ORDER BY Sno
COMPUTE Sum(Grade);
```

GROUP BY 生成单个结果集，每组都有一个只包含分组依据列和显示改组子聚合的聚合函数的行。而 COMPUTE BY 生成多个结果集，一类结果集包含组的明细行，另一类结果集包含组的子聚合。

7.2.4 数据更新功能

数据更新操作有 3 种，向表中添加若干行数据、修改表中的数据和删除表中的若干行数据。在 SQL 中有相应的 3 类语句。

1．数据的插入

SQL 的数据插入语句 INSERT 通常有两种形式。一种是插入单个元组，另一种是插入多个元组，可以通过插入子句查询结果来实现。

1）插入单个元组

插入单个元组的 INSERT 语句格式如下：

```
INSERT INTO <表名> [(<属性列 1>[,<属性列 2>…)]
VALUES(<常量 1>[,<常量 2>]…);
```

实现的功能是将新元组插入到 INTO 指定的表中，其中常量 1 的值插入到属性列 1 对应的位置，常量 2 的值插入到属性列 2 对应的位置，以此类推，它们的数据类型必须一致。如果<表名>后面没有指明属性列名，则新插入的常量的顺序必须与表中列的定义顺序一致，且每一个列均有值(可以为空)。

【例 7-18】 将一个新生记录元组(学号：2015039，姓名：陈冬，性别：男，所在系：IS，年龄：19)插入到 Student 表中。

```
INSERT INTO Student(Sno,Sname,Ssex,Ssept,Sage)
VALUES('2015039','陈冬','男','IS',19);
```

以上 INTO 子句中指明了新增加的元素插入到哪些属性上，属性的顺序可以与原始表中的顺序不一样。VALUES 子句对各属性赋值，字符常量要用英文单引号括起来。

【例 7-19】 将学生李向东的信息插入到 Student 表中。

```
INSERT INTO Student
VALUES('2015078','李向东','男','CS',18);
```

以上 INTO 子句中只指出了表名,并没有给出各属性名,这表明新元组在原始表的各属性上都要插入值,而且顺序必须和原始表的属性顺序一致。

【例 7-20】 在 SC 中插入一条选课记录,成绩暂缺。

```
INSERT INTO SC
VALUES('2015079','1',NULL);
```

因为没有指出 SC 的属性名,在 Grade 列上要明确给出空值。

2) 插入子查询结果

插入子查询结果的一般格式:

```
INSERT INTO <表名> [(<属性列1>[,<属性列2>…)]
子查询;
```

若表中有些字段在插入语句中没有出现,则这些字段上取空值 NULL,在表定义中说明了 NOT NULL 的字段在插入时不能取 NULL,若插入语句中没有指出字段名,则新记录必须在每个字段上均有值。

【例 7-21】 多记录插入。对每一个系,求学生的平均年龄,并把结果存入数据库。

首先建立一个新表,一列存放系名,一列存放学生平均年龄。然后对 Student 表按系分组求平均年龄,再把系名和平均年龄存入新表中。

```
CRETE TABLE Deptage
(Sdept CHAR(15),
Avgage SMALLINT);
INSERT INTO Deptage(Sdept,Avgage)
SELECT Sdept,AVG(Sage)
FROM Student
GROUP BY Sdept;
```

2. 数据的修改

数据的修改又称为数据的更新,可用 UPDATE 语句实现,语句的一般格式如下:

```
UPDATE <表名>
SET <列名>=<列名>[,<列名>=<表达式>]…
[WHERE <更新条件>];
```

WHERE 子句限定表中修改的元组的范围,如果省略 WHERE 子句,则表示要修改表中的所有元组。

【例 7-22】 将学号为 2015008 的学生的年龄改为 20 岁。

```
UPDATE Student
SET Sage = 20
WHERE Sno = '2015008';
```

【例 7-23】 将所有学生的年龄加 1。

```
UPDATE Student
SET Sage = Sage + 1;
```

【例7-24】 将计算机系全体学生的成绩加5分。

```
UPDATE SC
SET Grade = Grade + 5
WHERE 'SC' = (SELECT Sdept
              FROM Student
              WHERE Student.Sno = SC.Sno);
```

子查询也可以嵌套在UPDATE语句中,用以构造修改的条件。

3. 数据的删除

当某些数据不再需要时,可以使用DELETE语句将这些记录删除,删除语句的一般格式如下:

```
DELETE FROM <表名>
[WHERE <删除条件>];
```

语句的功能是从指定表中删除满足WHERE子句条件的所有元组,如果省略WHERE子句,表示删除表中的全部元组。

【例7-25】 把学号为2015039的记录删除。

```
DELETE FROM Student
WHERE Sno = '2015039';
```

【例7-26】 删除所有学生的选课记录。

```
DELETE FROM SC;
```

执行此条语句后,SC就成为一个空表。

【例7-27】 删除计算机科学系不及格学生的选课记录。

```
DELETE FROM SC
WHERE 'CS' = (SELECT Sdept
              FROM Student
              WHERE Student.Sno = SC.Sno AND Grade < 60);
```

对基本表中数据的插入、删除、修改操作有可能会破坏参照完整性,支持关系模型的系统会自动地检查,对破坏完整性的插入、删除和修改操作将拒绝执行。

7.3 数据库设计

本节主要介绍数据库设计的方法和技术。在数据库领域内,数据库应用系统是使用数据库的各类信息系统的统称。广义上,数据库设计就是数据库及其应用系统的设计,即设计整个数据库应用系统。一般的数据库设计是设计数据库的各级模式并建立数据库,即是数据库应用系统的一部分。

7.3.1 数据库设计概述

本节介绍数据库设计的内容、主要方法和基本步骤。
在特定的应用环境下,设计优化的数据库逻辑模式和物理结构,并据此建立数据库及其应用系统,使之能够有效地存储和管理数据,满足各种用户的应用需求,包括信息管理要求和数据操作要求,这就是数据库设计的一般定义。

1. 数据库设计内容

数据库设计的主要内容有数据库的结构特性设计、行为特性设计和物理模式设计。

数据库的结构特性设计指数据库的逻辑结构特征。它是静态的,一般不会发生改变,所以也可以称为数据库的静态结构设计。设计过程是先将现实世界中的事物、事物间的联系用 E-R 图表示,再将各个局部 E-R 图汇总,得出数据库的概念结构模型,最后将概念结构模型转化为数据库的逻辑结构模型表示。

数据库的行为特性设计指设计数据库应用系统的系统层次结构、功能结构和系统数据流程图,并确定数据库用户的行为和动作,确定数据库的子模式。它是动态的,因为更新数据库内容和用户行为特性都是动态的,所以也称为数据库的动态特性设计。设计过程是将现实世界中的数据及应用情况用数据流程图和数据字典表示,并详细表述其中的数据操作要求;确定系统层次结构;确定系统的功能模块结构;确定数据库的子模式;确定系统数据流程图。

早期的数据库设计并不完善,只注重研究数据模型、数据库建模方法和结构特性的设计,忽视了行为特性设计对结构设计的影响。数据库系统设计中,只有将结构特性设计和行为特性设计结合起来才能达到设计目标。设计数据库系统需要具有战略眼光,要考虑到每个时间段的用户需求。设计系统应当能完全满足用户当前和近期对系统的数据需求,并对远期的数据需求有相应的处理方案,这样才能使数据库系统具有较长的生命周期。

2. 数据库设计方法

相当长的一段时间中,数据库的设计是设计人员凭借经验和水平,采用手工试凑法进行的。这种方法完全依赖设计人员的个人能力,缺乏科学理论和工程方法的支持。这种数据库往往在使用之后才发现各种问题,严重情况下可能需要重新设计,很大程度上增加了系统维护的代价。

由此,人们努力探索,提出了各种各样的数据库设计方法,并提出了多种数据库设计系统的准则和流程。

新奥尔良(New Orleans)方法是比较著名的规范设计法。它将数据库设计分为 4 个阶段:需求分析(分析用户需求)、概念设计(信息分析和定义)、逻辑设计(设计实现)和物理设计(物理数据库设计)。规范设计法从本质上看仍然是手工设计方法,其基本思想是过程迭代和逐步求精。

基于 E-R 模型(实体-联系模型)的数据库设计方法。E-R 模型主要支持概念设计,即将客观存在的事物抽象为各实体间的联系,并转换成信息世界中的信息模型。

3NF(第三范式)的设计方法。该方法用关系数据理论为指导来设计数据库的逻辑模型,是设计关系数据库时在逻辑阶段可以采用的一种有效方法。

3. 数据库设计基本步骤

图 7-4 列出了按照规范设计方法进行数据库设计的步骤和各个阶段应完成的基本任务,将数据库设计分为以下 6 个阶段。

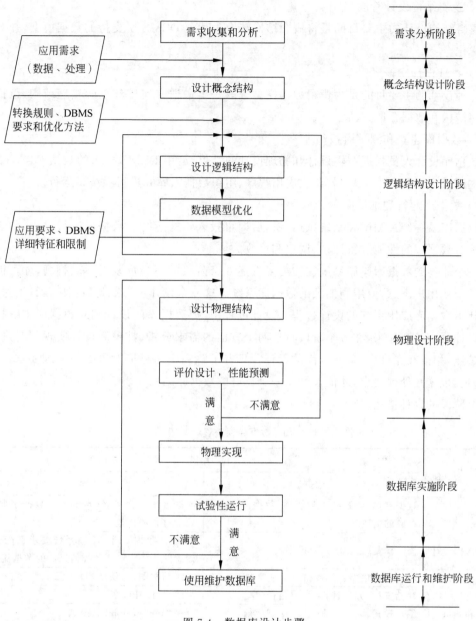

图 7-4 数据库设计步骤

1) 需求分析阶段

了解和分析用户需求是数据库设计的第一步。需求分析就是清楚地认识到用户对系统的期望，知道系统要达到的目标和所要实现的功能。这是数据库设计的基础，也是最困难、最耗时间的一步。需求分析是数据库设计的基础，它的准确和充分与否，决定了在其上构建数据库大厦的速度与质量。

2) 概念结构设计阶段

在概念结构设计过程中，通过对用户需求进行综合、归纳和抽象，形成一个独立于具体数据库管理系统的概念模型。概念结构设计是整个数据库设计的关键。

3) 逻辑结构设计阶段

逻辑结构设计的主要目的是将概念结构转换为某个 DBMS 所支持的数据模型,并对其进行优化。

4) 物理设计阶段

物理设计的主要目的是为逻辑数据模型选取一个最适合应用环境的物理结构,包括数据存储结构和数据存取方法。

5) 数据库建立和测试阶段

数据库设计人员根据逻辑设计和物理设计的结果,运用 DBMS 提供的数据库操作语言和宿主语言建立数据库、编制与调试应用程序、组织数据入库并进行系统试运行。

6) 数据库运行和维护阶段

数据库系统经过测试和系统试运行以后即可投入正式运行。数据库运行过程中,必须不断地对数据库的性能进行评价、调整和修改。

一个完善的数据库应用系统往往需要上述 6 个阶段的不断反复、锤炼、打磨,才可能设计出一个使用户满意,使用周期长的数据库系统。这 6 个设计步骤既是数据库设计的过程,也包括了数据库应用系统的设计过程。设计过程中,把数据库的设计和对数据库中数据处理的设计紧密结合起来,在各个阶段将这两个方面的需求分析、抽象和设计实现同时进行,相互参照、相互补充,以完善两方面的设计。只有了解到应用环境对数据的处理要求,考虑到如何实现这些处理要求,才能设计出一个良好的数据库结构。表 7-10 概括了上述设计过程各个阶段的设计描述。

表 7-10 数据库系统设计阶段

设计阶段	设计描述	
	数据	处理
需求分析	数据字典、全系统中数据项、数据流、数据存储的描述	数据流图和判定表(判定树)、数据字典中处理过程的描述
概念结构设计	概念模型(E-R 图)、数据字典	系统说明书包括:①新系统要求、方案和概念图;②反映新系统信息流的数据流图
逻辑结构设计	某种数据模型:关系和非关系模型	系统结构图(模块结构)
物理设计	存储安排、方法选择、存取路径建立	模块设计、IPO 表
建立和测试	编写模式、装入数据、数据库试运行	程序编码、编译联结、测试
运行和维护	性能监测、转储/恢复、数据库重组和重构	新旧系统转换、运行、维护(修正性、适应性、改善性维护)

图 7-5 是数据库设计的不同阶段形成的数据库的各级模式。需求分析阶段,设计者需要充分了解各个用户的应用需求;概念设计阶段,设计者需要将应用需求转换为独立于机器特点和各个 DBMS 产品的概念模型(即 E-R 图);逻辑设计阶段,设计者需要将 E-R 图转换成具体的数据库产品支持的数据模型,形成数据库逻辑模式;然后根据用户处理的要求、安全性的考虑建立必要的数据视图,形成数据的外模式;物理设计阶段,根据 DBMS 特点和处理的需要进行物理存储安排,并确定系统要建立的索引,得出数据库的内模式。

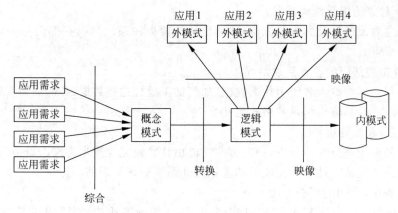

图 7-5 数据库的各级模式

7.3.2 需求分析

需求分析就是分析用户的要求,是数据库设计的起点。需求分析的结果是否准确地反映了用户的实际要求,将直接影响到后面各个阶段的设计,并影响到设计结果是否合理和实用。

1. 需求分析的任务

从数据库设计的角度来看,需求分析的任务是对现实世界要处理的对象(组织、部门、企业等)进行详细的调查,充分了解原系统的工作概况,明确用户的各种要求,收集支持新系统的基础数据并对其进行处理,在此基础上确定新系统的功能。

调查是系统需求分析的重要手段,通过对用户需求的调查、收集与分析,获得用户对数据库的如下要求。

1) 数据库的信息需求

用户需要从数据库中获得何种信息的内容和性质,从而可以知道用户需要向数据库中存储何种信息。需求分析不仅要按照当前的需求设计系统,还必须充分考虑到今后可能的扩充和改变。

2) 数据处理需求

数据处理指用户为了得到需求的信息而对数据进行加工和处理的要求。具体指用户要完成什么功能,对处理功能响应时间的需求,数据处理的工作方式等。

3) 数据的安全性和完整性需求

数据的保密措施和存取控制要求;数据自身的或数据间的约束限制。

确定用户的最终需求是一件十分困难的事。对于用户来说,缺少计算机专业知识,不明白计算机能为自己做什么,不能做什么,从而不能准确地表达自己的要求;对设计人员来说,缺少用户专业知识,不易理解用户的真正需求,甚至可能误解用户需求。因此用户和设计人员之间必须深入沟通交流,才能更好地完成需求分析。

2. 需求分析的方法

进行需求分析,要先对用户进行充分的调查,了解用户的实际要求,再分析和表达这些需求。数据库设计中,用户充分参与是必不可少的环节,没有用户的参与不可能设计出令用户满意的产品。调查用户需求的具体步骤如下。

1) 调查对象的组织机构情况

了解管理对象所涉及的组织机构,清楚设计的数据库系统与哪些部门相关以及各部门组成情况和职责。

2) 调查相关部门的业务活动情况

了解各部门需要输入和使用什么数据,如何加工处理这些数据,各部门需要输出什么信息,输出到什么部门,输出结果的格式是什么。

3) 确定新系统的边界

对之前的调查进行初步分析,确定哪些功能由计算机完成或者将来准备由计算机完成,哪些活动由人工完成。计算机完成的功能就是新系统应该实现的功能。

调查过程中,常用的调查方法如下。

(1) 跟班作业。设计人员亲身参加业务工作,了解业务活动情况及用户需求。

(2) 开调查会。通过座谈了解业务活动情况及用户需求。

(3) 请专人介绍。请业务熟练的专家或者用户介绍重要环节的业务专业知识和业务活动情况。

(4) 询问。对某些调查中的问题,可以找专人询问。

(5) 用户填写设计调查表。设计人员设计一个合理、详细的业务活动及数据要求调查表,由用户认真填写,再汇总。

(6) 查阅数据记录。查阅与原系统有关的数据记录。

做需求调查时,往往需要采用上述多种方法,同时必须有用户的积极参与和配合。

调查了解了用户的需求以后,还要进一步分析和表达用户需求。用于需求分析的方法有很多种,主要方法有自顶向下和自底向上两种,如图 7-6 所示。

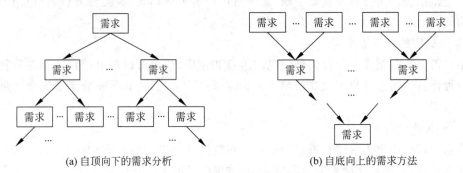

(a) 自顶向下的需求分析　　　　　　(b) 自底向上的需求方法

图 7-6　需求分析的方法

其中,自顶向下的分析方法(Structured Analysis,SA)是最简单实用的方法。SA 方法从最上层的系统组织结构入手,采用自顶向下、逐层分解的方式分析系统。SA 方法把任何一个系统都抽象为图 7-7 所示的形式。

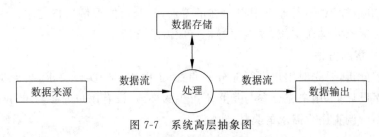

图 7-7　系统高层抽象图

图 7-7 给出的只是最高层次的抽象系统概貌。要反映更详细的内容,可将一个处理功能分解为若干子功能,每个子功能还可以继续分解,直到把系统工作过程表示清楚为止。在处理功能逐步分解的同时,它们所用的数据也逐级分解,形成若干层次的数据流图。

3. 数据字典

数据流图表达了数据和处理过程的关系。SA 方法中,处理过程的处理逻辑常常借助判定表或判定树来描述。数据字典(Data Dictionary,DD)则是对系统中数据的详尽描述,是各类数据结构和属性的清单。它是进行详尽的数据收集和数据分析后获得的主要成果,在不同阶段其内容和用途各有区别。需求分析阶段,通常包括以下 5 个部分。

1) 数据项

数据项是数据的最小单位,不可再分。具体内容包括数据项名、数据项含义说明、别名、类型、长度、取值范围、与其他数据项的关系。

其中,取值范围和与其他数据项的关系这两项内容定义了数据的完整性约束条件,是设计数据检验功能的依据。

2) 数据结构

数据结构反映了数据之间的组合关系,是有意义的数据项集合。具体内容包括数据结构名、含义说明、组成(数据项或数据结构)。

一个数据结构可以由若干个数据项或数据结构组成,或者由若干个数据项和数据结构混合组成。

3) 数据流

数据流是某一处理过程中数据在系统内传输的路径,它可以是数据项,也可以是数据结构。具体内容包括数据流名、说明、流出过程、流入过程、组成(数据结构)、平均流量、高峰期流量。

其中,流入过程说明该数据流由什么过程而来;流出过程说明该数据流到什么程度;平均流量指在单位时间里传输的次数;高峰期流量指在高峰期时机的数据流量。

4) 数据存储

处理过程中数据的存放场所也是数据流的来源和去向之一。数据存储可以是手工文档或手工凭单,也可以是计算机文档。具体内容包括数据存储名、说明、输入数据流、输出数据流、组成(数据结构)、数据量、存取频率和存取方式。

其中,数据量指每次存取多少数据;存取频度指每天(小时或周)存取几次、每次存取多少信息;存取方式指批处理还是联机处理、检索还是更新、顺序检索还是随机检索等。

5) 处理过程

处理过程的具体处理逻辑一般用判定表或判定树来描述,数据字典只用来描述处理过程的说明性信息。具体内容包括处理过程名、说明、输入(数据流)、输出(数据流)、处理(简要说明)。

最终形成的数据流图和数据字典是系统分析报告的主要内容,是下一步进行概念设计的基石。

7.3.3 概念设计

在需求分析阶段,数据库设计人员充分调查且描述了用户的需求,但这些需求仅仅是现实世界的具体要求,只有把这些需求抽象为信息世界的结构,才能更好地实现用户的要求。概念结构设计是将需求分析得到的用户需求抽象为信息结构的过程。

1. 概念结构

只有将在需求分析阶段得到的系统应用需求抽象为信息世界的结构,即概念结构后,才能转化为机器世界中的数据模型,并用 DBMS 实现这些需求。

概念结构包含很多的概念模型,概念结构的特点主要有:

(1) 概念模型是现实世界的一个真实模型,它能真实、充分地反映现实世界,能满足用户对数据的处理要求。

(2) 概念模型应易于交流和理解,它是设计人员和用户之间的主要界面,因此概念模型要表达自然、直观、易于理解,只有被用户理解后,才能和设计人员交换意见,参与到数据库的设计中。

(3) 概念模型应易于修改和扩充。由于现实世界在不断改变,概念模型要能灵活地加以改变,以反映用户需求和现实环境的变化。

(4) 概念模型应易于向各种数据模型转换。概念模型最终要转换为数据模型,它独立于特定的 DBMS,因而更加稳定。设计时应注意使其有利于向特定的数据模型转换。

2. 概念结构设计的方法

概念结构设计的方法有 4 种。

1) 自顶向下的设计方法

先定义全局概念结构的 E-R 模型的框架,再逐步细化,如图 7-8(a)所示。

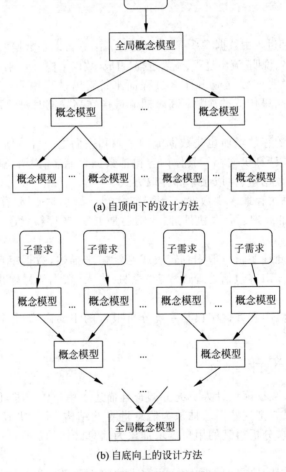

(a) 自顶向下的设计方法

(b) 自底向上的设计方法

图 7-8　概念结构设计的方法

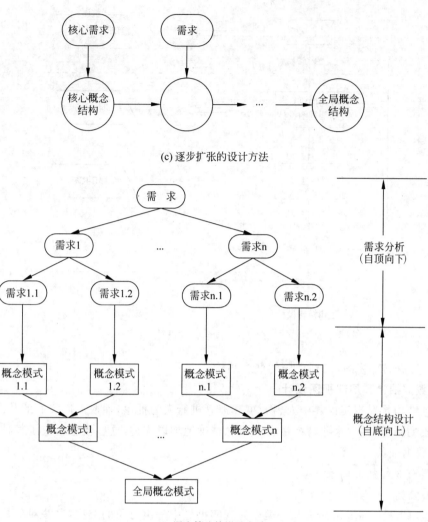

图 7-8 （续）

2）自底向上的设计方法

先定义各个局部的概念结构 E-R 模型，再将其集成，得到全局概念结构 E-R 模型，如图 7-8(b)所示。

3）逐步扩张的设计方法

先定义最重要的核心概念 E-R 模型，再向外扩充，逐步生成其他概念结构 E-R 模型，如图 7-8(c)所示。

4）混合策略的设计方法

采用自顶向下和自底向上相结合的方法，先自顶向下定义全局框架，再以其为骨架集成自底向上方法中设计的各个局部概念结构，如图 7-8(d)所示。

3．概念结构设计的步骤

概念结构的设计可以分为两步，如图 7-9 所示。

（1）抽象数据并设计局部视图。

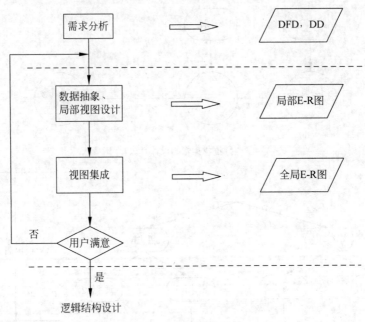

图 7-9 概念结构设计

(2) 集成局部视图,得到全局的概念结构。

4. 数据抽象和局部视图设计

概念结构是对现实世界中人、物、事和概念进行人为抽象,抽取人们关心的共同特征,忽略非本质的细节,并把这些特征用各种概念精确地加以描述,这些概念组成了某种模型。

1) 数据抽象

一般有 3 种数据抽象。

(1) 分类

分类(Classification)定义某一类作为现实世界中一组对象的类型,这些对象具有某些共同的特性和行为。将这些共同的特性和行为抽象为一个实体,对象和实体间是 is member of 的关系。例如,学校教务管理系统中张三是一名学生,表示张三是学生中的一员,具有学生们的共同特性和行为。

(2) 聚集

聚集(Aggregation)定义某一类型的组成成分,将对象类型的组成成分抽象为实体和属性。组成成分和对象类型之间是 is part of 的关系。例如,学号、姓名、年龄等可以抽象为学生实体的属性,如图 7-10 所示。

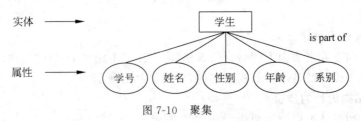

图 7-10 聚集

(3) 概括

概括(Generalization)定义类型之间的一种子集联系,抽象了类型之间的 is subset of 的关系。例如,学生是一个实体,本科生、研究生也是实体,但本科生、研究生是学生的子集。把学生称为超类(Superclass),本科生、研究生称为学生的子类(Subclass)。

概括的继承性是其重要的性质,子类继承超类上定义的所有抽象。例如,本科生、研究生继承了学生类型的属性。子类也可以增加自己的特殊属性。

2) 局部 E-R 模型设计

数据抽象后得到了实体和属性,实体和属性是相对而言的,需要根据实际情况进行调整。为了简化 E-R 图,现实世界的事物优先作为属性对待。将什么条件的事物作为属性对待,有两条准则:

(1) 实体可以用来描述信息,但属性不具有描述信息的性质。属性必须是不可分的数据项,不能包含其他属性。

(2) 属性不能和其他实体具有联系,联系只能发生在实体之间,如 E-R 图所表示的联系是实体之间的联系。

【例 7-28】 学生是一个实体,学号、姓名、年龄和性别等是学生实体的属性,系别如果没有系主任、教师人数等属性的话,即没有需要进一步描述的特征,则根据准则(1)可以作为学生实体的属性;如果考虑一个系有不同的系主任、人数和办公地点等,则系别应该作为一个实体,如图 7-11 所示。

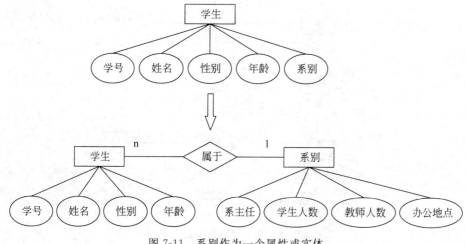

图 7-11 系别作为一个属性或实体

【例 7-29】 医院中,一个病人只能住在一个病房,病房号可以作为病人实体的一个属性;由于病房还与医生有联系,即一个医生负责多个病房病人的治疗,则根据准则(2)病房应该作为一个实体,如图 7-12 所示。

下面举例说明局部 E-R 模型的设计。

在简单的教务管理系统中,有如下语义约定:

(1) 一个学生可以选修多门课程,一门课程可为多个学生选修。因此,学生和课程是多对多的联系。

(2) 一个教师可以讲授多门课程,一门课程可为多个教师讲授。因此,教师和课程也是

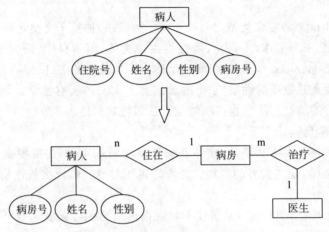

图 7-12　病房作为一个属性或实体

多对多的联系。

（3）一个系可以有多个教师，一个教师只能属于一个系。因此，系和教师是一对多的联系，同样系和学生也是一对多的联系。

根据上述约定可以得到如图 7-13 所示的学生选课局部 E-R 图和如图 7-14 所示教师任课局部 E-R 图。

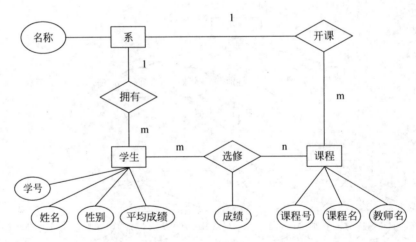

图 7-13　学生选课局部 E-R 图

形成局部 E-R 模型后，应该返回去征求用户意见，以求改进和完善，使之如实地反映现实世界。E-R 图的优点就是易于被用户理解，便于交流。

5．视图的集成

视图集成就是把设计好的各子系统的局部 E-R 图综合成一个系统的全局 E-R 图。

视图集成有两种方法：①多元集成法。一次性将多个局部 E-R 图合并为一个全局 E-R 图。②二元集成法。先集成两个重要的局部 E-R 图，以后用累加的方法逐步将一个新的 E-R 图集成进来，如图 7-15 所示。

实际应用中，可以根据系统的复杂度选择方案。多元集成法比较复杂，做起来难度大，

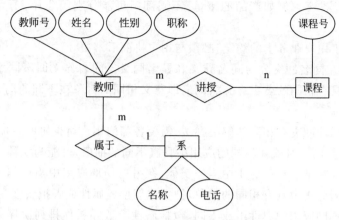

图 7-14 教师任课局部 E-R 图

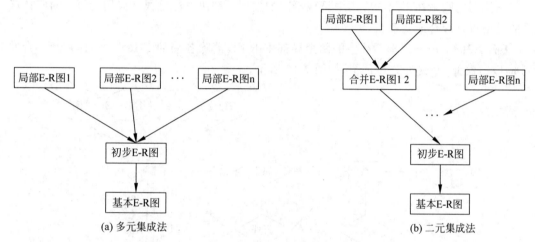

图 7-15 视图集成的两种方式

如果局部 E-R 图比较简单,可采用这种方法。一般采用二元集成法,二元集成法每次只综合两个 E-R 图,有效降低了复杂度。无论采用哪种方法,视图集成都要分为两步进行。

(1) 合并局部 E-R 图,消除局部 E-R 图之间的冲突,生成初步 E-R 图。

这个步骤将所有的局部 E-R 图综合成全局概念结构。全局概念结构要支持所有的局部 E-R 模型,并且要表示一个完整、一致的数据库概念结构。局部 E-R 图由不同设计人员设计,所以各个局部 E-R 图之间不可避免地会存在许多不一致的地方,称为冲突。综合局部 E-R 图时,要着力消除各个局部 E-R 图中的不一致,以形成一个能为全系统所有用户共同理解和接受的统一的概念模型。合并局部 E-R 图的关键就是合理消除各局部 E-R 图中的冲突。

E-R 图中主要有 3 种冲突,即属性冲突、命名冲突和结构冲突。

① 属性冲突。属性冲突分为属性域冲突和属性取值单位冲突。

属性域冲突即属性值的类型、取值范围或取值集合的不同。例如对于职工号,有些部门把它定义为数值型,有些部门把它定义为字符型。不同部门对于职工号的编码也不同,这就需要各部门之间协商解决。

属性取值单位冲突。例如产品的重量,不同部门可能分别用公斤、千克或克为单位来表示。

属性冲突属于用户业务上的约定,必须与用户协商后解决。

② 命名冲突。同名冲突分为同名异义和异名同义。同名异义即不同意义的对象在不同的局部应用中具有相同的名字。异名同义即意义相同的对象在不同的局部应用中具有不同的名字。

命名冲突和属性冲突有相同的解决办法,需要各部门用户讨论协商后加以解决。

③ 结构冲突。同一对象在不同的应用中具有不同的抽象,可能为实体,也可能为属性。例如学生所在系别在某一局部应用中当作实体,在另一局部应用中当作属性。解决方法是使同一对象在不同应用中具有相同的抽象,把实体变换成属性或者把属性变换为实体。

同一实体在不同应用中属性组成不同,包括属性个数和属性排列次序不完全相同。解决方法是使该实体的属性取各局部 E-R 图中属性的并集,再适当调整属性顺序。

实体间的联系在不同的应用中呈现不同的类型。解决方法是根据应用的语义对实体联系的类型进行综合或调整。

【例 7-30】 教务管理系统中的两个局部 E-R 图,消除各局部 E-R 图之间的冲突,合并局部 E-R 模型,生成初步 E-R 图,如图 7-16 所示。

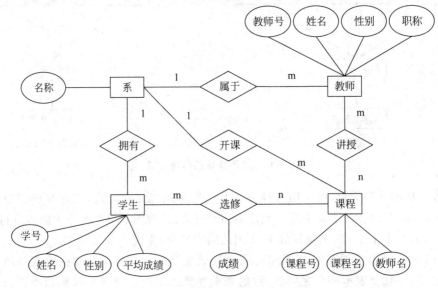

图 7-16 教务管理系统的初步 E-R 图

(2) 消除不必要的冗余,生成基本 E-R 图。

初步 E-R 图中,可能存在冗余的数据和实体间冗余的联系。冗余的数据指可以由基本的数据导出的数据,冗余的联系指可以由其他的联系导出的联系。冗余容易破坏数据库的完整性,给数据库维护增加困难,尽可能将其消除。消除了冗余的初步 E-R 图称为基本 E-R 图。

一般采用分析方法消除冗余数据,数据字典是分析冗余数据的依据,也可以通过数据流图分析冗余的联系。图 7-17 就是消除冗余数据和冗余联系后,得到的基本 E-R 图。

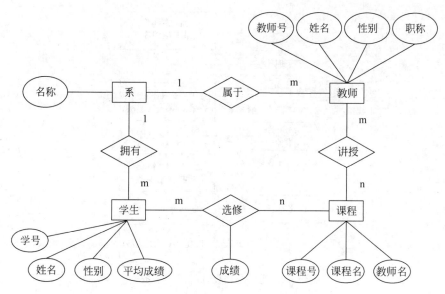

图 7-17　教务管理系统的基本 E-R 图

最终得到的基本 E-R 模型决定了数据库的总体逻辑结构,是成功建立数据库的关键。因此,设计人员和用户必须对这一模型反复讨论,在模型正确反映用户的要求后,才能进入下一阶段的设计工作。

7.3.4　逻辑设计

概念设计阶段得到的模型是用户模型,是独立于任何一种数据模型的信息结构,不为任何一个 DBMS 所支持。数据库逻辑设计的任务就是将概念结构设计的基本 E-R 图转换为特定的 DBMS 所支持的数据模型的过程。

1. 逻辑设计的任务和步骤

理论上,设计数据库逻辑结构的步骤应该是先选择最适合概念结构的数据模型,按照转换规则将概念模型转换为选定的数据模型;其次从支持这种数据模型的各个 DBMS 中选出最佳的 DBMS,再进行数据库逻辑模型设计。目前,DBMS 一般支持网状模型、关系模型或层次模型。

通常设计逻辑结构要分为 3 步进行,如图 7-18 所示。概念结构转换为一般的网状、关系、层次模型;将转换来的模型向特定的 DBMS 支持下的数据模型转换;对数据模型进行优化。这里只讨论关系数据库的逻辑设计问题,只介绍 E-R 图如何向关系模型进行转换。

2. 概念模型向关系模型的转换

E-R 图转换为关系模型主要解决如下问题:如何将实体型和实体间的联系转换为关系模式;如何确定这些关系模式的属性和码。

E-R 图由实体型、实体属性和实体之间的联系组成,而关系数据库逻辑设计的结果是一组关系模式的集合。所以将 E-R 图转换为关系模型实际上就是将实体型、实体的属性和实体之间的联系转换为关系模式。转换中遵循以下原则:

(1) 一个实体型转换为一个关系模式,实体的属性就是关系的属性,实体的码就是关

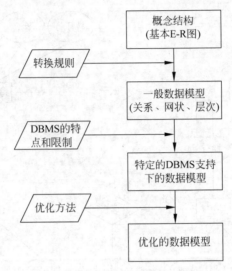

图 7-18 逻辑结构设计时的 3 个步骤

的码。

（2）一个联系模式转换为一个关系模式，与该联系相连的各实体的码及联系的属性均转换为该关系的属性。

对于实体型间的联系则有以下不同的情况。

1）1∶1 联系的转换方法

一个 1∶1 的联系可以转换为一个独立的关系，也可以与任意一端实体型所对应的关系模式合并。如果将其转换为一个独立的关系，则与该联系相连的各实体的码及联系本身的属性均转换为关系的属性，并且每个实体的码均是该关系的候选码。如果将其与某一端实体型所对应的关系模式合并，需要在该关系模式的属性中增加另一个关系模式的码和联系本身的属性。

2）1∶n 联系的转换方法

1∶n 的联系可以转换为一个独立的关系模式，也可以转换为与 n 端对应的关系模式合并。若转换为一个独立的关系模式，则其关系属性由该联系相连的各实体的码及联系本身的属性组成，而关系的码为 n 端实体的码。

3）m∶n 联系的转换方法

向关系模型转换时，一个 m∶n 联系转换为一个关系。转换方式为与该联系相连的各实体的码及联系本身的属性均转换为关系的属性，新关系的码为两个相连实体码的组合（该码为多属性构成的组合码）。

4）3 个或 3 个以上实体间的多元联系的转换方法

3 个或 3 个以上实体间的一个多元联系可以转换为一个关系模式。与该多元联系相连的各实体的码及联系本身的属性均转换为关系的属性，各实体的码组成关系的码或关系码的一部分。

5）具有相同码的联系模式可以合并

3. 数据模型优化

数据库逻辑设计的结果不是唯一的。根据用户需求修改、调整数据模型结构，可以更大

程度上提高数据库应用系统的性能,这就是数据模型优化。关系数据模型的优化通常以规范化理论为指导,方法为

1) 确定数据依赖

在介绍数据字典中,讲到用数据依赖的概念分析和表示数据项之间的联系,写出每个数据项之间的数据依赖。

2) 消除冗余

对于各个关系模式内部各属性之间的数据依赖进行极小化处理,消除冗余的联系。

3) 确定关系模式属于第几范式

按照数据依赖理论分析关系模式,考察是否存在部分函数依赖、传递函数依赖、多只依赖等,确定各关系模式分别属于第几范式。

4) 确定关系模式是否合适

根据需求分析阶段得到的处理要求,分析这些关系模式是否适合这样的应用环境,确定是否要对某些模式进行合并或分解。

5) 对关系模式进行必要分解

分解关系模式可以提高数据操作的效率和存储空间的利用率。常用水平分解和垂直分解。

4. 用户子模式设计

用户子模式也称为外模式。将概念模型转换为逻辑模型后,根据局部应用需求,结合具体 DBMS 的特点设计用户子模式。关系数据库管理系统中提供的视图是根据用户子模式设计的。设计用户子模式时不用考虑系统的时间效率、空间效率和易维护性等问题,只需要考虑用户对数据的要求、习惯和安全性等。

1) 使用更符合用户习惯的别名

合并各分 E-R 图时应消除命名冲突,以使数据库系统中同一关系和属性具有唯一的名字,这在设计数据库整体结构时非常必要。但是命名统一后会使某些用户感觉不舒服,用定义子模式的方法可以有效地解决该问题。必要时,可以对子模式中的关系和属性名重新命名,使其与用户习惯一致,以方便用户使用。

2) 对不同级别的用户定义不同的子模式

视图能对表中的行和列进行限制,具有保证系统安全性的作用,对不同级别的用户定义不同的子模式,可以保证系统的安全性。

3) 简化用户对系统的使用

利用子模式可以简化用户对系统的使用,方便查询。实际生活中经常要使用某些很复杂的查询,这些查询包括多表连接、限制、分组和统计等。为了方便用户可以将这些复杂的查询定义为视图用户每次只对定义好的视图进行查询,大大简化了用户的使用。

7.3.5 物理设计

数据库最终要存储在物理设备上。数据库的物理设计是对给定的逻辑数据模型选取最适合应用环境的物理结构。数据库在物理设备上的存储结构和存取方法称为数据库的物理结构,它依赖于选定的数据库管理系统。

数据库物理设计一般分为两步:

(1) 确定数据库的物理结构,即确定数据库的存储结构和存取方法。

(2) 对物理结构进行评价,重点是时间和效率。

如果评价结果满足设计要求,就可以进行物理实施;否则需要重新设计、修改物理结构,严重的甚至要返回逻辑设计阶段修改数据模型。

1. 数据库物理设计的内容和方法

因为不同数据库产品提供的物理环境、存取方法和存储结构各不相同,供设计人员使用的设计变量、参数范围也不尽相同,所以数据库的物理设计没有普遍适用的方法,只能提出一般的设计原则和内容供设计人员参考。

设计人员要对运行的事务进行详尽的分析,获得物理设计需要的参数,并全面了解给定 DBMS 的功能、DBMS 提供的物理环境和工具、存储结构和存取方法,以使得自己设计的数据库满足运行时间短、存储空间利用率高和事务吞吐率大的要求。

数据库设计人员在确定数据存取方法时,必须清楚 3 种相关信息。

1) 数据库查询事务的信息

数据库查询事务的信息包括查询的关系、查询条件所涉及的属性、连接条件所涉及的属性、查询的投影属性等。

2) 数据库更新事务的信息

数据库更新事务的信息包括被更新的关系、每个关系上更新操作所涉及的属性、修改操作要改变的属性值等。

3) 每个事务在各关系上运行的频率和性能要求

例如某事务必须在 10s 内结束,对存取方法的选择有重大影响。

通常关系数据库物理设计的主要内容包括:为关系模式选择存取方法;设计关系、索引等;数据库文件的物理存储结构等。

2. 关系模式存取方法的选择

数据库是多用户共享的系统,它需要提供多条存取路径才能满足多用户共享数据的要求。物理设计的任务就是确定建立哪些存取路径和选择哪些数据存取方法。关系数据库常用索引、聚簇、数列(Hash)等方法存取数据。

1) 索引

索引存取方法实际上就是根据应用要求确定对关系的哪些属性列建立索引、哪些属性列建立组合索引、哪些索引建立唯一索引等。选择索引的方法有。

(1) 如果一个(或一组)属性经常在查询条件中出现,则考虑在这个(这组)属性上建立索引(或组合索引)。

(2) 如果一个属性经常作为最大值和最小值等聚集函数的参数,则考虑在这个属性上建立索引。

(3) 如果一个(或一组)属性经常在连接操作的连接条件中出现,则考虑在这个(或这组)属性上建立索引。

关系上定义的索引要适量,系统为维护索引要付出代价,查找索引也要付出代价,所以索引的定义并不是越多越好。如更新频率很高的关系上定义的索引,数量就不能太多。因为更新一个关系时,必须对这个关系上有关的索引做出相应的修改。

2) 聚簇

聚簇就是为了提高数据库的查询速度,把在一个(或一组)属性上具有相同值的元组集中地存放在连续的物理块中处理。如果一个物理块容量不够,可以存放在相邻的物理块中。其中,这个(或这组)属性称为聚簇码。

聚簇有两点作用,一是使用聚簇以后,聚簇码相同的元组集中在一起了,只需要在一个元组中存储一次,不必在每个元组中重复存储,很大程度上节省了存储空间;二是聚簇功能可以大大提高按聚簇码进行查询的效率,显著减少访问磁盘的次数。

一个数据库可以建立多个聚簇,一个关系只能加入一个聚簇。选择聚簇的存取方法就是要确定需要建立多少个聚簇,确定每个聚簇包含哪些关系。设计聚簇的一般原则是:

(1) 对经常在一起进行连接操作的关系可以建立聚簇。

(2) 如果一个关系的一组属性经常出现在相等比较条件中,则该单个关系可以建立聚簇。

(3) 如果一个关系的一个(或一组)属性上的值重复率很高,则该单个关系可以建立聚簇。即对应每个聚簇码值的平均元组不能太少,如果太少聚簇效果不明显。

检查候选聚簇中的关系,取消其中不必要的关系。

(1) 从聚簇中删除经常进行全表扫描的关系。

(2) 从聚簇中删除更新操作远多于连接操作的关系。

(3) 不同聚簇中可能包含相同的关系,一个关系可以在某一个聚簇中,但不能同时加入多个聚簇。需要从这多个聚簇方案(包括不建立聚簇)中选择一个较优的,使在这个聚簇上运行各种事务的代价最小。

最后需要注意,聚簇只能提高某些应用的性能,但是建立和维护聚簇的开销相当大。要对已有关系建立聚簇,会导致关系中的元组移动其物理存储位置,会使关系上原有的索引无效,必须重建。当一个元组的聚簇码值改变时,该元组的存储位置也要做相应的移动,聚簇码值应该相对稳定,以减少修改聚簇码值所引起的维护开销。

3. 确定数据库的存储结构

确定数据库物理结构主要指确定数据存放的具体位置和存储结构,需要综合考虑存取时间、存储空间利用率和维护代价 3 方面的因素。这 3 个方面相互矛盾,常常需要权衡利弊,选择一个折中的方案。

1) 确定数据存放位置

为了提高系统性能,应该根据应用情况将数据的易变部分、稳定部分、经常存取部分和存取频率较低部分分开存放。

例如,目前的许多计算机都有多个磁盘,因此可以将表和索引分别存放在不同的磁盘上。查询时,由于两个磁盘驱动器并行工作,可以提高物理读写的速度。多用户环境下,可能将日志文件和数据库对象(表、索引等)放在不同的磁盘上,以加快存取速度。另外,数据库的数据备份、日志文件备份等,只在数据库发生故障进行恢复时才使用,而且数据量很大,可以存放在磁带上,以改进整个系统的性能。

2) 确定系统配置

DBMS 产品一般都提供了一些系统配置变量和存储分配参数供设计人员和 DBA 对数据库进行优化。初始情况下,系统都为这些变量赋予了合理的默认值。但是这些值不一定适合每一种应用环境。在物理结构设计阶段需要重新对这些变量赋值,以改进系统性能。

系统配置变量和存储分配参数很多。例如,同时使用数据库的用户数、同时打开的数据库对象数、内存分配参数、缓冲区分配参数(使用的缓冲区长度、个数)、存储分配参数、数据库的大小、时间片的大小、锁的数目等,这些参数值影响存取时间和存储空间的分配。物理设计时要根据应用环境确定这些参数值,以使系统的性能达到最优。

4. 评价物理结构

物理设计过程中需要对时间效率、空间效率、维护代价和各种用户要求进行权衡,其结果可能会产生多种设计方案。数据库设计人员必须对这些方案进行细致的评价,从中选择一个较优的方案作为数据库的物理结构。实际上往往需要经过反复测试才能优化数据库物理结构。

7.3.6 数据库的实施

对数据库的物理设计进行初步评价之后,就可以进行数据库的实施了。数据库实施指根据逻辑设计和物理设计的结果,在计算机上建立起实际的数据库结构、装入数据、进行测试和试运行的过程。

1. 数据的载入和应用程序的调试

数据库实施阶段有两项重要的工作,数据的载入和应用程序的编码和调试。

由于数据库数据量一般都很大,且数据来源于部门中各个不同的单位,分散在各种数据文件、原始凭证或单据中,有大量的纸质文件需要处理,数据的组织方式、结构和格式都与新设计的数据库系统有相当的差距。组织数据录入时,需要将各类原数据从各个局部应用中抽取出来,输入到计算机中,再分类转换,综合成符合新设计数据库结构的形式,最后输入数据库。因此,数据转换和组织数据库入库工作是一件耗费大量人力物力的工作。

为了提高数据输入工作的效率和质量,应该针对具体的应用环境设计一个数据录入子系统,由计算机来完成数据入库的工作。源数据入库之前要采用多种方法对它们进行检验,防止错误的数据入库,这部分工作在整个数据输入子系统中非常重要。

数据库应用程序的设计应该与数据库设计同时进行,因此在组织数据入库的同时还要调试应用程序。应用程序的设计、编码和调试的方法、步骤在软件工程等课程中有详细讲解,这里就不再赘述。

2. 数据库的试运行

数据库试运行就是数据库的测试。部分数据输入到数据库后,就可以开始对数据库系统进行联合调试工作了,进入数据库的试运行阶段。

1) 数据库试运行阶段的主要工作

(1) 测试应用程序功能。这一阶段要实际运行数据库应用程序,执行对数据库的各种操作,测试应用程序的功能是否满足设计要求。如果不满足,对应用程序部分要修改、调整,达到设计要求为止。

(2) 测试系统性能指标。数据库试运行时,测试系统的性能指标,分析其是否符合设计目标。对数据库进行物理设计时,对系统的物理参数值只是近似地估计,和实际系统运行有一定差距,因此必须在试运行阶段实际测量和评价系统性能指标。事实上,有些参数的最佳值是经过运行调试后找到的。如果测试的结果与设计目标不符,则要返回物理设计阶段,重新调整物理结构,修改系统参数,有时甚至要返回逻辑设计阶段,修改逻辑结构。

2) 数据库试验运行阶段应注意的问题

(1) 组织数据入库费时费力,如果试运行后还要修改数据库的设计,需要重新组织数据入库。因此,应该分期分批组织数据入库,先输入小批量数据作为调试使用,待试运行基本合格后,再大批量输入数据,逐步增加数据量,逐渐完成运行评价。

(2) 数据库试运行阶段,由于系统还不稳定,软硬件故障随时可能发生。同时系统操作人员对新系统还不熟悉,误操作也无法避免。因此,应该首先调试 DBMS 的恢复功能,做好数据库的转储和恢复工作。一旦故障发生,能使数据库尽快恢复,尽量减少对数据库的破坏。

7.3.7 数据库的运行和维护

数据库试运行合格后,就可以投入正式运行了。到这里数据库的开发工作基本完成。但是应用环境在不断变化,数据库运行过程中物理存储也会不断变化,因此对数据库进行评价、调整、修改等维护工作是一个长期的任务,也是设计工作的继续和提高。

数据库的运行阶段,对数据库的维护工作是由数据库管理员完成的。工作内容主要包括如下几种。

1. 数据库的转储和恢复

数据库的转出和恢复是系统正式运行后最重要的维护工作之一。数据库管理员主要针对不同的应用要求制定不同的转储计划,以保证一旦发生故障能尽快将数据库恢复到某种一致的状态,并尽可能减少对数据库的破坏。

2. 数据库的安全性、完整性控制

数据库运行过程中,安全性会随着应用环境的变化而变化。例如,有的数据原来是机密的,现在可以公开查询了,而新加入的数据又可能是机密的了。系统至用户的密级也会变化。这些都需要数据库管理员根据实际情况修改原有的安全性控制。同样,数据库的完整性约束条件也会变化,也需要数据库管理员不断修正,已满足用户需求。

3. 数据库性能监督、分析和改造

数据库运行过程中,监督系统运行,对监测数据进行分析,并找出改进系统性能的方法是数据库管理员的又一项重要任务。目前,有些 DBMS 产品提供了检测系统性能参数的工具,数据库管理员可以利用这些工具方便地得到系统运行过程中一系列性能参数的值。数据库管理员应仔细分析这些数据,判断当前系统运行状态是否最佳,应当做哪些改进。例如,调整系统物理参数或对数据库进行重组织或重构造等。

4. 数据库的重组织与重构造

数据库运行一段时间后,由于记录不断增加、删除和修改,会使数据库物理存储情况变坏,降低了数据的存取效率,数据性能下降。这时数据库管理员就要对数据库进行重组织或部分重组织(只对频繁增加删除的表进行重组织)。一般 DBMS 都能提供数据重组织用的实用程序。重组织的过程中,按原设计要求重新安排存储位置、回收垃圾、减少指针链等,以提高系统性能。

数据库的重组织并不修改原设计的逻辑和物理结构,而数据库的重构造则不同,它是指部分修改数据库的模式和内模式。由于数据库应用环境发生变化,增加了新的应用和新的实体,取消了某些应用,有的实体与实体间的联系也发生了变化等,使原有的数据库设计不能满足新的需求,需要调整数据库的模式和内模式。例如,在表中增加或删除某些数据项,改变数据项的类型,增加或删除某个表,改变数据库的容量,增加或删除某些索引等。当然数据库的重构也是有限的,只能作部分修改。如果应用变化太大,重构也无济于事,说明此数据库应用系统的生命周期已经结束,需要设计新的数据库应用系统。

7.4 小结

数据库技术作为计算机学科中的一个重要分支,有着非常广泛的应用。本章,首先介绍数据库的基本概念、数据库技术的产生与发展、数据库系统的特点、数据模型和数据库系统结构,便于读者更好地了解数据库技术。其次,介绍数据库语言 SQL、数据定义功能等,便于读者更深入地了解数据库技术。最后,介绍数据库系统设计的基本内容、方法和步骤等,便于读者更好地掌握这门技术。

7.5 习题

1. 选择题

(1) 数据库设计中,用 E-R 图来描述信息结构但不涉及信息在计算机中的表示,它是数据库设计的(　　)阶段。
  A. 需求分析　　　　B. 概念设计　　　　C. 逻辑设计　　　　D. 物理设计
(2) E-R 图是数据库设计的工具之一,它适用于建立数据库的(　　)。
  A. 概念模型　　　　B. 逻辑模型　　　　C. 结构模型　　　　D. 物理模型
(3) 关系数据库设计中,设计关系模式是(　　)的任务。
  A. 需求分析阶段　　B. 概念设计阶段　　C. 逻辑设计阶段　　D. 物理设计阶段
(4) 数据库物理设计完成后,进入数据库实施阶段,下列各项中不属于实施阶段的工作是(　　)。
  A. 建立库结构　　　B. 扩充功能　　　　C. 加载数据　　　　D. 系统调试
(5) 数据库概念设计的 E-R 方法中,用属性描述实体的特征,属性在 E-R 图中,用(　　)表示。
  A. 矩形　　　　　　B. 四边形　　　　　C. 菱形　　　　　　D. 椭圆形
(6) 在数据库的概念设计中,最常用的数据模型是(　　)。
  A. 形象模型　　　　B. 物理模型　　　　C. 逻辑模型　　　　D. 实体联系模型
(7) 在数据库设计中,概念设计阶段可用 E-R 方法,其设计出的图称为(　　)。
  A. 实物示意图　　　B. 实用概念图　　　C. 实体表示图　　　D. 实体联系图
(8) 从 E-R 模型关系向关系模型转换时,一个 M：N 联系转换为关系模式时,该关系模式的关键字是(　　)。
  A. M 端实体的关键字
  B. N 端实体的关键字
  C. M 端实体关键字与 N 端实体关键字组合
  D. 重新选取其他属性
(9) 当局部 E-R 图合并成全局 E-R 图时可能出现冲突,不属于合并冲突的是(　　)。
  A. 属性冲突　　　　B. 语法冲突　　　　C. 结构冲突　　　　D. 命名冲突

(10) 数据库逻辑设计的主要任务是(　　)。
    A. 建立 E-R 图和说明书　　　　　　B. 创建数据库说明
    C. 建立数据流图　　　　　　　　　　D. 把数据送入数据库

2. 填空题

(1) 一般,E-R 数据模型在数据库设计的_____阶段使用。

(2) 数据模型描述数据库的结构和语义,数据模型有概念数据模型和结构数据模型两类,E-R 模型是_____模型。

(3) 数据库设计的几个步骤是_____。

(4) "为哪些表,在哪些字段上,建立什么样的索引"这一设计内容应该属于数据库设计中的_____设计阶段。

(5) 在数据库设计中,把数据需求写成文档,它是各类数据描述的集合,包括数据项、数据结构、数据流、数据存储和数据加工过程等的描述,通常称为_____。

(6) 数据库应用系统的设计应该具有对于数据进行收集、存储、加工、抽取和传播等功能,即包括数据设计和处理设计,而_____是系统设计的基础和核心。

(7) 数据库实施阶段包括两项重要的工作,一项是数据的_____,另一项是应用程序的编码和调试。

(8) 设计分 E-R 图时,由于各个子系统分别有不同的应用,而且往往由不同的设计人员设计,所以各个分 E-R 图之间难免有不一致的地方。这些冲突主要有_____、_____和_____ 3 类。

3. 简答题

假定一个部门的数据库包括以下信息:

职工的信息:职工号、姓名、住址和所在部门。

部门的信息:部门所有职工、经理和销售的产品。

产品的信息:产品名、制造商、价格、型号及产品内部编号。

制造商的信息:制造商名称、地址、生产的产品名和价格。

试画出这个数据库的 E-R 图。

附录 部分习题参考答案

第1章 绪论

1. 单项选择题

(1)~(5) ACAAD

(6)~(10) BBCCB

(11)~(12) DA

2. 填空题

(1) 空间复杂度

(2) 时间复杂度

(3) 物理(或"存储")

(4) 顺序,链式

(5) 顺序,链式

(6) 逻辑,存储,运算

(7) 确定性

(8) 输入,输出

(9) 有穷性,确定性,可行性

3. 判断题

(1)~(5) √ × × √ √

(6)~(10) × × √ √ ×

第2章 线性数据结构

1. 单项选择题

(1)~(5) ACDBB

(6)~(10) AAADD

(11)~(15) BCDBC

(16)~(20) CCCBD

(21)~(25) ABBDB

(26)~(30) BBCCB

2. 填空题

(1) (n−i+1)

(2) 物理存储位置,链域的指针值

(3) 直接前驱,直接后继

(4) 顺序,链式

(5) 使空表和非空表统一；算法处理一致

(6) 直接前驱

(7) L→next==NULL,L= = NULL

(8) p→next==NULL

(9) L→prior == L→next

(10) 顺序存储结构,链式存储结构,索引存储结构,散列存储结构

(11) 限定只能在表的同一端进行插入和删除

(12) top= −1

(13) 栈

(14) 23

(15) 先进先出

(16) 队尾,队头

(17) front==rear,(rear+1)%m= =front,rear−front

(18) 线性数据

(19) (rear+1)%m= =front

(20) front=(front+1)%m

(21) 按行,按列

(22) 3260

(23) 1168

(24) 232

(25) 195

(26) ((i−1)×n+(j−1))×c

(27) (I+1)×I/2+J

(28) 两

(29) (K+1)/3

(30) n(n+1)/2

3. 判断题

(1)～(5) × √ × × ×

(6)～(10) √ × × × ×

(11)～(15) √ × √ × ×

(16)～(20) √ × √ × √

(21)～(25) √ √ × √ √

(26)～(30) √ √ √ × √

第 3 章 非线性数据结构

1. 单项选择题

(1)～(5) BADCD

(6)~(10) BCABC
(11)~(15) CBABD
(16)~(20) ACADC
2. 填空题
(1) 2,5
(2) 6
(3) 9
(4) 384
(5) 27,108,109
(6) 10,40,41
(7) 是不含左子树的结点(或左孩子结点指针域为空)
(8) $\left\lfloor \dfrac{n(k-1)+1}{k} \right\rfloor$
(9) 2n−1
(10) 顶点,边
(11) 1
(12) A[i][j]=A[j][i]=1
(13) O(n+e)
(14) $O(n^2)$
(15) 1,n
(16) 按深度优先搜索遍历
(17) n(n−1)
(18) n(n−1)/2
(19) 1
(20) n−1
3. 判断题
(1)~(5) √ × × √ ×
(6)~(10) × × √ × ×
(11)~(15) × × √ √ ×
(16)~(20) √ √ × × √

第4章 排序和查找

1. 单项选择题
(1)~(5) DCCBD
(6)~(10) ACACC
(11)~(15) DCBCD
(16)~(20) BADCC
2. 填空题
(1) 关键字
(2) 选择
(3) 内部排序,外部排序

(4) 4

(5) 直接插入

(6) n−1,1

(7) 46,56,38,40,79,84

(8) 4

(9) 冒泡

(10) 正序,n−1,逆序,n(n−1)/2

(11) 有序表,顺序存储

(12) 索引表,块中的元素

(13) (n+1)/2

(14) 中序

(15) 大于

(16) 顺序的或链式的

(17) 1

(18) 6.5

(19) O(n)

(20) 越小

3. 判断题

(1)~(5) × × × √ ×

(6)~(10) √ √ × √ ×

(11)~(15) × × × × √

(16)~(20) × √ × × ×

第5章 资源管理

1. 选择题

(1)~(5) BBBAC

(6)~(10) DBCAA

2. 填空题

(1) 处理器管理,存储管理,设备管理,文件管理

(2) 并发性,共享性,不确定性,提交,准备,执行,完成

(3) 作业控制块

(4) 就绪态,运行态,阻塞态

(5) 动态性,独立性,并发性

(6) 系统软件

(7) 就绪态

(8) 接口

(9) 裸机(或硬件)

3. 判断题

(1)~(5) × √ √ × ×

(6)~(10) × √ × √ √

第 6 章　软件开发

1．选择题

(1)~(5) DCBBA

(6)~(10) BCBBC

(11)~(12) CB

2．填空题

(1) 软件危机

(2) 软件危机

(3) 软件定义，软件开发，软件维护

(4) 总体设计，详细设计

(5) 发现错误，改正错误

(6) 单元测试，集成测试，系统测试，系统测试

(7) 文档

(8) 数据

(9) 计算机程序

(10) 管理

3．判断题

(1)~(5) × × √ × ×

(6)~(10) × √ √ × ×

第 7 章　数据库设计

1．选择题

(1)~(5) BACBD

(6)~(10) DDCBB

2．填空题

(1) 概念设计

(2) 概念数据

(3) 需求分析，概念设计，逻辑设计，物理设计，编码和调试

(4) 物理

(5) 数据字典

(6) 数据设计

(7) 载入

(8) 属性冲突，命名冲突，结构冲突

参 考 文 献

[1] 秦磊华,吴非,莫正坤. 计算机组成原理[M]. 北京：清华大学出版社,2011.
[2] 孟彩霞. 计算机软件基础[M]. 西安：西安电子科技大学出版社,2003.
[3] 严蔚敏. 数据结构[M]. 北京：清华大学出版社,1997.
[4] 严蔚敏. 数据结构题集(C语言描版)[M]. 北京：清华大学出版社,1999.
[5] 徐孝凯. 数据结构实用教程[M]. 北京：清华大学出版社,2000.
[6] 王曙燕,王春梅. 数据结构与算法[M]. 北京：人民邮电出版社,2013.
[7] 邓胜兰. 操作系统基础[M]. 北京：机械工业出版社,2009.
[8] 刘金凤,赵鹏舒,祝虹媛,等. 计算机软件基础[M]. 哈尔滨：哈尔滨工业大学出版社,2012.
[9] 李天博. 计算机软件技术基础[M]. 南京：东南大学出版社,2004.
[10] 许曰滨,孙英华,赵毅,等. 计算机操作系统[M]. 北京：北京邮电大学出版社,2007.
[11] 冯博琴,赵英良. 计算机软件技术基础[M]. 西安：西安交通大学出版社,2010.
[12] 李淑芬. 计算机软件技术基础[M]. 北京：机械工业出版社,2011.
[13] 严蔚敏,陈文博. 数据结构及应用算法教程(修订版)[M]. 北京：清华大学出版社,2011.
[14] 苗雪兰. 数据库系统原理及应用教程[M]. 北京：机械工业出版社,2014.
[15] 陈漫红. 数据库系统原理与应用技术[M]. 北京：机械工业出版社,2010.
[16] 王珊,萨师煊. 数据库系统概论[M]. 5版. 北京：高等教育出版社,2014.
[17] 陈雄峰. 实用软件工程教程[M]. 北京：机械工业出版社,2010.
[18] 施一萍. 软件工程及软件开发应用[M]. 北京：清华大学出版社,2009.
[19] 张虹. 软件工程与软件开发工具[M]. 北京：清华大学出版社,2004.

图书资源支持

感谢您一直以来对清华大学出版社图书的支持和爱护。为了配合本书的使用,本书提供配套的资源,有需求的读者请扫描下方的"书圈"微信公众号二维码,在图书专区下载,也可以拨打电话或发送电子邮件咨询。

如果您在使用本书的过程中遇到了什么问题,或者有相关图书出版计划,也请您发邮件告诉我们,以便我们更好地为您服务。

我们的联系方式:

地　　址:北京市海淀区双清路学研大厦 A 座 701

邮　　编:100084

电　　话:010-83470236　　010-83470237

资源下载:http://www.tup.com.cn

客服邮箱:tupjsj@vip.163.com

QQ:2301891038(请写明您的单位和姓名)

用微信扫一扫右边的二维码,即可关注清华大学出版社公众号。

教学资源・教学样书・新书信息

人工智能科学与技术
人工智能|电子通信|自动控制

资料下载・样书申请

书圈